工程管理 2022

Construction Management 2022

中国建筑学会工程管理研究分会
《工程管理》编委会　编

中国建筑工业出版社

图书在版编目（CIP）数据

工程管理. 2022 = Construction Management 2022 /
中国建筑学会工程管理研究分会《工程管理》编委会编
. — 北京：中国建筑工业出版社，2022.9
　ISBN 978-7-112-28049-0

　Ⅰ. ①工… Ⅱ. ①中… Ⅲ. ①建筑工程－工程管理－
中国－2022－年刊 Ⅳ. ①TU71-54

　中国版本图书馆 CIP 数据核字（2022）第 181456 号

责任编辑：赵晓菲　朱晓瑜
责任校对：芦欣甜

工程管理 2022

Construction Management 2022

中国建筑学会工程管理研究分会
《工程管理》编委会　　编

*

中国建筑工业出版社出版、发行（北京海淀三里河路 9 号）
各地新华书店、建筑书店经销
北京红光制版公司制版
北京建筑工业印刷厂印刷

*

开本：880 毫米×1230 毫米　1/16　印张：12¾　字数：302 千字
2022 年 12 月第一版　　2022 年 12 月第一次印刷
定价：**45.00** 元
ISBN 978-7-112-28049-0
（40164）

《工程管理》编委会

编委会主任：丁烈云

编委会委员：（按姓氏笔画排序）

于钦新	王　晨	王广斌	王子端	王文顺	王成芳
王其龙	王孟钧	毛义华	方东平	邓小鹏	邓铁军
龙　君	包晓春	竹隰生	任世贤	刘治栋	刘前进
闫　越	孙成双	孙继德	苏义坤	李飞云	李丽红
李启明	李玲燕	李锦生	杨卫东	杨荣良	吴之昕
何云昊	何亚伯	余立佐	冷　静	沈　峰	沈元勤
张　宏	张广泰	张云波	张文龄	张守健	张学利
张涑贤	陈　彬	陈　琳	陈　群	陈云川	武永祥
林艺馨	周　迎	庞永师	郑展鹏	赵　利	赵宏彦
赵金先	赵建立	赵晓菲	段宗志	姜　军	骆汉宾
贾宏俊	贾建祥	徐友全	徐兴中	曹　萍	龚花强
崔起鸾	董春山	童宗胜	谢勇成	赖芨宇	翟　超
霍文营	魏玉龙				

顾　　　问：（按姓氏笔画排序）

丁士昭	冯桂烜	杨春宁	陈兴汉	崔起鸾	魏承坚

前　言

随着我国经济由高速发展向高质量发展转型，建筑业也面临高质量发展的要求，亟待向绿色化、智慧化和工业化的发展方向转型。工程管理研究分会秉持建筑业可持续发展理念，追踪建筑业改革实践前沿问题，将"数字化低碳建造，高质量创新发展"确定为《工程管理2022》的主题，立足数字化、智慧化、绿色化的前沿发展趋势，邀请相关专家学者就前沿动态、行业发展、典型案例和教学研究等进行综合分析与探讨，探索建筑业绿色化、智慧化、工业化转型升级的思路、任务和前景。

随着环境污染和能源消耗的日益严重，节能减排已经成为国内以及国际社会的重要议题。绿色建筑作为一种将可持续发展理念引入建筑行业的未来主导性趋势，在能源利用效率提升以及碳排放量减少等方面具有明显的优势。毕文丽和任晓宇基于STIRPAT模型识别了建筑业碳排放影响因素并对影响因素进行了定性分析，将影响因素引入情景分析，预测山东省建筑行业碳达峰出现时间与达峰量值。金振兴等从政府主导、ESCO主导、业主主导、市场环境4个维度识别了18个主体动力影响因素，运用ISM-MICMAC法构建既有建筑绿色改造市场主体动力影响因素层级关系，揭示影响因素间作用机理并提出培育市场主体行为的建议。丁晓欣等以2022年以前关于绿色建筑的3438篇文献为样本，通过CiteSpace软件对绿色建筑领域的研究热点与前沿领域进行了深入分析，发现绿色建筑国内外研究存在"交集"和"错位"；绿色建筑研究的热点领域是节能减排、绿色施工、评价标准；既有建筑的节能改造、居住者满意度是绿色建筑领域具有较大研究潜力的"蓝海"。王雪青等基于灾害应急全周期视角，构建了一套面向气候变化的城市关键基础设施韧性评价指标体系，利用熵权-TOPSIS实现了对关键基础设施韧性的量化评估。通过对10个城市的评估结果分析，发现我国整体关键基础设施配套完善，但在高新技术和新兴基础设施领域差异明显；城市关键基础设施韧性与城市韧性具有一定的相关性；人口聚集会给关键基础设施系统带来压力。任志涛等运用博弈论的基本思想，构建了不同市场条件下政企二级供应链履责博弈模型，探究不同市场条件下政府与供应链企业如何达成均衡，从而为政府和企业的决策者提供可行建议。赵向莉和潘良彬通过实地调研和文献查阅，寻找影响我国城市建筑废弃物资源化发展的影响因素，并运用AHP层次分析法设置影响因素权重，最后在此基础上运用模糊评价方法，以厦门为例进行资源化发展分析，旨在为城市建筑废弃物资源化发展提供参考。周早弘等为了明确建筑运维阶段碳排放影响因素间的作用机理，采用DEMATEL-ISM模型比较了不同影响因素的重要性，并分析了其层级关系和作用路径；研究发现以政策法规、市场需求等作为本源，通过奖惩机制、公众参与等方式，进而会影响建筑材料、能源、运输等的选用，对建筑运维阶段碳排放起到根源性作用。

　　大数据、云计算与人工智能，是数字经济时代三大关键技术，与 BIM 集成应用（BIM＋技术），可以实现以 BIM 为中心的智慧决策体系，对于推动建筑业数字化转型，实现智慧建造、智慧运维具有重大价值。张海鹏等通过引进 C-SMART 智慧交通平台，集成物资管理、数据分析、车辆管理、船只管理、运输服务、堆场管理、其他运输等模块，以信息流为基础动态实现对 MiC 物流系统的控制，有效解决 MiC 构件分类别、按需求、高可靠供应难以实现的难题。彭怀军等通过深度融合 BIM、三维 GIS、物联网等新兴信息技术，建立交互式应用和尝试智能化辅助决策应用的建设管理平台，并将其应用于北京城市副中心站综合交通枢纽工程，能够直观展现工程整体状态和安全态势、规范施工人员行为、保障在多重困难下综合交通枢纽工程施工过程中人员、机械、建筑的安全，为工程实施各环节的决策提供科学、合理支撑。戚振强和赵凯丽通过文献研究和问卷调查识别出中小型施工企业 BIM 应用的障碍因素，共包括三大方面和 10 个子因素，再基于 DEMATEL 方法分析各个障碍因素之间的关系，确定了重要因素和对其他因素影响较大的因素，从而提出推广中小型施工企业 BIM 应用的实施路径与策略。杨林等开发了一种 BIM 几何模型的自动建模算法研究，可以实现 BIM 几何建模过程的高度自动化，以降低 BIM 建模的技术门槛和成本，促进 BIM 技术的普及化。姜健楠等通过文献综述法，运用图表和文献可视化工具 CiteSpace 对中国知网中 BIM 与新兴技术集成应用的相关文献进行检索与分析，提出了 BIM＋技术集成应用框架，并讨论了集成应用存在的难点与挑战。张兵和赵沛将文本挖掘与 CBR 相结合，构建 TM-CBR 建筑安全事故模型，并以泰州的温泰市场"3·28"高处坠落事故为例，模拟事故发生，为建筑安全事故提供应急决策指导。尹志军等以空中造楼机的应用分析为研究对象，梳理了空中造楼机的发展过程，分析了其在技术演变过程中的"内外"困难，总结出"一领一赶"技术赶超方式，从空中造楼机的结构和技术方面归纳经验，可为存在"卡脖子"技术的行业提供研发参考，促进我国科学技术自主创新能力的提升。

　　随着"一带一路2.0"倡议构想的提出，作为经济发展的主力军，国际工程企业实现快速转型升级是推动经济高质量发展的关键。近几年中兴及华为等制裁事件的发生，让众多处于全球化竞争中的企业认识到国际贸易环境的复杂及合规在各行各业运营中的重要性。王智秀指出国际工程项目多元主体的跨国背景及差异化的利益诉求很容易导致国际工程项目参与者的合规风险，揭示了国际工程企业合规知识在项目团队中的溢出效应，为促进国际工程项目团队合规协同进化提供了理论依据。卢锡雷等采用熵权法和 AHP 相融合的方式，从工程项目知识管理目标、基础与过程三维度建立绩效评价指标体系，构建模糊评价模型并对其进行综合评价，用综合得分衡量项目知识管理绩效的优劣，进而可将评价结果作为后续改进项目知识管理的依据。陈小燕等通过分析重大工程多主体协同创新绩效的影响因素，利用系统动力学方法对组织协同、知识协同、战略协同与多主体协同创新绩效关系进行仿真分析，探索了各因素对协同创新绩效的作用效果。

　　城市更新与城乡融合发展是我国新一轮城乡建设的重点，城市更新可发挥老旧小区居住生活质量的提升、城市产业升级、经济新旧动能转换等作用，城乡融合发展是乡村振兴的重要手段之一。曾建丽等通过研究我国老旧社区加装电梯的相关政策法规，总结国内主要城市的老旧社区加装电梯政策推行情况，从加装电梯的条件、实施过程的优化和资金筹措的模式三个方面构建了比较分析研究框架，分析共性特点及各自特色，最后提出完善我国城市老旧社区加装电梯政策的建议及启示。奉其其和敖仪斌采用三阶段 DEA-Malmquist 指数对医疗卫生机构效率进行评价。研究结果表明：县及县级市医疗卫生机构的效率最好，乡镇卫生院次之，村卫生室仍有较大的提升空间。纯技术效率的下降使技术效率的提高存在障碍，技术变化的下降是导致全要素生产率下降的最重要因素。本研究结果为优化医疗资源配置效率，进一步推动城市更新与乡村建设高质量发展提供决策依据。李明和周若昱基于演化博弈理论，通过构建双边演化博弈模型，分析了不完全信息条件下，地方政府与村民在农村装配式建筑推广中的动态博弈过程，证实了政府扶持在农村装配式建筑发展中的必要性，为完善农村装配式建筑激励政策提供建议。

我国各产业数字化转型发展迅速，通过转型实现了高效高质的发展。但建筑业数字化程度相对落后，加快建筑业数字化转型，需要解决新型人才缺乏的问题。工程管理专业作为建筑业数字化转型的重要人才输出专业，需进一步发展。王飞和田华新以数字化转型中 BIM技术在工程管理专业的发展进行分析，提出在认知、教学内容、实训、教学队伍、教师资源、培养方向等方面的不足，并根据以上六方面提出相应的教学改革措施。冯斌基于三所高校 476 名工程管理硕士研究生的学科背景、就业行业和就业岗位分析，提出了工程管理差别化培养的"＋工程""＋管理""工程＋""管理＋"4 种模式，并针对每种模式提出了差异化教学方案。

在建筑业朝着绿色化、智慧化、工业化转型的背景下，建筑业的生产建造方式已经悄然发生变化，行业发展面临前所未有的挑战和机遇。以上研究为推动建筑业数字化低碳建造、高质量创新发展提供了一定的理论依据和实践基础，期望能更好地促进我国由"建造大国"向"建造强国"转型。

目　录

Contents

前沿动态

Frontier & Trend

面向气候变化的城市关键基础设施韧性评价研究

王雪青[1]　张子钊[1]　王 丹[2]

（1. 天津大学管理与经济学部，天津　300072；
2. 重庆大学公共管理学院，重庆　400044）

【摘　要】 气候变化给城市和基础设施系统带来诸多威胁，提高基础设施韧性变得愈发重要。本文从灾害应急全周期的视角构建了一套面向气候变化的城市关键基础设施韧性评价指标体系，利用熵权-TOPSIS实现了对关键基础设施韧性的量化评估。通过对10个城市的评估结果分析，得出如下结论：我国整体关键基础设施配套完善，但在高新技术和新兴基础设施领域差异明显；城市关键基础设施韧性与城市韧性具有一定的相关性；人口聚集会给关键基础设施系统带来压力。

【关键词】 气候变化；熵权-TOPSIS模型；关键基础设施韧性；韧性评价；评价指标体系

Research on the Assessment of Urban Critical Infrastructure Resilience for Climate Change

Xueqing Wang[1]　Zizhao Zhang[1]　Dan Wang[2]

（1. College of Management and Economics，Tianjin University，Tianjin　300072；
2. School of Public Policy and Administration，Chongqing University，Chongqing　400044）

【Abstract】 Climate change poses many threats to cities and infrastructure systems，making it increasingly important to improve infrastructure resilience. In this paper，a set of evaluation index system of urban critical infrastructure resilience for climate change is constructed from the perspective of the full cycle of disaster emergency response，and the entropy-TOPSIS model is used to realize the quantitative assessment of the critical infrastructure resilience. Through the analysis of the evaluation results of 10 cities，the conclusions are as follows：China's overall critical infrastructure is complete，but there are obvious differences in the fields of high-tech and emerging infrastructure. There is a certain correlation between the urban critical infrastructure resilience and urban resilience. Population aggregation can put pressure on critical infrastructure systems.

【Keywords】 Climate Change; Entropy-TOPSIS Model; Critical Infrastructure Resilience; Resilience Assessment; Evaluation Index System

1 引言

气候变化影响下,气候变暖和极端天气常有发生,导致城市居民的生活愈发受到威胁[1]。气候变化导致了许多自然灾害的发生,例如,洪涝、冰川融化和海平面上升等,这些灾害给城市系统的组成元素带来巨大的挑战,影响城市的正常运行。鉴于此,城市韧性的概念即城市系统面对干扰时保持或迅速恢复所需功能以及适应变化的能力越来越受到学者的重视,"韧性城市"成为城市建设的重要目标[2]。一些学者针对城市韧性开展了研究并初探了韧性评估指标,而在所构建的评价指标体系中,"基础设施韧性"的权重值均为最高[3~5]。以往研究[3~5]表明,基础设施是城市系统中的关键构成元素,因此,提升基础设施韧性对于提高城市韧性具有重要作用。

本文将电力、通信、医院、交通、排水、供水、能源以及行政组织等保障人民生产生活的关键性基础设施构成的统一整体界定为"关键基础设施系统"[6,7]。关键基础设施韧性是指关键基础设施系统抵御灾害、受灾害干扰时维持关键性能、尽力降低灾害带来的损失并合理有效地利用内外部资源快速恢复原有性能水平的能力[8~13]。

目前有关关键基础设施系统整体韧性评价的研究较少,现有指标体系比较单一且量化不足。现有评价指标体系主要分为两类:一是基于过程视角构建指标体系[8~10],这类指标体系虽然具有动态性但在一定程度上缺乏全面系统性;二是基于韧性特征视角构建指标体系[11~13],这类指标体系涵盖了韧性的大部分特征但易忽略基础设施系统的动态性。此外,现有文献缺乏系统研究面向气候变化的城市关键基础设施的韧性评估,亟须构建一套韧性评价指标体系。

本文旨在构建面向气候变化的城市关键基础设施韧性评价指标体系,评估关键基础设施韧性。从灾害应急全周期的视角综合过程和韧性特征构建一套定量评价指标,评估各灾害阶段的关键基础设施韧性水平。在此基础上提出关键基础设施韧性治理建议,为提升关键基础设施韧性提供科学依据。

2 面向气候变化的城市关键基础设施韧性评价指标体系构建

2.1 面向气候变化的城市关键基础设施韧性评价指标选取

基于文献分析的方法得到与面向气候变化的城市关键基础设施韧性评价最相关的指标,识别结果如表1所示。

关键基础设施韧性评价指标识别结果 表1

韧性评价指标	文献来源											
	赵旭东等[12]	何继新等[9]	余硕等[14]	吴佳一等[10]	王佐权[15]	吴旭晓[16]	周倩等[17]	Labaka等[18]	Liu等[19]	Guo等[20]	Rehak等[13]	Rehak等[21]
城市(人均)道路面积			✓		✓	✓	✓					

续表

韧性评价指标	文献来源											
	赵旭东等[12]	何继新等[9]	佘硕等[14]	吴佳一等[10]	王佐权[15]	吴旭晓[16]	周倩等[17]	Labaka等[18]	Liu等[19]	Guo等[20]	Rehak等[13]	Rehak等[21]
建成区排水管道密度、长度			✓		✓	✓	✓					
城市用水普及率						✓						
城市燃气普及率、天然气供应总量			✓			✓						
互联网普及率、用户数			✓			✓	✓					
市政设施（污水处理厂等）				✓								
设施冗余度	✓	✓		✓						✓	✓	✓
人均邮电业务量						✓						
每万人拥有的公共汽车量			✓			✓						
外部（政府、承包商等）投入、准备	✓							✓	✓	✓		
政府公共安全财政投入比重					✓							
政府卫生健康财政投入比重					✓							
政府交通运输财政投入比重					✓							
政府社会保障与就业财政投入比重					✓							
危机应对预算、危机准备								✓		✓	✓	✓
社会公众应对危机能力								✓		✓		
卫生机构数			✓		✓							
卫生机构床位数			✓		✓							
卫生技术人员					✓	✓						
移动电话覆盖率					✓	✓						
（人均）地区生产总值					✓	✓						
就业率、城镇登记失业率					✓	✓						
人均可支配收入					✓	✓						
基本医疗保险覆盖率					✓							

将识别后的指标按照灾害应急全周期的视角分类分层，即将韧性指标分为灾前准备、灾前预防、灾中应对和灾后恢复四个阶段，评价关键基础设施在灾害各个阶段的韧性水平。为了提高评价指标体系的适用性、丰富性和正确性，本文采用专家访谈法，邀请应急管理部门的专家对初筛的评价指标体系从实践角度进行调整，最终在指标可量化的前提下结合专家意见修正初筛的指标体系。

（1）灾前准备阶段

灾前准备阶段的关键基础设施韧性是指为防范灾害的发生，要求与关键基础设施密切相关的三方即政府、运营单位和使用者为了应对灾害提前做出的各项准备工作。政府在关键基础设施投资、建设、运营和维护环节都发挥了重要的影响作用。运营单位承担着关键基础设施的经营管理和后期维护等工作。使用者作为日常与关键基础设施接触最密切的群体可以及时发现关键基础设施存在的隐患问题并快速上报相关单位。

（2）灾前预防阶段

灾前预防阶段的关键基础设施韧性是指关键基础设施在灾害来临之际的抵抗力和缓冲力。提高关键基础设施冗余性即系统内的组成要素的可替代性，可以有效减轻灾害后果[12]。

（3）灾中应对阶段

灾中应对阶段的关键基础设施韧性是指灾害发生时关键基础设施面对灾害扰动的吸收量。灾害发生时人员的伤亡往往是不可避免的，医疗水平对于提高关键基础设施系统应对灾害的能力至关重要。同时，市政设施和应急避难场所的有效保障也是灾中应对的重要环节。

（4）灾后恢复阶段

灾后恢复阶段是指关键基础设施受灾害影响后在内部系统调节和外部资源投入的情况下快速恢复至正常运转的状态。经济越稳定，基本社会保险覆盖率越高，通常可以提供更加充足的外部资源，从而可以有效提高关键基础设施韧性。

2.2 面向气候变化的城市关键基础设施韧性评价指标权重的确定

本文采用熵权法确定指标权重，其计算过程如下[22]。

（1）先构建一个初始的 $m \times n$ 评价矩阵，其中 m 代表样本数量，n 代表指标数量，为了保证最终得到的权重可以适用于全国面向气候变化的城市关键基础设施韧性评价研究，本文选取 31 个省市的数据作为分析基础，即构建评价矩阵 $\boldsymbol{X} = \{x_{ij}\}_{m \times n}$，式中 x_{ij} 指第 i 个省市的第 j 项指标的数据。

（2）对得到的初始矩阵利用极差归一化的方法进行标准化处理。

对于正向指标采用

$$y_{ij} = \frac{x_{ij} - x_{j\min}}{x_{j\max} - x_{j\min}} \quad (1)$$
$$i = 1, 2, \cdots, m; j = 1, 2, \cdots, n$$

对于负向指标采用

$$y_{ij} = \frac{x_{j\max} - x_{ij}}{x_{j\max} - x_{j\min}} \quad (2)$$
$$i = 1, 2, \cdots, m; j = 1, 2, \cdots, n$$

为了消除零对后续对数运算的影响，将数据进行平移处理即 $y_{ij}^* = y_{ij} + 1$。

（3）计算各指标熵值 e_j

$$e_j = -\frac{1}{\ln(m)} \sum_{i=1}^{m} p_{ij} \ln p_{ij} \quad (3)$$

式中，e_j 为第 j 个指标的熵值；其中 $p_{ij} = \dfrac{y_{ij}^*}{\sum\limits_{i=1}^{m} y_{ij}^*}$。

（4）计算各指标权重 w_j

$$w_j = \frac{1 - e_j}{\sum\limits_{j=1}^{n}(1 - e_j)} \quad (4)$$

式中，$(1 - e_j)$ 为差异性系数，$(1 - e_j)$ 的值越大，指标对于评价目标越重要。

本文数据来源于《中国统计年鉴 2021》等。例如，31 个省市的城市供水普及率的数据来自《中国统计年鉴 2021》。在评估灾前准备阶段的运营单位能力时，因为关键基础设施运营单位种类复杂难以统一分析，本文以铁路运营单位为代表进行分析。据现有文献分析，交通系统是关键基础设施系统中的重要组成部分，而且我国各省都有建立铁路系统，因此，以中国国家铁路集团有限公司下设的 18 个分局为代表进行分析。运营单位资本实力的数据选取各铁路分局的注册资本金，知识产权实力的数据选取各铁路分局的专利、商标和著作权等数量总和。三级指标通过上述计算过程确定权重，二级指标是对应的三级指标权重相加所得，以此类推得到一级指标的权重。最终得到面向气候变化的城市关键基础设施韧性评价指标体系，如表 2 所示。

关键基础设施韧性评价指标体系　　　　　　　　　　　　　　表 2

一级指标	二级指标	三级指标	权重
灾前准备阶段 （0.3009）	政府投入 （0.1259）	政府公共安全财政投入比重	0.036209
		政府卫生健康财政投入比重	0.027892
		政府交通运输财政投入比重	0.035797
		政府社会保障和就业财政投入比重	0.026036

续表

一级指标	二级指标	三级指标	权重
灾前准备阶段 (0.3009)	运营单位能力 (0.1182)	资本实力	0.049654
		知识产权实力	0.068529
	使用者能力 (0.0567)	6 岁及以上人口中大专及以上学历比重	0.034542
		城镇人口比重	0.022200
灾前预防阶段 (0.2336)	设施资源冗余 (0.2336)	人均邮电业务量	0.034106
		移动电话普及率	0.027878
		建成区排水管道密度	0.028616
		每万人拥有公共汽电车辆	0.033499
		每万人拥有轨道交通配属车辆	0.043716
		城市供水普及率	0.021994
		城市燃气普及率	0.015605
		移动互联网普及率	0.028193
灾中应对阶段 (0.2514)	医疗水平 (0.0791)	每万人拥有医疗卫生机构	0.024057
		每千人口卫生技术人员	0.023175
		每千人口医疗卫生机构床位	0.031903
	市政设施 (0.1462)	每百万人拥有污水处理厂	0.058182
		每百万人拥有垃圾无害化处理厂	0.030361
		人均城市道路面积	0.023912
		每万人拥有公共厕所	0.033745
	应急避难场所 (0.0261)	人均公园绿地面积	0.026101
灾后恢复阶段 (0.2141)	经济稳定性 (0.1127)	城镇登记失业率	0.028720
		居民人均可支配收入	0.043140
		人均地区生产总值	0.040806
	保险制度 (0.1014)	失业保险覆盖率	0.034258
		基本医疗保险覆盖率	0.027951
		工伤保险覆盖率	0.039223

2.3 面向气候变化的城市关键基础设施韧性综合评价过程

本文得到各指标权重后，采用 TOPSIS 方法评价目标城市面向气候变化的城市关键基础设施韧性水平，其计算过程如下[23,24]：

第一，利用熵权法提及的极差归一化处理数据。

第二，构建加权决策矩阵，将熵权法确定的指标权重带入标准化后的矩阵得到加权决策矩阵 $Z = (z_{ij})_{m \times n}$。

第三，确定正负理想方案，正理想解是每个指标都取所评价目标中最优的解，负理想解与之相反。正理想解为 $Z^+ = \{z_1^+, z_2^+, \cdots, z_n^+\}$，负理想解为 $Z^- = \{z_1^-, z_2^-, \cdots, z_n^-\}$。

第四，计算评价对象相对 Z^+ 和 Z^- 的距离 D_i^+ 和 D_i^-。

$$D_i^+ = \sqrt{\sum_{j=1}^n (z_{ij} - z_j^+)^2} \qquad (5)$$

$$D_i^- = \sqrt{\sum_{j=1}^n (z_{ij} - z_j^-)^2} \qquad (6)$$

第五，计算综合评价值 C_i，C_i 值越大，表示该评价对象各指标的综合评价结果越优。

$$C_i = \frac{D_i^-}{D_i^+ + D_i^-} \quad (7)$$

3　结果分析

本文选取北京、天津和上海等 10 个城市进行综合排序，最终结果如表 3 所示。

我国部分城市关键基础设施韧性
综合评价结果　　　　　表 3

城市	综合得分	排序
北京	0.629102	1
天津	0.434833	6
内蒙古	0.355251	9
辽宁	0.380420	8
上海	0.554673	2
江苏	0.538073	3
湖南	0.406841	7
广东	0.494195	4
重庆	0.437503	5
新疆	0.333496	10

结果表明，北京面向气候变化的关键基础设施韧性水平最高，主要原因包括：首先，北京人口素质较高，居民拥有较高的应对危机和监督反馈的能力。其次，北京设施资源冗余性较高，灾害发生时系统内组件的可替代性高，可以有效降低灾害损失。最后，北京经济发达，基本社会保险覆盖率高。气候变化引发灾害后，稳定的社会经济和完善的社会保障体系可以为关键基础设施系统提供良好的外部支持，帮助系统尽快走出灾害阴影。而新疆因为城市化水平低、高新技术落后、经济发展落后，导致其关键基础设施系统应对气候变化的能力较弱。上海和重庆等城市关键基础设施系统整体发展较好，但因为其近些年人口聚集导致部分指标数据不佳，不断扩张的人口给基础设施系统带来了更多的压力。气候变化引发的灾害是区域性的，这些灾害会影响受灾区域的所有居

民。因此，人口密度越大，关键基础设施系统负担越重。

4　结论与建议

气候变化引发越来越多的自然灾害，本文从灾害应急全周期的视角构建了一套面向气候变化的城市关键基础设施韧性评价指标体系，采用熵权-TOPSIS 模型评估关键基础设施韧性。为了提高指标体系的适用性，本文选取我国 31 个省市的数据确定权重，最终选定 10 个代表城市综合分析其关键基础设施韧性水平。鉴于此，本文主要结论如下：

第一，本文基于灾害应急全周期的视角构建了面向气候变化的城市关键基础设施韧性评价指标体系，包括 9 个二级指标（政府投入、设施资源冗余等）和 30 个三级指标（运营单位资本实力、移动电话普及率等）。

第二，本文针对我国 31 个省市的数据，利用熵权法确定指标权重。通过分析可知，我国整体关键基础设施配套完善，尤其是各省生命线工程气、水、通信等基础设施发展均衡，基本满足居民的需求。但在轨道交通等新兴基础设施领域和高新技术方面存在一定差距。

第三，本文针对北京、天津和上海等 10 个省市进行城市关键基础设施韧性综合水平评价分析，研究发现人口聚集给关键基础设施系统带来更多的压力，即服务人口的增加给系统带来了更多的负担。城市关键基础设施韧性水平和城市韧性水平具有一定的相关性，城市韧性水平较高的城市，例如北京、上海和江苏等城市的关键基础设施韧性水平普遍较高，而城市韧性水平较低的城市，例如内蒙古等城市的关键基础设施韧性水平普遍较低。

基于上述发现，本文提出如下建议：①对于各省市发展均衡且良好的指标适当降低关注度，将更多的精力放在差异明显的指标上，例如多

关注城市的轨道交通系统以及鼓励运营单位积极发展高新技术，从而提高关键基础设施韧性水平；②关注人口密度不断增加给关键基础设施系统带来的压力，可以考虑从提高数量和质量两个角度解决问题，即增加关键基础设施的总量或利用高新技术提高现有关键基础设施的服务总量。

参考文献

［1］ 张明顺，李欢欢．气候变化背景下城市韧性评估研究进展［J］．生态经济，2018，34（10）：154-161.

［2］ Meerow S，Newell J P，Stults M．Defining Urban Resilience：A Review［J］．Landscape and Urban Planning，2016(147)：38-49.

［3］ 张明斗，冯晓青．中国城市韧性度综合评价［J］．城市问题，2018(10)：27-36.

［4］ 王世亮，那仁满都拉，郭恩亮，等．基于熵权-TOPSIS模型的内蒙古城市韧性评价研究［J］．赤峰学院学报（自然科学版），2022，38（1）：17-21.

［5］ 李亚，翟国方．我国城市灾害韧性评估及其提升策略研究［J］．规划师，2017，33(8)：5-11.

［6］ 郑豆豆，龚晶，高蕾．基于UTA方法的关键基础设施系统的保护研究［J］．运筹与管理，2021，30(8)：75-80.

［7］ Brown C，Seville E，Vargo J．Measuring the Organizational Resilience of Critical Infrastructure Providers：A New Zealand Case Study［J］．International Journal of Critical Infrastructure Protection，2017(18)：37-49.

［8］ Han F，Bogus S M．Resilience Criteria for Project Delivery Processes：An Exploratory Analysis for Highway Project Development［J］．Journal of Construction Engineering and Management，2021，147(11)：04021140.

［9］ 何继新，刘严萍，郑沛琪．应急管理过程视域下城市基础设施韧性测度指标体系研究［J］．吉林广播电视大学学报，2021(5)：125-128，132.

［10］ 吴佳一，陈秋晓．面向突发公共卫生事件的应急设施韧性发展机制及评价研究［J］．建筑与文化，2021(10)：191-192.

［11］ 陈小波，郭祖培，钱希坤，等．BIM和GIS数据环境下的桥梁韧性评估多准则决策方法研究［J］．工程管理学报，2021，35(6)：61-66.

［12］ 赵旭东，陈志龙，龚华栋，等．关键基础设施体系灾害毁伤恢复力研究综述［J］．土木工程学报，2017，50(12)：62-71.

［13］ Rehak D，Senovsky P，Slivkova S．Resilience of Critical Infrastructure Elements and its Main Factors［J］．Systems，2018，6(2)：21.

［14］ 佘硕，段芳．长三角城市群基础设施韧性度评价——基于TOPSIS熵权法［J］．中国房地产，2020(27)：31-35.

［15］ 王佐权．上海城市区域韧性评价研究［J］．防灾科技学院学报，2021，23(4)：58-66.

［16］ 吴旭晓．新发展格局下都市圈城市韧性测度与提升策略——以中部地区4个省会都市圈为例［J］．南都学坛，2022，42(1)：98-108.

［17］ 周倩，刘德林．长三角城市群城市韧性与城镇化水平耦合协调发展研究［J］．水土保持研究，2020，27(4)：286-292.

［18］ Labaka L，Hernantes J，Sarriegi J M．Resilience Framework for Critical Infrastructures：An Empirical Study in a Nuclear Plant［J］．Reliability Engineering & System Safety，2015(141)：92-105.

［19］ Liu H J，Love P E D，Sing M C P，et al．Conceptual Framework of Life-cycle Performance Measurement：Ensuring the Resilience of Transport Infrastructure Assets［J］．Transportation Research Part D：Transport and Environment，2019(77)：615-626.

［20］ Guo D，Shan M，Owusu E K．Resilience Assessment Frameworks of Critical Infrastructures：State-of-the-Art Review［J］．Buildings，2021，11(10)：464.

[21] Rehak D，Senovsky P，Hromada M，et al. Complex Approach to Assessing Resilience of Critical Infrastructure Elements［J］．International Journal of Critical Infrastructure Protection，2019(25)：125-138.

[22] 李扬杰，张莉．基于全局熵值法的长江上游地区产业生态化水平动态评价［J］．生态经济，2021，37(7)：44-48，56.

[23] 刘飞，龚婷．基于熵权 Topsis 模型的湖北省高质量发展综合评价［J］．统计与决策，2021，37(11)：85-88.

[24] 刘世龙，汪正磊．我国经济政策调节对高等教育发展影响的实证研究——基于熵权 TOPSIS 法构建高等教育质量评价模型［J］．中国市场，2022(4)：71-74.

BIM＋技术的应用现状与发展综述

姜健楠　朱维娜　孙成双

（北京建筑大学城市经济与管理学院，北京　102616）

【摘　要】　随着信息化时代的到来，建筑业正经历着快速的数字化转型，BIM技术与大数据、人工智能、云计算等新兴技术融合推动了建筑业的信息化和智能化水平，BIM＋技术的集成应用越来越成为学者关注的重点。通过文献综述法，运用图表和文献可视化工具CiteSpace对中国知网中BIM与新兴技术集成应用的相关文献进行检索与分析，对其现状进行综述，提出了BIM＋技术集成应用框架，并讨论了集成应用遇到的难点与挑战。研究发现：BIM与大数据、人工智能、云计算三种新兴技术集成应用的研究呈增长趋势，三者发挥各自的优势与BIM深度集成，在建筑工程领域具有很大价值。未来仍需要从数据标准、管理模式、数据安全等方面进行深入研究。

【关键词】　BIM＋；大数据；人工智能；云计算；集成应用

Overview of the Application Status and Development of BIM＋ Technology

Jiannan Jiang　Weina Zhu　Chengshuang Sun

(School of Urban Economics and Management, Beijing University of Civil Engineering and Architecture, Beijing　102616)

【Abstract】　With the advent of the information age, the construction industry is undergoing rapid digital transformation. The integration of BIM technology with emerging technologies such as big data, artificial intelligence and cloud computing has promoted the level of informatization and intelligence in the construction industry. The integrated application of BIM＋ technology has increasingly become the focus of scholars. Through the literature review, this paper uses the chart and CiteSpace to analyze the literature on the integrated application of BIM and emerging technologies, summarizes its current situation, puts forward the framework of integrated application of BIM＋ technology, and discusses the difficulties and challenges encountered in the integrated application. It is found that the research on the integrated application of BIM and three emerging technologies, big data, artificial intelligence, and cloud computing, shows an increasing trend. The three give full play to their respective advantages and the in-depth integration of BIM has great value in the field of construction engineering. In the future, it is still necessary to conduct in depth research from the aspects of data standards, management modes, data security, etc.

【Keywords】 BIM＋; Big Data; Artificial Intelligence; Cloud Computing; Integrated Application

1 背景

随着建筑信息化需求的提高，BIM 技术的应用和研究受到更多关注。2020 年 8 月，住房和城乡建设部等九部门联合印发《关于加快新型建筑工业化发展的若干意见》（建标规〔2020〕8 号）[1]，提出要大力推广建筑信息模型（BIM）技术，加快推进 BIM 技术在新型建筑工业化全寿命期的一体化集成应用。作为建筑的物理与功能特性数字化表达工具，BIM 具有数字信息集成与共享优势，能有效解决工程施工的信息断层问题。但是随着 BIM 在全生命周期中的广泛应用，尤其是大型工程中，数据量剧增，BIM 中的数据无法得到充分利用，传统的数据处理手段已经无法满足当前的管理需求，从而阻碍了 BIM 应用的发展。

大数据、云计算与人工智能，是数字经济时代最为关键的三大技术[2]，与 BIM 集成应用（BIM＋技术），可以实现以 BIM 为中心的智慧决策体系，对于推动建筑业数字化转型，实现智慧建造、智慧运维具有很大价值。但是，该领域目前的研究还不够全面，标准和体系还不完善，研究多以局部的系统平台为主，缺乏全生命周期中多技术的集成化应用研究。

本文重点阐述 BIM 与这三种技术结合在建筑工程全生命周期中解决的关键科学问题，以及 BIM 与这些技术结合带来的效益。首先对 BIM＋大数据、BIM＋云计算、BIM＋人工智能分别展开论述，在此基础上探索 BIM 与三者的集成框架，分析集成应用中遇到的难点与挑战，为 BIM＋技术进一步研究提供参考。

2 文献分析

本研究的文献分析主要采用图表、科学知识图谱等形式对所选文献数据进行绘制与展现。其中，图表是对基础数据时间分布的展示；科学知识图谱是将研究主题的相关文献可视化。通过运用 CiteSpace[41] 工具，分析该领域研究概况和研究动态。

2.1 文献数据分析

截至 2022 年（2022 年数据仅包含 1～8 月），在中国知网（CNKI）中对 BIM 与新兴技术集成应用的文献进行检索，参考其他学者选取的关键词[2,3]，本文选取的关键词包括 BIM、云计算、大数据、人工智能及其分支（遗传算法、神经网络、蚁群算法、聚类分析、贝叶斯网络等），结果如图 1 所示。

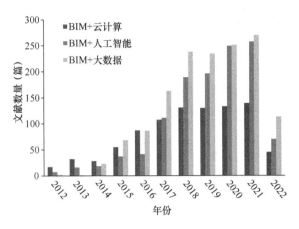

图 1 CNKI 文献数据分析

图 2 关键词图谱

从图 1 可以看出:

(1) BIM 与大数据、人工智能、云计算集成应用的研究整体呈增长趋势,2021 年各项技术与 BIM 结合的研究均达百余篇。

(2) BIM＋大数据的文献量增长最为快速,且研究文献最多,其次是 BIM＋人工智能研究。大数据技术与数据分析、数据挖掘等技术一脉相承,有一定的研究基础和技术积累;人工智能分支较多,应用范围广,文献数量也比较多;而云计算对于平台开发的要求高,现有文献中虽然 BIM＋云计算集成框架的相关研究较多,但实际应用的研究较少,所以文献数量整体相对较少,但也呈现出追赶趋势。

2.2 关键词共现分析

关键词是对文章的高度凝练,反映了文献的主要研究内容,从而高频关键词被用于确定研究热点。将以上文献导入 CiteSpace 进行分析,以关键词为节点,得到关键词图谱,如图 2 所示(注:由于软件中关键词字数限制,"BIM""建筑信息模型"统一替换为"信息模型")。同时,选取出现频次不小于 10 的关键词,见表 1。

从图表中可以看出,将 BIM 与大数据、

云计算、人工智能集成应用,推动建筑行业智能与智慧化发展是当前研究热点。

高频关键词统计 表 1

关键词	频次	中心度
建筑信息模型	294	1.04
大数据	193	0.41
云计算	147	0.37
人工智能	78	0.21
建筑业	34	0.01
集成应用	33	0.05
工程造价	30	0.03
智慧工地	18	0.02
遗传算法	12	0.01
管理	12	0.01
信息化	12	0.01
智慧城市	10	0.02
数字孪生	10	0.01
智能建造	10	0.01

2.3 文章聚类分析

采用潜在语义分析方法(LSI)从关键词中提取聚类标签,得到文献共被引网络聚类图谱,如图 3 所示,在一定程度上反映了当前相关研究的主要领域。其中集成是第三大群组,成为主要研究领域之一。

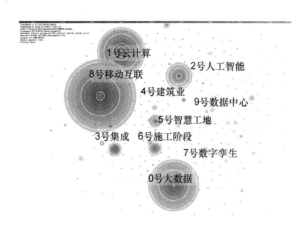

图 3　文献共被引网络聚类图谱

3　BIM＋技术的应用现状分析

3.1　BIM＋大数据

大数据具有数据容量大、存取速度快、涵盖类型多、应用价值高等特点。大数据技术的普遍适用性，增加了其应用的广泛性。通过对大数据在建筑中的应用进行调研发现，数据分析、数据挖掘和 BIM 融合是工程管理的发展趋势[4]。

BIM＋大数据技术是以 BIM 模型为载体进行数据存储，利用大数据技术进行信息提取与分析，并最终通过 BIM 平台进行可视化的应用。为解决数据接口问题，邵虎等[5]提出以 BIM 作为基础平台，开发大数据的应用程序，建立工程项目管理平台，研究了 BIM 模型构件编码方法、不同格式 BIM 模型集成等，解决了多源异构数据融合问题；张颢[7]通过 Python 语言调用其他系统的应用程序接口，利用 Hadoop 大数据的存储优势形成数据超市，通过基于 WebGL 技术的 BIM 工程信息平台展示数据挖掘成果。

大数据技术与 BIM 结合可应用到建设工程全生命周期管理的许多方面（表 2）。基于大数据建立全过程工程咨询项目管理平台，可

集成 BIM 数据、3D GIS 数据、现场数据、项目管理数据等，对工程项目进度、质量、安全等多目标进行优化管理[10]。数字化交付也是 BIM＋大数据应用的热点，数字化交付是连通施工和运维的重要环节，BIM 模型连同数据资产集成交付，有利于实现建筑大数据的处理和弹性可视化[8]。

BIM＋大数据在各阶段的应用　　表 2

阶段	应用	文献
设计	建立 BIM 模型设计大数据库，优化设计等	[6]　[11]
施工	成本与造价管理，施工流程优化与改进，进度、质量、安全优化管理等	[6][9][10][11][13][14]
运维	能耗监测和结构健康检测，数字化交付等	[8][12][15]

3.2　BIM＋人工智能

BIM 中承载着大量的建筑数据，人工智能（AI）可以挖掘数据中共性的、潜在的规律和知识，分析结果可以作为决策依据，为利益相关方提供管理建议。国内外对于人工智能的研究已经非常广泛和深入，但是对于 BIM＋人工智能的研究相对较少，仍然处于初级阶段[3]。

人工智能算法有很多，包括遗传算法、粒子群算法、推理技术、神经网络等。BIM 与 AI 集成应用在各阶段的具体功能和实现方式不同，根据每个阶段问题的特点选择合适的算法是 BIM＋AI 集成应用的挑战之一。在设计阶段使用 AI 技术，多用于方案比选和优化，可以提高设计质量，减少返工。在施工阶段，主要应用于工期、成本、质量、安全的管理和优化。在运维阶段，利用人工智能算法进行能耗管理、结构检测和安全预警等具有很大优势。各阶段应用情况见表 3。

BIM＋人工智能在各阶段的应用　表3

阶段	应用	算法	文献
设计	施工图自动审查	推理技术	[16]
	基坑支护结构优化	遗传算法	[17]
	设计方案优选	BP神经网络	[18]
施工	施工安全评价	遗传算法＋贝叶斯网络	[19]
	装配式建筑施工场地布置方案优化	遗传算法	[20]
	深基坑工程风险量化	BP神经网络	[21]
	装配式建筑机器人施工路径优化	遗传算法＋蚁群算法	[22]
	工期-成本优化	遗传算法	[23]
运维	结构健康监测	BP神经网络	[24]
	高层建筑应急疏散路径	遗传算法	[25]
	误报警甄别	遗传算法＋BP神经网络＋模糊贝叶斯网络	[26]
	能耗预测	小波神经网络	[26]

3.3　BIM＋云计算

云计算是基于网络,将硬件、软件、网络等系列资源统一起来,实现数据的计算、储存、处理和共享的一种托管技术。BIM模型中的数据在云环境中可以进行分布式的、可扩展的存储和计算,减少了对终端服务器的依赖,降低了建筑行业采用数字技术的成本[16],也使得项目参与者跨地区、跨项目的协同管理更加便捷。

现有研究对BIM＋云计算(Cloud-BIM)模型框架的设计有不同的观点。基于Hadoop分布式框架,陈泽琳等[29]设计了云存储、云平台服务、应用服务和客户端应用四层结构的框架;张绍华等[36]采用面向对象的Petri网,将云平台抽象为4个子网以及子网之间的交

互。桂宁等[31]将现有的Cloud-BIM应用架构归纳为数据层、服务层和应用层3个层次。乐云等[30]则按照生命周期将框架设计为BIM服务器和规划、设计、施工与运维四阶段子云。

BIM＋云计算的研究已经在工程领域有所应用。目前市面上的Cloud-BIM产品有BIM 360、Onuma System、广联云、鲁班云、PK-PM、Cadd Force、BIM9、BIMServer、BIMx和STRATUS等,用户还可自主研发BIM云平台[32],适应现有的工作平台。已有的研究证明BIM＋云计算在安全预警、现场数据监测、协同治理等方面具有很大的应用价值,例如基于Cloud-BIM的建筑工人高处坠落安全预警系统[32]、桥梁健康检测系统[33]、地下空间安全自动监控[34]、实时施工活动生产率跟踪[37]等。Eissa Alreshidi[35]和张绍华[36]等学者认为基于云的BIM治理可以增加团队协作,并提出了基于云的数据治理的解决方案。

4　BIM＋技术集成应用

4.1　集成框架

本文提出的BIM＋技术的集成框架如图4所示,该平台是以BIM技术为核心的多应用集成平台,实现质量、进度、成本多目标管理,贯穿设计、施工、运维各个阶段;利用云计算和大数据技术,实时收集并存储来自BIM平台的大规模数据,利用人工智能算法对数据进行挖掘,并将决策建议反馈到BIM平台,实现虚拟世界与现实世界的交互,具有智能、实时、可协同、轻量化的特点。

(1)BIM＋技术集成平台以BIM、大数据、人工智能、云计算为核心技术,采用Hadoop分布式存储框架存储和计算数据,利用Python语言调用程序或开发专用的API接口实现数据接入,通过基于WebGL技术的BIM

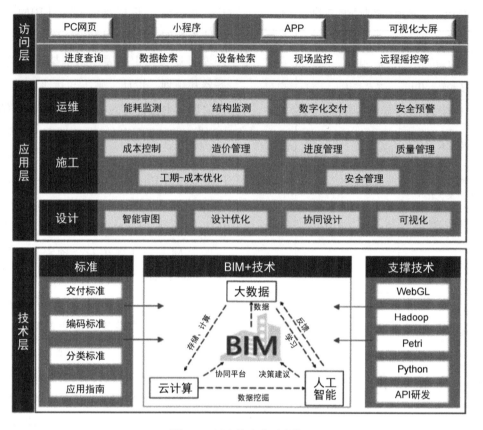

图 4　BIM＋技术集成框架

平台对数据挖掘成果进行可视化展示。平台中定义统一的数据编码和分类标准，减少数据传输中的乱码；其他标准例如交付标准也进行统一规定，避免施工阶段与运维阶段的信息出现断层。

（2）在应用层的设计阶段，平台主要可以实现智能审图、设计优化、协同设计，并将设计结果可视化，可以在设计阶段有效减少返工的风险；施工阶段成本、进度和质量管理包含实时监测和优化，安全管理模块主要是对施工现场的安全隐患实时监测并预警；运维阶段充分利用上一阶段数字化交付的成果，对运营期间的能耗、建筑结构进行实时监测，及时发现问题，在出现火灾等紧急情况时准确报警并规划合理的逃生路线。

（3）访问层开发 APP、小程序、网页等，使用户随时随地可以对项目进行访问，在智慧

指挥中心可以布置 LED 大屏对数据和现场进行监控。

4.2　集成的难点与挑战

（1）数据标准不统一

缺乏标准被认为是 BIM 与其他多种新兴技术集成的一个基本问题[39]。尽管一些学者在研究标准化平台，但目前还没有公认的、明确的标准协议和架构。作为未来的研究方向，必须建立一个通用的标准来连接硬件、BIM 数据和应用程序。

（2）管理模式有待变革

在管理信息化的进程中，管理模式也应该发生变革，管理模式和新兴技术应当相辅相成。技术的进步需要与之相适应的管理模式和组织架构来推动，新技术的应用也需要组织自上而下地进行推广。引入新的协作总是会给项

目团队和相关者带来组织变化，应该采用适合的组织框架来适应这些变化。如何更好地应用新兴技术为项目带来效益，对于项目管理者来说是一个挑战。

（3）数据安全存在隐患

很多研究学者都对数字隐私和安全问题[16]提出了质疑。由于数据的所有权和控制权还不能清晰界定，在实践中，相关方通常不愿意将自己的私人和商业信息提供给第三方，如项目成本等，并且集成后平台的性能不可预测等一系列关乎数据安全的问题还没有解决，用户在使用时存在担忧。

（4）相关人才存在缺口

技术集成应用不仅对软硬件开发人员提出更高的需求，同时项目全生命周期的参与方都应该具备应用新技术的能力。对于集成平台的使用者来说，无论是项目经理还是施工人员，都应该掌握新技术的应用，配合新技术的推广。随着当前建筑行业数字化进程加快，相关人才出现大量缺口，尤其是建筑行业作为传统行业，从业者亟需转变思维方式和工作方式，增强新技术的应用能力。

5 结论

近年来，建筑行业面临着数字化转型，研究表明，BIM 与其他新兴技术集成应用对建筑行业的变革具有很大的价值，相应的研究逐渐成为热点。

（1）BIM 与大数据、人工智能、云计算集成在项目全生命周期各阶段均有所应用。大数据、人工智能、云计算在提取、存储、数据挖掘方面具有很大优势，与 BIM 集成应用致力于为工程项目提质增效。

（2）BIM＋技术集成框架为项目利益相关方实现协同管理和全生命周期管理搭建平台。BIM＋技术集成应用可以提高工程项目数据利用率，提升决策水平。BIM＋多技术集成是推动数字孪生、智慧建造、智慧运维的重要途径。

（3）当前对于 BIM＋技术的研究仍然有限，在实际应用中还面临很多挑战。以往的研究基本只经过了小规模的系统验证，在大型工程中集成应用的成熟案例较少，经验不足。行业之间应当加快融合，将 BIM＋技术真正地应用于项目的全生命周期，实现智慧管理和智慧决策。

参考文献

[1] 中华人民共和国住房和城乡建设部. 住房和城乡建设部等部门关于加快新型建筑工业化发展的若干意见[EB/OL]. [2020-8-28]. http://www.mohurd.gov.cn/wjfb/202009/t20200904247084.html.

[2] 朱珺辰，高俊杰，宋企皋. 大数据、人工智能与云计算的融合应用[J]. 信息技术与标准化，2018(3)：44-47.

[3] Pan Y，Zhang L. Roles of Artificial Intelligence in Construction Engineering and Management：A Critical Review and Future Trends[J]. Automation in Construction，2021(122)：103517.

[4] Safa M，Hill L. Necessity of Big Data Analysis in Construction Management[J]. Strategic Direction，2019，35(1)：3-5.

[5] 邵虎，方毅，卢禹. 多元异构的 BIM 大数据集成技术在合枞高速公路工程中的应用研究[J]. 土木建筑工程信息技术，2021，13(3)：132-136.

[6] Bilal M，Oyedele L O，Qadir J，et al. Big Data in the Construction Industry：A Review of Present Status，Opportunities，and Future Trends[J]. Advanced Engineering Informatics，2016，30(3)：500-521.

[7] 张颖. 基于 BIM 的建筑行业大数据建维分析[J]. 电子技术与软件工程，2019(24)：154-155.

[8] 许璟琳，余芳强，高尚，等. 建造运维一体化 BIM 应用方法研究——以上海市东方医院改扩

建工程为例[J]. 土木建筑工程信息技术，2020，12(4)：124-128.

[9] 黄恒振. 基于大数据和BIM的工程造价管理研究[J]. 建筑经济，2016，37(9)：56-59.

[10] 潘多忠，程嘉，余渊. 基于大数据架构的全过程工程咨询项目管理平台[J]. 土木建筑工程信息技术，2019，11(6)：27-35.

[11] 杨柳. 《装配式建筑BIM工程管理》与大数据时代下装配式建筑智能技术在工程管理中的应用研究[J]. 工业建筑，2020，50(11)：202.

[12] 刘天成，程潜，刘高，等. 基于BIM平台的平塘特大桥结构健康监测信息融合技术研究[J]. 公路，2019，64(9)：18-22.

[13] 杨青，武高宁，王丽珍. 大数据：数据驱动下的工程项目管理新视角[J]. 系统工程理论与实践，2017，37(3)：710-719.

[14] 左自波，龚剑，吴小建，等. 地下工程施工和运营期监测的研究与应用进展[J]. 地下空间与工程学报，2017，13(S1)：294-305.

[15] 金宇亮. 基于BIM的数字化交付管理体系在工程中的应用[J]. 建筑施工，2021，43(8)：1633-1635.

[16] 邢雪娇，钟波涛，骆汉宾，等. 基于BIM的建筑专业设计合规性自动审查系统及其关键技术[J]. 土木工程与管理学报，2019，36(5)：129-136.

[17] 姜早龙，张杰，张志军，等. 基于BIM和遗传算法的填海地区深基坑支护结构优化研究[J]. 沈阳建筑大学学报(自然科学版)，2021，37(2)：210-217.

[18] 段晓晨，喇海霞，刘晓庆. 基于ILS、BPNN的隧道工程设计方案智能优化研究[J]. 铁道工程学报，2021，38(3)：48-52，101.

[19] 谢尊贤，郭琰，蒲涛. 基于BIM-GA-BN的养老社区施工安全评价模型[J]. 中国安全科学学报，2018，28(9)：19-25.

[20] 杨彬，杨春贺，肖建庄，等. 基于BIM的装配式建筑施工场地布置及优化技术[J]. 建筑结构，2019，49(S1)：921-925.

[21] 郭柯兰，陈帆. 基于BP网络-BIM模型的深基坑工程风险量化研究[J]. 建筑经济，2020，41(9)：39-43.

[22] 张润梅，任瑞，袁彬，等. 装配式建筑机器人施工路径优化方法[J]. 计算机工程与设计，2021，42(12)：3516-3524.

[23] 何威，史一超. 基于BIM-遗传算法的建筑施工期多目标优化设计[J]. 土木工程与管理学报，2019，36(4)：89-95.

[24] 杨春，李鹏麟，熊帅，等. 基于BIM和神经网络的大跨度钢屋盖监测数据解析[J]. 华南理工大学学报(自然科学版)，2020，48(9)：10-19.

[25] 彭茂龙，刘星雄，陈茜. 基于BIM的HRB应急疏散路径双层决策模型[J]. 计算机仿真，2021，38(10)：471-475.

[26] 邹荣伟，杨启亮，邢建春，等. 基于动静态混合数据分析的误报警判定方法：面向建筑信息模型的运维平台[J]. 中国安全科学学报，2021，31(11)：163-170.

[27] 张先锋. 基于小波神经网络的建筑BIM能耗预测算法研究(英文)[J]. 机床与液压，2018，46(24)：42-47，93.

[28] Bello S A, Oyedele L O, Akinade O O, et al. Cloud Computing in Construction Industry：Use Cases, Benefits and Challenges[J]. Automation in Construction, 2021(122)：103441.

[29] 陈泽琳，潘运军，何浥尘，等. 一种基于Hadoop的BIM云服务框架和空间位置检索算法[J]. 计算机科学，2014，41(11)：107-111，117.

[30] 乐云，郑威，余文德. 基于Cloud-BIM的工程项目数据管理研究[J]. 工程管理学报，2015，29(1)：91-96.

[31] 桂宁，葛丹妮，马智亮. 基于云技术的BIM架构研究与实践综述[J]. 图学学报，2018，39(5)：817-825.

[32] 夏杨，孙文建，董建军. 基于Cloud-BIM的建筑工人高处坠落安全预警系统研究[J]. 科技

管理研究，2020，40(7)：251-257.

[33] 杨兴旺，唐成，易用强，等. 桥梁云计算 2020 年度研究进展[J]. 土木与环境工程学报（中英文），2021，43(S1)：261-267.

[34] Zhang X. Automatic Underground Space Security Monitoring based on BIM[J]. Computer Communications，2020(157)：85-91.

[35] Alreshidi E，Mourshed M，Rezgui Y. Requirements for Cloud-based BIM Governance Solutions to Facilitate Team Collaboration in Construction Projects[J]. Requirements Engineering，2018，23(1)：1-31.

[36] 张绍华，焦毅，陈钢. 支持协同治理的建筑信息模型云平台建模与架构研究[J]. 计算机工程，2016，42(11)：95-101，108.

[37] Arif F，Khan W A. A Real-Time Productivity Tracking Framework Using Survey-Cloud-BIM Integration[J]. Arabian Journal for Science and Engineering，2020，45(10)：8699-8710.

[38] 闵世平，林国庆. BIM 及空间大数据技术支持下的铁路隧道施工数据管理[J]. 测绘通报，2021(8)：144-149，153.

[39] 贺洪煜，房霆宸，朱赟，等. 大数据在建筑智慧运维系统中的应用[J]. 建筑施工，2021，43(12)：2600-2603.

[40] Tang S，Shelden D R，Eastman C M，et al. A Review of Building Information Modeling (BIM) and the Internet of Things (IoT) Devices Integration：Present Status and Future Trends [J]. Automation in Construction，2019(101)：127-139.

[41] Chen C. CiteSpace Ⅱ：Detecting and Visualizing Emerging Trends and Transient Patterns in Scientific Literature[J]. Journal of the American Society for Information Science and Technology，2006，57(3)：359-377.

国际工程企业合规知识在项目团队中的溢出效应

王智秀

（重庆大学管理科学与房地产学院，重庆　400044）

【摘　要】 国际工程项目多元主体的跨国背景及差异化的利益诉求很容易导致国际工程项目参与者的合规风险。虽然合规已逐渐成为学术界研究的热点问题，但国际工程企业合规知识是否会给项目团队带来溢出效应的相关研究还未得到学者们的关注与重视。本研究揭示了国际工程企业合规知识在项目团队中的溢出效应，研究结果表明，国际工程企业合规知识在项目团队中的溢出程度存在差异，团队成员与工程企业之间的社会距离、知识库兼容性及制裁事件强度是解释这一差异形成的重要因素。其中国际工程企业的合规知识在与其社会距离近的成员中溢出程度要大于社会距离远的群体。另外，工程企业合规经验知识在与其知识库兼容性较高或感知到的制裁事件强度较大的团队成员中溢出程度要更大。研究结果为促进国际工程项目团队合规协同进化提供了理论依据。

【关键词】 国际工程企业；合规知识；项目团队；溢出效应

Spillover Effect of Compliance Knowledge of International Engineering Enterprises in Project Teams

Zhixiu Wang

(School of Management Science and Real Estate, Chongqing University, Chongqing　400044)

【Abstract】 The multinational background and differentiated interest demands of multiple subjects of international engineering projects can easily lead to compliance risks of international engineering project participants. Although compliance has gradually become a hot issue in academic research, the related research on whether the compliance knowledge of international engineering enterprises will bring spillover effects to the project team has not received the attention and attention of scholars. This study reveals the spillover effect of compliance knowledge of international engineering enterprises in project teams. The research results show that there are differences in the spillover degree of compliance knowledge of international engineering enterprises in project teams. The social distance between team members and engineering enterprises，the compatibility of knowledge base and the intensity of sanctions are important factors to explain this difference. Among them, the spillover degree of compliance knowledge of international engineering enterprises in the members close to the society is greater than that in the groups far away from the society. In addition，the degree of spillover of compliance experience knowledge of engineering enterprises is greater among team members who have high compatibility with their knowledge base or perceived higher intensity of sanctions. The research results provide a theoretical basis for promoting compliance co evolution of international engineering project teams.

【Keywords】 International Engineering Enterprise；Compliance Knowledge；Project Team；Spillover Effect

1 引言

随着"一带一路2.0"构想的提出，作为经济发展的主力军，国际工程企业实现快速转型升级是推动经济高质量发展的关键[1]。近几年中兴及华为等制裁事件的发生，让众多处于全球化竞争中的企业认识到国际贸易环境的复杂及合规在各行各业企业运营中的重要性[2]。当前在越来越严格的监管环境下，企业合规经营理念正在经历从"防范风险"到"创造价值"的转变，合规作为企业治理体系中的重要一环，不仅是企业控制自身风险的必由之路，也是增强企业竞争力、赢得企业声誉的重要指标[3,4]。另外，企业合规对于营商环境的良好形成，促进社会治理和经济高质量发展，全面推进依法治国，都具有重要价值[5]。

然而，对于拓展海外业务的国际工程企业来说，企业会面临多维复杂的监管体系，这很容易导致合规风险。企业在跨国经营过程中不仅要严格遵循自己国家的法律法规、企业内部的规章制度，还要遵守海外国际组织及相关国家的各类监管规定。在这样的背景下，企业依靠自身知识和资源不足以支撑企业健康可持续发展，越来越多的企业意识到这是一个合力才能共生的时代。企业间应联盟成互补与合作的利益共同体，通过资源集结与互惠共生的模式，实现共同发展[6]。

国际工程项目组织作为一个由众多参与方构成的交织型合作网络，随着关系的不断叠加，参与方之间的合作关系也不断加强。在项目团队中，团队成员之间风险共担，某一成员的违规行为将引致整个项目团队"受损"，并最终由所有成员共同"买单"。同样地，团队成员之间也能实现价值共创，团队成员的合规知识也会通过合作网络外溢给其他成员企业，从而带动整个项目团队的合规进化[7]。

鉴于此，本研究试图探究国际工程企业合规知识在项目团队中的溢出效应，从而为促进国际工程项目团队成员合规协同进化提供理论参考。

2 文献综述

2.1 企业行为在社会网络中的溢出效应

企业的发展需要与外部社会建立联系来实现资源和信息的获取，这就使得企业在社会网络系统中不是孤立存在的节点，而是与其他节点联系在一起形成复杂的社会网络。社会网络理论的相关研究表明，网络节点之间存在密切的关系，任何一个节点的变化都会通过触动社会网络而对其他节点产生影响。因此，在关于企业网络关系的研究中，网络组织之间的溢出效应和协同效应受到了很多关注。

纵观现有网络溢出效应的相关研究，研究学者多以网络组织中的风险传染、知识溢出等为主题展开研究探讨。例如陈建青等对金融网络中系统性风险的溢出效应进行了实证分析，并指出金融体系的风险预警系统可以根据银行、证券、保险三个金融行业间风险溢出的灵敏性来构建[8]。张庆君和马红亮研究了借贷网络中的风险传染，结果表明存在债务违约的上市公司会对商业银行系统产生显著的风险溢出和风险冲击[9]。另外，网络中组织间的知识溢出效应也比较显著。例如，陈金梅和赵海山的研究结果表明，高新技术产业集群网络中的信息、技术等方面的创新成果会外溢给产业链条内的其他企业[10]。除了网络中主体间的知识溢出，许情还指出创新网络中知识主体间的知识溢出可以使得网络中的组织产生协同[11]。还有研究对跨行业的知识技术溢出进行了检验，例如黄杰的研究结果表明，工业行业间的技术溢出会产生显著的网络关系，并会出现跨行业溢出的小世界特征[12]。

除此之外，也有学者关注社会网络下企业社会责任、合法性等的溢出效应，例如已有研究发现，企业之间的社会网络会使得企业社会责任实践在网络中进行扩散，最终导致网络内的企业社会责任具有一定的相似性[13]。刘柏和卢家锐的研究也证明社会网络群体之间的社会责任会产生显著的传染效果，企业的社会责任会给网络中其他成员企业起到一定的示范和推动作用[14]。进一步地，Harness 等的研究结果表明，在社会合作网络中，大企业因权力的影响会对小企业的社会责任表现有一定的塑造作用[15]。伴随生态系统这种新型网络的出现，李雷和刘博从生态系统视角出发，对生态成员之间的合法性溢出进行了研究，结果表明，生态型企业通过将自身的合法性资源溢出给成员企业，可以帮助他们突破合法性阈值[7]。

2.2 国际工程企业合规知识的学习

众多研究表明，知识和经验的缺乏是国际工程承包企业合规管理面临的最大挑战。尤其近几年国际市场经营环境的不确定性日益增加，国际工程承包企业在面临多维监管及应对文化差异导致的多重制度逻辑时，承受着巨大挑战[16]。如果对国际市场或东道国监管制度的了解不充分将会增加工程企业的合规风险，而组织学习为国际工程承包企业快速应对监管环境提供了很好的思路。例如，国际工程承包企业可以通过向其他有经验的企业学习来获得海外市场的客户偏好、市场规则和商业规范的知识，从而提高风险应对能力[17]，增强竞争优势[18]。尤其在不确定的环境中，正式规则和规定可能并不充分且不明确，在规范组织行为方面其他企业的行为发挥着宝贵的示范作用[19]。因为观察者据此可以做出哪些行为是允许的或被惩罚的以及是否适用于他们自己的推断[20]。

基于上述文献分析，本研究认为国际工程企业的合规知识可以通过合作网络溢出给其他项目团队成员，使得成员提升合规能力来实现项目团队合规的协同进化。鉴于此，本研究聚焦国际工程企业在制裁事件中的合规经验知识及其在项目团队中的溢出，探讨团队成员对合规知识学习差异的过程机制，从而为助力项目成员合规协同进化提供理论依据。

3　理论模型与研究假设

心理学的研究指出，人们对于同一客观事件会产生不同水平的关注是因为人们对这种客观事件所感知到的心理距离不同[21]，社会距离是心理距离中反映主体之间亲疏关系的一个维度。有研究也进一步指出社会距离这一维度能够减弱组织对风险的认知[22]。根据社会认同理论的相关研究，密切联系可能使观察组织很容易将自己归类为被制裁组织。通过这种方式，观察组织可以预测类似情况下的后果，并且更有可能从制裁事件中吸取教训，以避免受到惩罚。基于上述文献分析，本研究推断国际工程企业合规在项目团队中的溢出可能会受到其与团队成员之间社会距离的影响。因此，本研究提出假设 H1：团队成员与被制裁国际工程企业之间的社会距离越近，团队成员从工程企业被制裁事件中学习合规经验知识的意愿就越强。

由于知识的不完整性、模糊性和不可理解性，并非所有的组织学习都是有效的[23]。一般来说，同一行业或同一区域的组织拥有兼容的知识库，因为它们在相同的文化和商业环境中发展，市场、产品和客户比较相似[24]。这些知识库相似的组织在业务过程中可能会遇到类似的困难，这可以激励他们从彼此那里获得更多

信息及借鉴更多的经验[25]。这意味着，当两个组织之间的知识库兼容性比较高时，会促进这两个组织间的知识转移和组织学习。因此，本研究提出假设 H2：团队成员与被制裁国际工程企业之间的知识库兼容性会调节社会距离对团队成员合规经验学习意愿的影响。当团队成员与被制裁企业之间的知识库兼容性较高时，更能激发团队成员从制裁事件中学习合规经验知识。

以事件系统理论为视角的研究进一步指出，事件强度、时间及空间属性特征决定着事件是否"突出"，进而对相关实体产生影响[26]。新颖、关键和颠覆性事件包含企业不熟悉的信息和知识，而且企业很难使用以前的知识储备来应对这些新事件[27]。Hardy 等的研究指出，当企业应对的挑战和它目前拥有的知识之间存在差距时，会激发企业进行探索性学习以扩大其知识库[28]。基于上述分析，本研究提出假设 H3：制裁事件的强度（事件新颖性、关键性和颠覆性）会调节团队成员与被制裁国际工程企业之间社会距离对团队成员合规经验学习意愿的影响。当制裁事件强度较高时，更能激发团队成员从制裁事件中学习合规经验知识的意愿。

据此，本研究从团队成员与被制裁国际工程企业之间社会距离、知识库兼容性及制裁事件强度方面分析了团队成员从制裁事件中学习合规经验知识程度的差异，由此构建了工程承包国际工程企业合规知识在项目团队成员中溢出效应差异可能的机理模型，如图1所示。

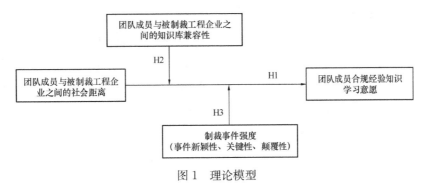

图 1　理论模型

4　实证分析

由于道德决策的敏感性和保密性，很难直接观察，许多实证研究倾向于通过情景调查收集数据，以模拟工作场所人员遇到的现实问题[29,30]。考虑到学习意愿是决策主体微妙的心理活动，本研究采用情景实验的方法进行国际工程企业合规知识在生态系统中的溢出效应分析。本研究模拟了一个工程企业在国际工程项目建设中因违反了东道国的相关法律法规被制裁的事件。参与情景实验的被试被要求其扮演为国际工程企业中风险控制部门经理的角色，并从事了多年的国际工程业务。通过情景实验的描述，回答相关问题。

为了检验提出的研究假设，本研究设计了3个情景实验来进行实证分析。本研究模拟了一个工程企业在国际工程项目建设中因违反了东道国的相关法律法规被制裁的事件，3个实验的设计如表1所示。

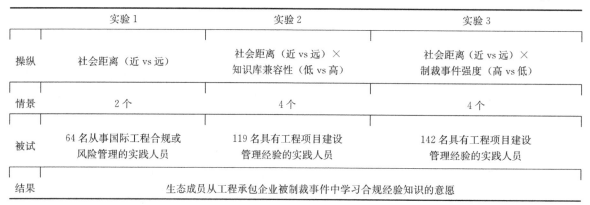

实验设计及被试　　表 1

	实验 1	实验 2	实验 3
操纵	社会距离（近 vs 远）	社会距离（近 vs 远）× 知识库兼容性（低 vs 高）	社会距离（近 vs 远）× 制裁事件强度（高 vs 低）
情景	2 个	4 个	4 个
被试	64 名从事国际工程合规或风险管理的实践人员	119 名具有工程项目建设管理经验的实践人员	142 名具有工程项目建设管理经验的实践人员
结果	生态成员从工程承包企业被制裁事件中学习合规经验知识的意愿		

对社会距离的操纵，本研究参考了 Helgeson 和 Vleet[31]、Martin 和 Czellar[32] 等研究，并采用已有研究广泛使用的 IOS 量表来测量社会距离。参与者被要求根据情景材料的描述，报告他们感知到的生态成员与被制裁工程承包企业之间的社会距离，评分从 1（非常远）到 7（非常近）进行评价。对于因变量生态成员合规经验学习意愿的测量，本研究借鉴 Wong 和 Cheung 的研究[33]，根据国际工程项目情景，对题项进行了修订，采用 5 个题项，要求被试采用 Likert 5 级量表对生态成员从制裁事件中学习合规经验知识的程度作出评价，范围从 1 分（非常不可能）到 5 分（非常可能）。修订后的量表为："我们的企业会收集企业制裁事件的相关信息；我们的企业认为工程企业制裁事件给我们起到了警示作用；我们的

企业会识别潜在的合规风险，并提出应对办法；我们的企业会寻找一些合规课程或培训，学习合规管理技能；我们的企业会据此来改善合规监督体系"。这些题项的量表信度水平 α 为 0.792，表明测量题项可信度较高。对知识库兼容性的操纵和测量，本研究借鉴了 Ho 和 Ganesan 的研究[34]，并做了部分修订，最终通过 4 个题项："我们企业能够理解企业 A 的技能和技术；企业 A 也能够理解我们企业的技能和技术；我们企业和企业 A 的知识体系是兼容的；我们企业与企业 A 掌握新技能和新技术的方法是相似的。"这些题项构成了一个可靠的量表（$\alpha = 0.904$）。本研究借鉴 Morgeson 等的研究[26]，修订了题项后，采用 3 个题项来测量制裁事件强度。修订后的题项为："制裁事件区别以往事件的新颖程度；制

裁事件对其常规活动的颠覆程度；制裁事件对实现组织目标的关键性。"这些题项构成了一个可靠的量表（$\alpha=0.821$）。

在假设检验之前，本研究对实验变量操纵的有效性进行了检验，结果证实，实验对以上变量的操纵是有效的。结果表明，实验1被试在两种不同的社会距离下，因变量存在显著性差异 [$F(1, 62)=74.053$, $p<0.001$, $\eta_p^2=0.557$]。进一步的，在团队成员和被制裁工程承包企业之间社会距离较远时，团队成员从制裁事件中学习合规经验知识的意愿程度（平均值$=3.41$；SD$=0.438$）要低于团队成员和被制裁工程承包企业之间社会距离较近时的程度（平均值$=4.37$；SD$=0.424$），这也说明团队成员与被制裁工程承包企业之间的社会距离对团队成员从制裁事件中学习合规经验知识的意愿产生负向影响。由此，假设H1得到了验证。

此外，团队成员与被制裁企业之间的社会距离和知识库兼容性对团队成员合规经验学习意愿的交互作用显著 [$F(3115)=4.308$, $p<0.05$, $\eta_p^2=0.036$]。而且在高知识库兼容性和低知识库兼容性两种情况下，团队成员与被制裁企业之间的社会距离越近，团队成员从制裁事件中学习合规经验知识的意愿就越强。因此假设H2得到了支持。社会距离与制裁事件强度的交互作用显著 [$F(140)=4.965$, $p<0.05$, $\eta_p^2=0.035$]。在高制裁事件强度和低制裁事件强度两种情况下，团队成员与被制裁企业之间的社会距离越近，团队成员从制裁事件中学习合规经验知识的意愿就越强。然而，当制裁事件强度较高时，团队成员从制裁事件中学习合规经验知识的意愿总是更强，因此假设H3得到了支持。

5 讨论与结论

本研究从组织学习视角，以不同团队成员

学习国际工程企业合规知识的程度差异来表征工程企业合规知识溢出程度，探讨国际工程企业合规知识在项目团队中溢出效应差异的过程机制。通过三个情景实验，本研究发现，团队成员与被制裁企业之间的社会距离越近，团队成员从制裁事件中学习合规经验知识的意愿就越强，这也说明较近的社会距离会促进国际工程企业合规知识的溢出。此外，团队成员与国际工程企业两个组织间的知识库兼容性较高时或制裁事件强度对于团队成员来说较大（新颖、关键和颠覆）时会增强国际工程企业合规知识的溢出。因此，为了扩大国际工程项目各参与方之间的知识溢出和组织学习，不仅要通过增强企业之间的联系，拉近各参与方间的社会距离，而且还要通过泛化知识的适用性和推广性来增强知识转移主体之间的知识库兼容性。而且为了提高制裁事件的间接威慑性，扩大工程企业合规经验知识在项目团队中的溢出效应，监管机构在制裁方式上应考虑制定新颖性、颠覆性和关键性的规制措施。

参考文献

[1] 李世春. 新时代国有企业高质量发展的实现路径分析——基于建筑业的调研[J]. 学术研究，2020(3)：88-94.

[2] 张美莎，冯涛. 国际环境监管能够倒逼上游企业创新吗？——来自中国制造业的经验证据[J]. 西安交通大学学报(社会科学版)，2020，40(1)：48-56.

[3] Aziz A A. Managing Corporate Risk and Achieving Internal Control Through Statutory Compliance[J]. Journal of Financial Crime，2012，20(1)：25-38(14).

[4] 许多奇. 论跨境数据流动规制企业双向合规的法治保障[J]. 东方法学，2020(2)：185-197.

[5] 李本灿. 法治化营商环境建设的合规机制——以刑事合规为中心[J]. 法学研究，2021，43

(1)：173-190.

[6] Hellstrom M, Tsvetkova A, Gustafsson M, et al. Collaboration Mechanisms for Business Models in Distributed Energy Ecosystems[J]. Journal of Cleaner Production, 2015, 102 (1)：226-236.

[7] 李雷, 刘博. 生态型企业的合法性溢出战略——小米公司纵向案例研究[J]. 管理学报, 2020, 17(8)：1117-1129.

[8] 陈建青, 王擎, 许韶辉. 金融行业间的系统性金融风险溢出效应研究[J]. 数量经济技术经济研究, 2015, 32(9)：89-100.

[9] 张庆君, 马红亮. 上市公司债务违约对商业银行的风险溢出效应研究[J]. 安徽师范大学学报（人文社会科学版）, 2021, 49(1)：117-126.

[10] 陈金梅, 赵海山. 高新技术产业集群网络关系治理效应研究[J]. 科学学与科学技术管理, 2011, 32(6)：154-158.

[11] 许倩, 曹兴. 新兴技术企业创新网络知识协同演化的机制研究[J]. 中国科技论坛, 2019 (11)：85-92, 112.

[12] 黄杰. 中国工业技术创新的行业间溢出效应分析[J]. 统计与决策, 2018, 34(11)：119-123.

[13] 刘计含, 王建琼. 基于社会网络视角的企业社会责任行为相似性研究[J]. 中国管理科学, 2016, 24(9)：115-123.

[14] 刘柏, 卢家锐. "顺应潮流"还是"投机取巧"：企业社会责任的传染机制研究[J]. 南开管理评论, 2018, 21(4)：182-194.

[15] Harness D, Ranaweera C, Karjaluoto H, et al. The Role of Negative and Positive Forms of Power in Supporting CSR Alignment and Commitment between Large Firms and SMEs[J]. Industrial Marketing Management, 2018, 75 (11)：17-30.

[16] Ioulianou S P, Leiblein M J, Trigeorgis L. Multinationality, Portfolio Diversification, and Asymmetric MNE Performance：The Moderating Role of Real Options Awareness[J].

Journal of International Business Studies, 2021, 52(3)：388-408.

[17] Cohen W M, Levinthal D A. Absorptive Capacity：A New Perspective on Learning and Innovation [J]. Administrative Science Quarterly, 1990, 35(1)：128-152.

[18] Kotabe M, Kothari T. Emerging Market Multinational Companies Evolutionary Paths to Building a Competitive Advantage from Emerging Markets to Developed Countries[J]. Journal of World Business, 2016, 51(5)：729-743.

[19] Bandura A. Social-learning Theory of Identificatory Processes. Goslin DA, ed. Handbook of Socialization Theory and Research (Rand McNally, Chicago), 1969：213-262.

[20] Yiu D W, Xu Y H, Wan W P. The Deterrence Effects of Vicarious Punishments on Corporate Financial Fraud [J]. Organization Science, 2014, 25(5)：1549-1571.

[21] Trope Y, Liberman N. Construal-level Theory of Psychological Distance [J]. Psychological Review, 2010, 117(2)：440-463.

[22] Carmi N, Kimhi S. Further than the Eye can See：Psychological Distance and Perception of Environmental Threats[J]. Human & Ecological Risk Assessment An International Journal, 2015, 21(7-8)：2239-2257.

[23] Haas M R, Hansen M T. Different Knowledge, Different Benefits：Toward a Productivity Perspective on Knowledge Sharing in Organizations [J]. Strategic Management Journal, 2007, 28 (11)：1133-1153.

[24] Dau L A. Contextualizing International Learning：The Moderating Effects of Mode of Entry and Subsidiary Networks on the Relationship between Reforms and Profitability[J]. Journal of World Business, 2016, 53(3)：403-414.

[25] Tan D, Meyer K E. Country-of-origin and Industry FDI Agglomeration of Foreign Investors

in an Emerging Economy[J]. Journal of International Business Studies, 2011, 42（4）: 504-520.

[26] Morgeson F P, Mitchell T R, Liu D. Event System Theory: An Event-oriented Approach to the Organizational Sciences [J]. Academy of Management Review, 2015, 40(4): 515-537.

[27] Morgeson F P. The External Leadership of Self-managing Teams: Intervening in the Context of Novel and Disruptive Events [J]. Journal of Applied Psychology, 2005, 90(3): 497-508.

[28] Hardy J H I, Day E A, Arthur W J. Exploration-exploitation Tradeoffs and Information knowledge Gaps in Self-regulated Learning: Implications for Learner-controlled Training and Development [J]. Human Resource Management Review, 2019, 29(2): 196-217.

[29] Valentine S, Hollingworth D. Moral Intensity, Issue Importance, and Ethical Reasoning in Operations Situations[J]. Journal of Business Ethics, 2012, 108(4): 509-523.

[30] Michael O, Wood T J, Noseworthy S R. If You Can't See the Forest for the Trees, You Might Just Cut Down the Forest: The Perils of Forced Choice on "Seemingly" Unethical Decision-making [J]. Journal of Business Ethics, 2013(118): 515-527.

[31] Helgeson V S, Vleet M V. Short Report: Inclusion of Other in the Self Scale: An Adaptation and Exploration in a Diverse Community Sample [J]. Journal of Social and Personal Relationships, 2019, 36(11-12): 4048-4056.

[32] Martin C, Czellar S. The Extended Inclusion of Nature in Self Scale [J]. Journal of Environmental Psychology, 2016, 47(9): 181-194.

[33] Wong P S P, Cheung S O. An Analysis of the Relationship between Learning Behaviour and Performance Improvement of Contracting Organizations[J]. International Journal of Project Management, 2008, 26(2): 112-123.

[34] Ho H, Ganesan S. Does Knowledge Base Compatibility Help or Hurt Knowledge Sharing between Suppliers in Competition? The Role of Customer Participation[J]. Journal of Marketing, 2013, 77(6): 91-107.

基于 ISM-MICMAC 的既有建筑绿色改造市场主体动力影响因素研究

金振兴　郭汉丁　王明宇　贺雨桐　苏　聪

（天津城建大学经济与管理学院，天津　300384）

【摘　要】 为推动政府、节能服务企业、业主适时发挥应有的主导驱动作用，破解既有建筑绿色改造市场驱动乏力。考虑动力演化的过程性和情境性，利用文献分析法与专家咨询法，从政府主导、ESCO 主导、业主主导、市场环境 4 个维度识别 18 个主体动力影响因素，运用 ISM-MICMAC 法构建既有建筑绿色改造市场主体动力影响因素层级关系，以揭示影响因素间作用机理并提出培育市场主体行为的建议。

【关键词】 既有建筑；绿色改造；市场动力；ISM-MICMAC 法；影响因素

Research on the Influencing Factors of Market Players in the Green Renovation of Existing Buildings based on ISM-MICMAC Model

Zhenxing Jin　Handing Guo　Mingyu Wang　Yutong He　Cong Su

(School of Economics and Management，Tianjin Chengjian University，Tianjin　300384)

【Abstract】 In order to promote the government，energy-saving service enterprises, and owners to play their due leading driving role in a timely manner，to solve the weak market driving force for the green renovation of existing buildings. Considering the procedural and situational nature of dynamic evolution，using the literature analysis method and expert consultation method，18 main dynamic influencing factors are identified from four dimensions：government-led，ESCO-led，owner-led，and market environment，and the ISM-MICMAC method is used to construct the existing the hierarchical relationship of the influencing factors of the market main body's driving force is reconstructed in building green，so as to reveal the action mechanism between the influencing factors and put forward suggestions for cultivating the behavior of market main body.

【Keywords】 Existing Buildings；Energy-saving Retrofit；Market Dynamics；ISM-MIC-MAC Method；Influencing Factors

1 引言

既有建筑绿色改造是推进城镇更新、实现"双碳"目标的重要路径。"十四五"时期，国家将老旧小区改造部署为重大民生工程、发展工程与基层治理工程，既有建筑绿色改造市场前景广阔。然而，既有建筑绿色改造市场处于发展初期，市场运行不畅仍未解决，究其根本，既有市场主体意识不强的问题，更有市场主导主体驱动乏力与动力协同问题。因此，准确识别既有建筑绿色改造市场动力影响因素，对推动政府、节能服务企业（简称 ESCO）、业主适时发挥应有的主导驱动作用，解决既有建筑绿色改造市场驱动乏力问题具有重要意义。

既有建筑绿色改造市场主体动力影响因素较为复杂，众多学者从不同角度研究了主体动力影响因素。但大多数学者是以静态微观视角，多侧重市场单一主体对既有建筑节能改造市场发展进行研究的，而既有建筑绿色改造市场主体动力突出主导主体动力增强及对其他市场主体的带动作用，更注重市场主体间的长期稳定关系；且市场动力具有一个动态变化的特征，既有建筑绿色改造市场动力影响因素不仅

受到内外环境影响，还会随着不同主体主导而变化。因此，基于主导主体动力视角，考虑动力演化的过程性和情境性，从政府、ESCO、业主不同主体主导过程与市场环境的影响因素一一识别与归纳，邀请行业专家对影响因素间的关系进行打分，构建 ISM-MICMAC 模型，系统分析既有建筑绿色改造市场动力影响因素层级关系与作用路径，以期为培育不同市场主体行为提供思路，有效引导主体适时发挥主导驱动作用，实现多元主体协同主导，推动既有建筑绿色改造市场发展。

2 既有建筑绿色改造市场主体动力影响因素识别

考虑研究的客观性与准确性，基于系统完整、层次分明、简明科学的原则，以中国知网（CNKI）中"既有建筑""市场动力""业主动力""节能服务企业动力"等为关键词，共检索筛选文献 50 余篇。通过对文献的梳理与分析，再结合从事绿色建筑、建筑改造、理论研究和项目实践的专家，通过邮件形式询问专家意见，对影响因素进行修正与调整，归纳出4 个维度 18 个主体动力影响因素，如表 1 所示。

既有建筑绿色改造市场动力影响因素 表1

分类	符号	影响因素	描述	因素来源
政府主导	S_1	市场引导能力	"四两拨千斤"的政府引导能力有助于持续推进中国产业结构改革	黄祖辉[1]
	S_2	法律法规体系	政府发挥应有职能——完善的法律法规体系，可以保障市场有序稳定运行	Erik 等[2]、邬兰娅 等[3]

续表

分类	符号	影响因素	描述	因素来源
政府主导	S_3	激励政策体系	政府财政补贴税收性政策对于提高企业改造积极性有重要作用	专家咨询及经验分析
	S_4	组织干预制度	政府干预对企业做出环境友好行为影响较大	专家咨询及经验分析
	S_5	监督管理方式	政府监督管制可以约束市场主体行为，有效的管理方式可以提高企业违约成本	周曙东[4]、张瑛[5]
ESCO主导	S_6	改造综合能力	节能服务企业改造综合能力对企业成长有明显正向作用	余维臻等[6]
	S_7	改造经济效益	降低改造成本、提升改造收益可有效增强节能服务企业动力	陈怡秀等[7]、陈为公等[8]
	S_8	技术人员水平	技术人员能力是ESCO参与既有建筑绿色改造的重要因素	李辉山等[9]
	S_9	市场竞争压力	激烈市场竞争有利于整个产业产量与质量的提升	王静宇等[10]
业主主导	S_{10}	改造责任意识	业主的改造责任共担意识能够减轻ESCO对改造运营期间能量风险的担心	陶凯等[11]、王肖文等[12]
	S_{11}	绿色改造认知	公众能否准确表达自身需求取决于对市场的了解程度	专家咨询及经验分析
	S_{12}	资金保障能力	业主经济水平一定程度上影响了主体行为	Eleni等[13]、廖纮亿等[14]
	S_{13}	业主消费观念	公众消费观念在规范主体行为方面起着重要作用	专家咨询及经验分析
市场环境	S_{14}	社会经济发展	市场经济越发达，公民的消费水平越高，公民更倾向选择使人身心健康的产品	项国鹏等[15]
	S_{15}	社会风俗规范	市场存在的每一个群体都有其社会规范，任何成员违反规范将会受到群体的排斥	何威风[16]、吴永林等[17]
	S_{16}	技术人才资源	技术是保障产品与服务的核心，产业整体技术提升对企业的成长有正向作用	专家咨询及经验分析
	S_{17}	媒体宣传教育	媒体宣传活动方式越丰富，越有利于业主对节能环保、品质生活的了解	陈雅玲等[18]
	S_{18}	金融服务体系	金融服务体系为既有建筑绿色改造提供了足够的金融支持，为市场发展创造条件	乔婉贞等[19]

3 ISM-MICMAC模型构建

解释结构模型（ISM）着眼于变量众多、关系复杂的系统，通过提取主要因素，利用矩阵与计算机技术工具将各因素分解为层级结构清晰的模型。交叉影响矩阵相乘法（MICMAC）[20]通过计算因素间的依赖性与影响力的中位数与平均数等指标，进行影响因素强度评判与归类。

3.1 构建邻接矩阵

设定关键问题S_0既有建筑绿色改造市场主体动力层级关系，以S_i表示组成既有建筑绿色改造市场动力影响因素集合$S = \{S_1, S_2, S_3, \cdots, S_n\}$。针对不同主导主体，利用结构式问卷形式，邀请10位专家对上述18个影响因素进行两两关系打分，其中，2位为绿色建筑从业专家，3位为居民业主，5位为既有建筑改造领域研究人员。为量化影响因素间关系，设定阈值为80%，即不少于80%专家对影响因素间关系认可，则认为两个因素是有直接影响的，表现为S_i对S_j有直接影响，$y_{ij} = 1$，反之，则$y_{ij} = 0$，得到既有建筑绿色改造市场动力影响因素的邻接矩阵A，$A = [s_{ij}]_{n \times n}(i, j =$

$1,2,\cdots,n$），见式（1）。

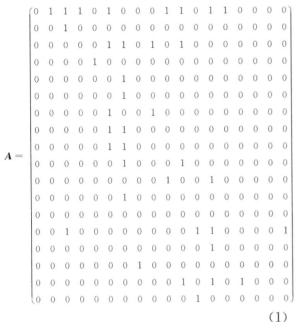

$$A = \qquad\qquad\qquad\qquad (1)$$

3.2 计算可达矩阵

依照布尔运算法则将邻接矩阵求解为可达矩阵 M。因计算复杂，借助 Matlab 软件求解，得到可达矩阵 M，见式（2）。

其中布尔运算法则可表示为：$M = (A+I)^{k-1} \neq (A+I)^k = (A+I)^{k+1}$，其中，$A$ 为邻接矩阵；I 为单位矩阵；k 为最大传递次数。

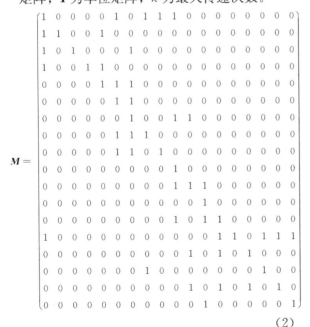

$$M = \qquad\qquad\qquad\qquad (2)$$

3.3 构建 ISM 模型

构建既有建筑绿色改造市场动力影响因素 ISM 模型是为清晰描述各个影响因素作用路径。根据可达矩阵 M，可依次确定可达集 $R(S_i)$、先行集 $Q(S_j)$、共同集 $A(S_i)$，当 $A(S_i) = R(S_i) \bigcap Q(S_i)$，则 $R(S_i)$ 表示为最高层级的影响因素集合 L_1，按照层级划分与迭代规则，删去 $R(S_i)$ 所在行和列，继续迭代直至迭代完全，得到既有建筑绿色改造市场主体动力演化影响因素解释结构模型，如图1所示。可通过层级计算，将既有建筑绿色改造市场动力影响因素层级关系划分为表层、间层和深层三部分，即 $L_1 \sim L_3$ 为表层因素，$L_4 \sim L_5$ 为间层因素，$L_6 \sim L_7$ 为深层因素。

3.4 构建 MICMAC 模型

通过 MICMAC 法计算影响因素的驱动性与依赖性关系。利用可达矩阵 M 计算各个影响因素驱动力与依赖度的值。以依赖性中位数和驱动力平均数为界限将影响区域划分，即横坐标为2、纵坐标为4的两条线，绘制影响因素象限坐标图，如图2所示。根据计算结果及象限图，将各影响因素划分为Ⅰ自发簇、Ⅱ依赖簇、Ⅲ联动簇、Ⅳ独立簇4个簇。

4 ISM-MICMAC 模型分析

通过对比分析 ISM 模型与 MICMAC 模型，将既有建筑绿色改造市场动力影响因素层级关系（图1）划分为表层、间层及深层三部分；将既有建筑绿色改造市场动力影响因素驱动力与依赖度关系（图2）划分为自发、依赖、联动、独立四大类型，具体分析结果如下。

4.1 自发因素——市场环境因素分析

从 MICMAC 模型（图2）可以看出，第

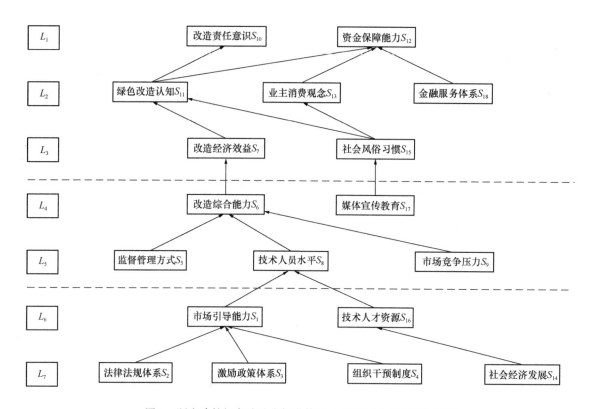

图1　既有建筑绿色改造市场主体动力影响因素解释结构模型

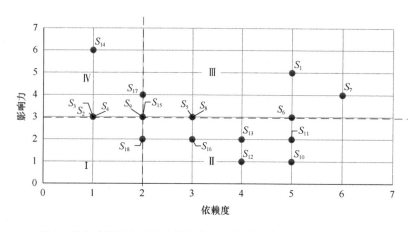

图2　既有建筑绿色改造市场主体动力影响因素驱动力依赖度象限图

Ⅰ象限因素相对独立，但又十分接近联动维度临界值，包括 S_9 市场竞争压力、S_{15} 社会风俗习惯、S_{18} 金融服务体系等指标。市场竞争压力是激发节能服务企业技术创新的重要动力因素，在激烈的市场竞争环境中，相关企业会自发提升改造综合服务能力，这对于增强业主绿色改造认知起着非常重要的作用。社会风俗习惯通过倡导居民环保行为而影响业主消费观念

与绿色改造认知，从而提升业主改造责任意识，是不可忽略的因素。

4.2　依赖因素——顶层致因分析

MICMAC 模型（图2）中，第Ⅱ象限因素处于依赖因素集中，是依赖性强驱动力弱的变量，包括 S_{10} 改造责任意识、S_{11} 绿色改造认知、S_{12} 资金保障能力、S_{13} 业主消费观念、S_{16}

技术人才资源等指标。在 ISM 模型（图 1）中处于顶层要素层级的 L_1、L_2 两级，是既有建筑绿色改造市场动力演化的目标性因素。这些因素说明业主需求维度受供给维度的影响较大，也说明良好市场供需关系有利于平衡利益者合作预期，也代表了既有建筑绿色改造市场发展依赖多元主体协同参与。因此，在既有建筑绿色改造市场运行过程中，应从系统角度出发，综合考虑市场各个主体行为对既有建筑绿色改造市场的影响。

4.3 联动因素——联结致因分析

从 MICMAC 模型（图 2）可以看出，第 Ⅲ 象限因素位于驱动因素层与依赖因素层中间，驱动性与依赖性都非常高，起着联结与传导作用，包括 S_1 市场引导能力、S_5 监督管理方式、S_6 改造综合能力、S_7 改造经济效益、S_8 技术人员水平、S_{17} 媒体宣传教育等指标。而在 ISM 模型（图 1）中，大部分位于层次结构的 L_4、L_5 两级，上述因素变化将影响市场供需两端，尤其是 ESCO 参与。ESCO 改造综合能力带来既有建筑绿色改造市场发展最强核心动力，是既有建筑改造项目顺利开展的基石，直接影响项目改造经济效益，是实现项目稳定收益的保障，同时更能赢得业主对既有建筑绿色改造的信任，对业主认知具有间接激励作用。政府引导构成了节能服务企业生存与发展的重要条件，将影响技术人员水平，进而影响节能服务企业的改造综合能力，此外，政府监督管理方式是调节节能服务企业与业主关系的重要手段。由于既有建筑绿色改造技术集成、整合实施与管理运营的复杂性，对技术人员改造服务与运营管理提出较高要求，应多培养掌握改造技术与管理的复合型人才。

4.4 独立因素——根源致因分析

MICMAC 模型（图 2）中，第 Ⅳ 象限因素属于基础性驱动变量，具有强驱动弱依赖性特点，包括 S_2 法律法规体系、S_3 激励政策体系、S_4 组织干预制度、S_{14} 社会经济发展等指标，同时，S_2、S_3、S_4、S_{14} 处于 ISM 模型（图 1）中最低一级根源性基本因素，上述因素几乎不受其他因素影响，直接或间接作用于政府引导能力的形成与发展，也是推动既有建筑绿色改造市场发展的首要因素。法律法规是政府驱动既有建筑绿色改造市场发展的深层因素，政府在既有建筑绿色改造市场发展初期应当关注法律法规体系的构建；作为新兴产业，政府通过税收优惠及专项扶持资金等措施激发节能服务企业与业主的参与欲望；组织干预制度能够有效推动市场供给与需求两端。除此之外，通货膨胀与社会公共事业发展对改造项目收益产生较大影响，既有建筑绿色改造市场动力演化离不开社会经济发展。

5 结论与建议

利用 ISM-MICMAC 方法，根据影响因素层级结构与驱动依赖度象限分类，系统分析既有建筑绿色改造市场主体动力影响因素层级关系与作用路径。研究结果表明：由 ISM 模型和 MICMAC 模型分析得出的既有建筑绿色改造市场主体动力影响因素的层级关系基本一致，并且政府市场引导能力（S_1）、节能服务企业改造综合能力（S_6）、业主改造责任意识（S_{10}）是影响既有建筑绿色改造市场动力最具紧迫性的三个因素，针对影响路径提出如下建议。

5.1 明确政府职能定位，优化政府有效引导能力

政府对于既有建筑绿色改造市场动力具有不可忽视的引导与推动作用，政府引导力是调节市场供给与需求，激发 ESCO 与业主的改造主观能动性的重要措施。政府相关部门发布相关的各种行政法规、技术标准、部门规章、

政策文件等，能够保障节能服务企业与业主的自身利益与市场公平性，科学指导与引导市场主体行为。由于市场存在经济正外部性，各级政府应制定环保补贴、税收优惠、专项扶持基金等鼓励性政策，为市场主体从事既有建筑绿色改造提供资金保障。同时，政府应理顺市场各主体权责关系，一方面，制定具有可操作性的工作程序与制度层级结构，规范金融、技术、咨询等主体；另一方面，颁布强制性规章政策，建立科学的保障机制与信息披露机制，实现主体间信息共享，建立信任关系，利用强制性与动态性手段，将节能服务企业、业主及辅助主体有效分类与组合。

5.2 重视专业人才培养，提高 ESCO 综合改造能力

ESCO 综合改造能力是决定企业在市场发挥作用的关键环节。培养专业人才，一方面利用高等教育与职业教育两个途径，输送具有技术服务、资金运作、运营管理、能耗评估检测等既有建筑绿色改造技术相关人才；另一方面，技术专业较强的既有建筑绿色改造人才是 ESCO 的核心资源，应培养人才资源，加强与高校、科研院所在能源与原材料、节能技术、资源利用技术等方面进行的技术创新，快速有效地识别市场改造需求，保证既有建筑绿色改造服务质量。节能服务企业利用技术资源、资金供给、运营管理等自身资源优势，形成市场驱动核心动力，是既有建筑绿色改造市场发展的关键。

5.3 普及绿色改造认知，提升业主责任承担意识

业主改造责任意识关系到既有建筑绿色改造能否真正落实。政府应加强倡导低碳生活方式，培养环保低碳消费观念，在社会活动中形成约定俗成的关于既有建筑绿色改造价值理论相关的节约精神与行为规范，在良好节能资源的社会风俗环境中，相关主体更加注重既有建筑绿色改造，形成既有建筑绿色改造活动开展氛围。同时，利用电视、广播、自媒体、融媒体等多种媒介方式进行节能环保、建筑改造的教育工作，使全民树立起保护环境、节约能源的意识，媒体舆论宣传是增强市场主体认知与影响主体行为的重要因素。

参考文献

[1] 黄祖辉. 准确把握中国乡村振兴战略[J]. 中国农村经济, 2018, 400(4): 2-12.

[2] Erik Porse, Joshua Derenski, Hannah Gustafson, et al. Structural, Geographic, and Social Factors in Urban Building Energy Use: Analysis of Aggregated Account-level Consumption Data in a Megacity[J]. Energy Policy, 2016(96): 57-79

[3] 邹兰娅, 齐振宏, 李欣蕊, 等. 养猪企业环境行为影响因素实证研究[J]. 中国农业大学学报, 2015, 20(6): 290-296.

[4] 周曙东. 企业环境友好行为驱动因素的实证分析[J]. 系统工程, 2011, 212(8): 112-118.

[5] 张瑛. 媒体报道、法律环境与社会责任信息披露[D]. 成都: 西南交通大学, 2015.

[6] 余维臻, 李文杰. 核心资源、协同创新与科技型小微企业成长[J]. 科技进步与对策, 2016, 33(6): 94-101.

[7] 陈怡秀, 胡元林. 重污染企业环境行为影响因素实证研究[J]. 科技管理研究, 2016, 359(13): 260-266.

[8] 陈为公, 张娜, 张友森, 等. 既有建筑节能改造 ESCO 驱动因素分级[J]. 土木工程与管理学报, 2021, 38(1): 16-23.

[9] 李辉山, 汤冉冉. 基于 SEM 的农村住宅节能改造市场 ESCO 动力因素研究[J]. 建筑节能(中英文), 2021, 49(2): 139-144.

[10] 王静宇, 刘颖琦, Ari Kokko. 社会网络视角下

的产业联盟技术创新——中国新能源汽车产业联盟的实证[J]. 中国科技论坛，2017（5）：186-192.

[11] 陶凯，郭汉丁，王毅林，等. 基于 SEM 的建筑节能改造项目风险共担影响因素研究[J]. 资源开发与市场，2016，226（6）：652-657.

[12] 王肖文，刘伊生. 绿色住宅市场化发展驱动机理及其实证研究[J]. 系统工程理论与实践，2014，34（9）：2274-2282.

[13] Eleni Papaoikonomou, Gerard Ryan, Matias Ginieis. Towards a Holistic Approach of the Attitude Behaviour Gap in Ethical Consumer Behaviours：Empirical Evidence from Spain[J]. International Advances in Economic Research，2011，17（1）：173-186.

[14] 廖纮亿，柯彪. 基于计划行为理论和环境价值观的城市居民低碳出行行为研究[J]. 资源与产业，2020，189（4）：64-70.

[15] 项国鹏，俞金含，黄玮. 科技企业加速器运营机制国际经验及对我国的启示[J]. 科技进步与对策，2016，33（20）：30-36.

[16] 何威风. 高管团队垂直对特征与企业盈余管理行为研究[J]. 南开管理评论，2015，18（1）：141-151.

[17] 吴永林，葛强. 技术进步对高技术企业成长的影响[J]. 企业经济，2012，31（6）：28-31.

[18] 陈雅玲. 环保节能住房消费意愿影响因素研究[J]. 消费经济，2015，31（4）：83-87，82.

[19] 乔婉贞，郭汉丁，李玮，等. 基于三方演化博弈的既有建筑节能改造市场合作发展机制研究[J]. 建筑科学，2020，36（4）：70-79.

[20] 陈伟，易莎，邹松，等. 基于解释结构模型的装配式建筑前期管理流程优化研究[J]. 建筑经济，2018，425（3）：48-52.

市场波动下政企二级供应链履责博弈研究

任志涛　廉　晨　翟凤霞　刘佳萌

（天津城建大学经济与管理学院，天津　300384）

【摘　要】　在当前市场波动剧烈的情况下，为探究政府与企业如何更好地履行社会责任，本文运用博弈论的基本思想，构建了不同市场条件下政企二级供应链履责博弈模型，探究不同市场条件下政府与供应链企业如何达成均衡，为政府和企业的决策者提供可行建议。结果表明：企业主动履行社会责任、加大绿色投资，对于应对市场环境变化、减少融资成本具有积极作用。企业积极履责，政府给予适当补贴，能够增加企业长期收益，也能够实现政府、供应链企业、社会公众整体的利益最优。

【关键词】　政企博弈；社会责任；供应链均衡；市场波动

Study on the Responsibility Game of Government-enterprise Supply Chain under Market Fluctuation

Zhitao Ren　Chen Lian　Fengxia Zhai　Jiameng Liu

(School of Economics and Management，Tianjin Chengjian University，Tianjin　300384)

【Abstract】　In the current volatile market conditions，government and enterprises to explore how to better fulfill the social responsibility，this paper uses the game theory，the basic idea of constructing the enterprise under different market conditions assumed responsibility for the secondary supply chain game model，to explore how the government and the enterprises of supply chain under different market conditions to reach an equilibrium and corporate decision makers to provide feasible suggestions for the government. The results show that enterprises actively fulfill their social responsibilities and increase green investment，which plays a positive role in responding to market environment changes and reducing financing costs. Enterprises actively fulfill their responsibilities and the government gives appropriate subsidies，which can increase long-term profits of enterprises and optimize the interests of the government, supply chain enterprises and the public as a whole.

【Keywords】 Government-enterprise Game; Social Responsibility; Supply Chain Equilibrium; Market Volatility

1　引言

在当前新冠肺炎疫情下，国内市场波动较为剧烈，企业选择合适的发展战略，对于企业生存发展至关重要，在当前市场波动剧烈的情况下，企业是否履行社会责任是企业决策者必须关注的问题。企业要履行社会责任，代表企业不仅仅以利润作为唯一目标，也代表着企业在获得经济利益的同时，对国家政策、生态环境、消费者都有一定的贡献。但企业在履行社会责任的同时，也需要付出一定的资金，企业所获得的收益则有可能减少。政府作为行政主体，具有保障民生的责任，为了更好地保证本地区的发展，政府应当给予当地履行社会责任的企业一定的补贴，对于污染严重、对环境产生很大负外部性影响的企业予以一定的处罚，通过行政手段来干预企业的管理决策，从而达成政府与企业的均衡。

供应链企业的可持续发展与政府的政策是密不可分的。当政府通过激励政策、补贴等方式支持企业发展时，则为企业提供了正向环境，当政府对企业进行制裁等限制性措施时，于企业而言则为逆向环境。企业想要取得最高的收益，不仅要在经营战略、管理能力上下功夫，而且要适应政府的相关政策[1]。因此，在企业未来发展的过程中，政府无疑扮演着十分重要的角色。本文探究了企业在面对不同市场条件的情况下，能否切实履行好企业应尽的社会责任，以及研究了政府与供应链企业实现社会与经济效益最大化的作用机理与路径，给出了一些企业可以采取的措施以推进企业履责与政府监督的有效结合[2]。

2　文献综述

关于供应链企业之间的博弈研究，学术界已有众多研究成就。许多学者建立了供应链参与企业之间的博弈模型，从消费者偏好[3]、社会公平[4]、低碳发展[5]等角度出发，探究企业实现经济效益与社会效益最大化的有效路径。还有研究考虑了"链主"企业经营策略决策对政府部门政策制定的反馈作用，探索配置碳配额的互动决策过程，认为企业互动决策配置碳配额过程中，存在最优碳配额，且最优组合解集中的总成本和碳排放目标同向变化[6]。但是企业仅仅是市场中的一个主体，需要统筹多方的意见才能实现总体利益最优。

政府与供应链企业的合作是实现价值共创的有效路径，对于实现社会公平，促进创新减排具有现实意义。一些研究着重考虑了政府与企业之间实现低碳发展的博弈策略，将公众参与纳入博弈过程中，探究了在公众监督的条件下，政府和企业为了实现低碳发展而可能采取的有效策略[7]。也有研究从政府补贴和企业履行社会责任的角度出发，将消费者满意度指数作为衡量企业是否履行社会责任的指标，使利润实现最大化的博弈过程[8]。这些研究是从政府与企业通过利益的角度进行博弈，而忽略了企业本身具有的社会责任属性，企业也应该通过积极履责，提高自身的社会影响力，实现自身的长期利益。

企业需要履行社会责任，是因为企业的生存和发展与周边的环境密切相关，企业如果能履行好社会责任，会对其形象产生证明效应，顺应消费者的偏好，对企业利益的保证有重要意义[9]。从长远角度出发，企业积极履责对于企业可持续发展和取得长期超额利益具有推动作用，也对政府的低碳政策有反向激励作用[10]。企业履行社会责任，在市场环境波动较大的情况下，能够为投资者的风险规避提供支持，也就是说，投资者在消极市场条件下，更倾向于选择履责情况良好的公司[11]。所以，如果企业在履行社会责任的同时，能够获得一定的潜在收益，则企业决策者会更加倾向于积极履行社会责任。

综上所述，已有文献虽然对政府与企业之间的经济社会效益博弈进行了详细分析，但是在复杂的市场条件下，对于企业是否应该履责的研究还比较少。本文探究不同市场条件下政府与供应链企业采取的最优策略，通过建立政府与供应链企业的博弈模型，探究企业的最优行动方案，并为政府与企业决策者在战略选择上提供建议。

3 政企博弈

探究在不同市场条件下政府与供应链企业的博弈，需要对企业履责的动力问题进行深入探究，本文将从企业履责的责任划分和企业履行社会责任能够获得的额外收益出发，探究企业的最佳策略选择与政府政策、市场环境对企业履责的影响。

3.1 企业自身动力研究

企业选择履行社会责任，可能会让供应链企业获得额外收益，作为一种非财务绩效，企业履行社会责任可能在短期内无法直接转化为企业盈利，但是从长期来看，履责能力强对企业价值具有显著的正向影响，其履行社会责任能够为其树立良好的企业形象，使得企业在与

竞争对手的激烈竞争中取得长期优势。

履行社会责任能为企业带来的额外收益包括：

（1）履责能力良好的公司能够建立良好的企业形象，吸引投资者和消费者的关注。

（2）任何企业都不是独立的，企业积极承担社会责任与国家发展战略、"双碳"目标的实现密不可分，能够获得政府政策支持，获得更高的市场关注度，获得碳中和时代的红利。

（3）履责能力良好的企业，能够降低其融资成本，通过绿色金融渠道，扩宽融资来源，为企业可持续发展提供保障。

（4）当前因为新冠肺炎疫情在全球肆虐，市场环境相对低迷，投资者倾向于保守的投资方式，履责能力良好的企业，能够满足投资者风险规避的需要，从而获得额外收益。

3.2 政府与企业

政府作为行政主体，对实现环境目标具有生态责任，政府对于履行社会责任的企业应当给予政策支持，政府有责任保障公众的生活环境质量，政府的补贴也有助于缓和企业短期的资金压力，从长远看，政府支持企业自觉履行社会责任是实现"3060"目标以及政企供应链均衡的有效路径。

3.3 市场环境变化研究

供应链企业自身发展方向的选择与市场环境的变化密切相关，企业在不同的市场条件下，所选择的企业发展战略也有所不同。政府作为行政主体，无论市场的环境怎样变化，都担负着维护社会稳定、环境保护、人民安定的责任。本文将从现实出发，研究在良好市场条件下和低迷市场条件下企业履行社会责任的策略选择。

（1）在良好市场条件下，供应链企业更倾向于扩展自己的市场占有率，企业积极履责虽然能够提升企业形象，但是从理性角度出发，这并不是企业的最优策略。企业同时具有经济属性和社会属性，不能仅仅考虑自身利益，更应该从整体出发，考虑供应链整体的利益最大化，积极承担社会责任。政府在这一时期应该对积极履责的公司给予一些政策优惠，促进企业增加支出，来保障社会的总体收益。

（2）在低迷市场条件下，供应链企业会采取缩减生产规模的措施，企业积极履行社会责任，不仅能提升企业形象，还能提高企业面对不确定冲击时的稳定性；适应低迷市场条件下投资者的投资偏好，有助于投资者规避风险；根据发达国家的经验，企业积极履行社会责任能够提高企业在低迷市场环境下的存活能力。政府在这一时期应当出台政策，支持企业主动履责，并在补贴、融资、税收方面给予企业一些优惠，帮助企业渡过难关。

4 基本假设与模型建立

在政企博弈供应链中，为响应国家"双碳"发展战略，政府会积极督促企业履行社会责任，并出台相关政策鼓励积极履责的企业（表1）；企业决策者会考虑在不同市场条件下，积极履责和消极履责对于企业效益的影响。在这种背景下，政府与企业之间存在着非合作的博弈关系，为方便进行表述及下一步分析，下面对模型做出以下假设：

假设一：作为博弈的主要参与者，政府与供应链企业的决策者均为理性的决策者，双方均追求自身利润的最大化。

假设二：政府与供应链企业均为风险中性的决策者，决策过程中，企业的履责不做细分处理，仅仅考虑企业是否采取履责的措施。政府对企业采取引导的政策，当企业投入时，政

府对企业采取政策支持、补贴等措施，当企业不履行社会责任时，政府对企业采取行政监管、罚款等措施。

假设三：考虑到政府财政和现实条件的约束，政府对供应链企业采取措施的同时也会产生一定的成本，政府对企业采取补贴时，会支付一定的资金，在对企业进行处罚时，会获得一定的收益，供应链中存在多家企业，政府可以获得一定的收支平衡。

供应链企业的成本与收益符号定义如下：企业增加履责方面的投资，需要付出一定的成本 C_E，但会得到政府的补贴 S_G，此时企业的收益计为 I_E，且因为企业积极履责，企业预计未来可获得额外收益 L_E；如果企业没有履行社会责任时，企业的生产成本为 C_{E1}，产生的收益计为 I_{E1}，而政府会对其采取罚款 P_G，此时企业不能获取额外收益 L_E。

政府的收支情况符号表示如下：政府对供应链企业的监管需要付出一定的成本 C_G，如果政府发现企业履行了社会责任时，将会对企业采取补贴政策，所需的补贴资金为 S_G，如果政府发现企业没有履行社会责任时，政府将对企业采取惩罚政策，所得罚金为 P_G。如果企业没有履行社会责任，那么必然会对外部环境产生负的外部性影响，对于因此而产生的负外部性影响，政府则要负责对其进行恢复，所产生的成本为 C_S。

政府与企业博弈模型　　　　表1

	企业履行社会责任	企业不履行社会责任
政府监督	$I_E - C_E + S_G + L_E$, $-C_G - S_G$	$I_{E1} - C_{E1} - P_G - L_E$, $-C_G - C_S + P_G$
政府不监督	$I_E - C_E + L_E$, 0	$I_{E1} - C_{E1} - L_E$, $-C_S$

5 政府与供应链企业履责博弈模型的均衡分析

5.1 供应链企业在良好市场条件下的纳什均衡分析

当前的市场条件良好，企业更加注重眼前收益 I_E，对于预计未来可获得的额外收益 L_E 重视不足。

当 $I_E - C_E + S_G + L_E - (I_{E1} - C_{E1} - P_G + L_E) < 0$ 时，企业履行社会责任的收益小于企业不履行社会责任的收益，表示企业因为不履行社会责任所受到惩罚后，所获得的收益仍然大于企业因为履行社会责任且获得政府补贴之后的收益，此时：

（1）$-C_G - C_S + P_G > 0$ 时，政府对企业所采取的监管所产生的成本与治理因企业未履行社会责任而产生的治理成本之和小于政府对不履行社会责任的企业所处以的罚金，在这种情况下，最优的策略组合为（不履行社会责任，监管）。可以理解为，企业在履行社会责任时，所需要付出的成本过高，而政府的处罚程度较轻，所以企业倾向于采取不履行社会责任的策略来应对。

（2）$-C_G - C_S + P_G < 0$ 时，表示政府对不履行社会责任的企业所处以的罚金，还不足以支付政府因为监管所产生的成本以及因为企业不履行社会责任而产生的治理成本，所以政府倾向于采取不监管的策略。在这种情况下，还需要分别进行讨论：

1）当 $I_E - C_E + L_E > I_{E1} - C_{E1} + L_E$ 时，表示企业履行社会收益的同时，获得的收益大于企业不履行社会责任的收益，此时，企业会采取履行社会责任的策略，此时的策略组合为最理想的策略，即（履行社会责任，不监管）。这种情况可以理解为，企业履行社会责任以后反而会取得较好的收益，所以企业会因为利益驱动而采取履行社会责任的策略，而政府也无须对企业采取监管，政府的成本也会降低。

2）当 $I_E - C_E + L_E < I_{E1} - C_{E1} + L_E$ 时，企业在履行社会收益的时候，获得的收益小于企业不履行社会责任的收益，此时企业倾向于采取不履行社会责任的策略，此时的策略组合为（不履行社会责任，不监管）。

当 $I_E - C_E + S_G + L_E - (I_{E1} - C_{E1} - P_G + L_E) > 0$ 时，企业在履行社会责任的同时仍可以从中获得一定的收益，在这种情况下，企业会自愿履行社会责任，政府虽然付出一定的补贴，但是无须担心可能出现的负外部性因素，政府也需对企业进行监管，此时的策略组合为（履行社会责任，监管）。

5.2 供应链企业在低迷市场条件下的纳什均衡分析

在市场低迷条件下，供应链企业的当前收益 I_E 难以得到保证，企业更加倾向于维护企业可持续发展，保障企业的长期利益，此时企业更加注重未来预计可获得的额外收益 L_E。

当 $I_E - C_E + S_G + L_E > 0$ 或 $I_E - C_E + L_E > 0$ 时，企业履行社会责任，此时企业能够在低迷的市场条件下获得一定的收益，无论政府是否进行监管，企业此时都会选择履行社会责任的策略，加大企业绿色投资。

当 $I_E - C_E + S_G + L_E < 0$ 或 $I_E - C_E + L_E < 0$ 时，企业在履责时无法取得正向收益，但如果企业积极履责，那么企业获得的收益 $I_{E1} - C_{E1} - P_G - L_E$ 和 $I_{E1} - C_{E1} - L_E$ 恒为负值。表明企业此时采取履行社会责任的策略虽然无法取得正常收益，但是可以让企业在低迷的市场环境中亏损最小化。此时，无论政府是否监管，企业都会自觉履行社会责任。

6 结论及建议

在政企博弈模型中，我们对比了在良好市场条件下政府与供应链企业的四种纳什均衡策略，在这四种情况下，只有（履行社会责任，不监管）情况才是双方的最优策略。但是这种情况实现条件较为理想化，因为在短期情况下，供应链企业如果履行社会责任，通常会需要投入更多的成本，所获得的利益通常会小于不履行社会责任时的利益，当企业决策者为理性决策者时，通常不会主动履行社会责任。如果考虑长期的情况，企业都倾向于积极履责，决策者不仅考虑到提高企业履责水平能为企业带来的长期收益，而且考虑到市场环境的多变性，为企业增强风险抵抗能力、促进企业长期稳定发展奠定基础。

政府在博弈模型中更多起到引导作用，在良好的市场条件下，政府对积极履责的公司给予一定的补贴，吸引供应链企业更多地关注企业社会责任，实现经济效益和社会效益的统一。在低迷市场条件下，企业会主动选择履责来获得长期额外收益，但企业的短期经济形势会较为严峻，需要政府政策给予一定的扶持，保证企业健康规范运营，实现政府、供应链企业、社会公众整体的利益最优。

本文也从政府和企业实际出发，提出了一些建议：

（1）政府想要以最小的成本保证供应链企业主动履行社会责任，就是要保证企业在没有政府监管的情况下也能取得正常收益。所以政府要完善对供应链企业履责绩效考核，构建公开的企业履责名单，让投资者和消费者能更加准确地对企业的履责水平有充分的认识，降低企业的成本。

（2）供应链企业应该主动提高自身履责水平，保证供应链内实现低碳环保，降低履行社会责任需要付出的成本；企业在积极履责过程中虽然会受到一定的损失，但是从企业长期利益角度出发，企业可以从占领市场、消费者支持等因素中获得更高的超额收益；企业也应当积极主动地披露履责的相关信息，让投资者和消费者能够准确辨识企业的履责水平，吸引更多的投资机会和消费者绿色偏好。

参考文献

[1] 徐爱，胡祥培，高树风. 家电行业绿色供应链的政企博弈模型[J]. 科技管理研究，2012，32（13）：212-215.

[2] 方国昌，何宇，田立新. 碳交易驱动下的政企碳减排演化博弈分析[J/OL]. [2022-01-03]. 中国管理科学：1-12.

[3] 温廷新，闫冬. 消费者双重偏好对低碳供应链的影响研究[J]. 情报探索，2020（10）：16-22.

[4] 李媛，赵道致. 考虑公平偏好的低碳化供应链契约协调研究[J]. 管理工程学报，2015，29（1）：156-161.

[5] 王康，钱勤华，周淑芬. 基于绿色金融贷款和成本分担下的供应链低碳减排机制研究[J]. 金融理论与实践，2019（1）：84-92.

[6] 田雪林，程发新. 政企双层规划下考虑碳配额的供应链网络优化[J]. 物流技术，2021，40（1）：83-90.

[7] Dingzhong Feng, Lei Ma, Yangke Ding, et al. Decisions of the Dual-Channel Supply Chain under Double Policy Considering Remanufacturing [J]. International Journal of Environmental Research and Public Health，2019，16(3)：465.

[8] Khosroshahi H, Dimitrov S, Hejazi S R. Pricing, Greening, and Transparency Decisions Considering the Impact of Government Sub Sidies and CSR Behavior in Supply Chain Decisions[J]. Journal of Retailing and Consumer Services，2021(60).

[9] 邢小强，汤新慧，王珏，等. 数字平台履责与共享价值创造——基于字节跳动扶贫的案例研

究[J]. 管理世界，2021，37(12)：152-176.

[10] 李瑾. 我国 A 股市场 ESG 风险溢价与额外收益研究[J]. 证券市场导报，2021(6)：24-33.

[11] 袁利平. 公司社会责任信息披露的软法构建研究[J]. 政法论丛，2020(2)：149-160.

[12] 任志涛，翟凤霞，袁政. 天津市民营企业参与水环境治理现状及政策建议[J]. 招标采购管理，2021(10)：26-27，30.

[13] 孙书章，侯豫霖. 不同市场条件下的 ESG 投资模式有效性分析[J]. 征信，2021，39(9)：81-88.

[14] 邱牧远，殷红. 生态文明建设背景下企业 ESG 表现与融资成本[J]. 数量经济技术经济研究，2019，36(3)：108-123.

[15] Zhang X，Zhao X，Qu L. Do Green Policies Catalyze Green Investment? Evidence from ESG Investing Developments in China[J]. Economics Letters，2021，207(8)：110028.

[16] 梁丽. ESG 框架下企业经济责任审计模式创新研究[J]. 财务与会计，2021(6)：52-54.

[17] 徐贤浩，罗谦，柏庆国. 碳排放约束与碳可交易机制下多级绿色供应链的最优策略分析[J]. 工业工程与管理，2016，21(1)：37-44.

[18] 操群，许骞. 金融"环境、社会和治理"(ESG)体系构建研究[J]. 金融监管研究，2019(4)：95-111.

建筑碳排放影响因素及峰值预测
——以山东省为例

毕文丽　任晓宇

（山东理工大学，淄博　255049）

【摘　要】　为丰富山东省建筑碳排放领域的研究内容，找到有效的建筑减排措施，本文基于 STIRPAT 模型识别建筑业碳排放影响因素并对其进行了定性分析，再将影响因素引入情景分析，预测山东省建筑行业碳达峰出现时间与达峰量值。结果表明：结构因素对山东省建筑碳排放的影响最大，其次是人口规模；情景预测结果显示，控制人口涨幅，加速优化能源结构和产业结构，降低对煤炭的依赖程度，降低碳排放强度，是 2030 年达到碳排放峰值的关键控制指标。

【关键词】　STIRPAT 模型；情景分析法；建筑碳排放

Influencing Factors and Carbon Peak Prediction of Building Carbon Emission in Shandong Province

Wenli Bi　Xiaoyu Ren

（Shandong University of Technology，Zibo　255049）

【Abstract】　In order to enrich the research content in the field of building carbon emissions in Shandong province and find effective building emission reduction measures. Based on STIRPAT model，this paper identifies the influencing factors of carbon emissions in the construction industry and makes a qualitative analysis of the influencing factors，and then introduces the influencing factors into scenario analysis to predict the peak time and peak value of carbon emissions in the construction industry in Shandong Province. The results show that structural factors have the greatest impact on building carbon emissions in Shandong province，followed by population size；The scenario prediction results show that controlling population growth，accelerating the optimization of energy structure and industrial structure，reducing dependence on coal and reducing carbon emission intensity are the key control indicators to reach the peak year of carbon emissions in 2030.

【Keywords】　STIRPAT Model；Scenario Analysis；Building Carbon Emission

1　引言

为实现碳排放峰值的目标，各行业主体正采取有效措施降低温室气体排放。据相关数据的统计，建筑业能耗约占整个社会能耗的1/3[1]，建筑业作为能源消耗大户，降低其能耗在很大程度上决定了中国能否如期实现"碳达峰"。自2000年以来，山东省碳排放在全国的排名稳居前列，该地区 CO_2 平均增速大于全国平均水平[2]，同时以制造业和重化工业为主的工业结构特征，使得该地区面临巨大的减排压力。哪些因素对建筑碳排放能起到一定贡献？未来政策调节哪些因素可以有效减少碳排放强度？关于以上问题的有效解答对于如期实现"碳达峰""碳中和"、加快生态文明体制改革、建设美丽中国具有现实意义。

鉴于此，本文依据时间序列对山东省建筑业碳排放总量进行核算，选取主要指标构建建筑业碳排放影响因素模型；同时利用情景分析法，模拟山东省建筑业未来碳排放量变化情况，分析在不同变化速率下各种因素对山东省建筑业碳达峰出现时间和峰值造成的影响，旨在分析并预测山东省建筑节能减排潜力，为政策的提出和落实提供理论依据，同时为全国力争于2030年实现"碳达峰"目标提供可行的理论参考。

2　研究方法

2.1　碳排放系数法

为计算建筑业能源碳排放总量，本文采用2006年联合国政府间气候变化专门委员会（IPCC）发布的《国家温室气体清单指南》第二卷（能源）中的参考计算公式：

$$CO_2 = \sum_{n=1}^{9} TC_n \cdot C_n \cdot C_m \cdot J_n \cdot \frac{44}{12}$$

式中，TC_n 为各类能源的消耗量；C_n 为能源的单位热值碳含量（tC/TJ）；C_m 为能源碳氧化率（%）；$\frac{44}{12}$ 为二氧化碳的相对分子质量与碳的相对原子质量之比；J_n 为能源平均低位发热量；n 为以下9种燃料能源：煤炭、焦炭、原油、汽油、煤油、柴油、燃料油、天然气、电力。

2.2　STIRPAT 模型

STIRPAT 模型是 Dietz 等[3]依据 IPAT 模型转变生成的一种随机模型，该模型具有较强的灵活性和拓展性，是研究碳排放影响因素的主流方法之一。该模型引入指数以分析人文因素对环境的非等比例影响，且加入随机干扰项，对碳排放影响进行随机估计，克服了 IPAT 等式中影响因素与环境压力只能进行等比例变化的局限性。其表达式如下[4]：

$$I = aP^b A^c T^d e$$

式中，I 为影响环境的因素；P 为人口因素；A 为富裕程度；T 为技术水平；a 为模型的系数；b、c、d 为各自变量指数；根据弹性系数概念，P、A、T 每发生1%的变化，将分别引起 I 发生 b%、c%、d% 的变化；e 为随机误差[5]。

2.3　情景分析法

近年来，情景分析法（Scenario Analysis，SA）在碳排放预测中得到广泛应用，它在假定某种现象或某种趋势将持续到未来的基础上，通过定性分析与定量分析相结合，对预测对象未来可能出现的各种方案或引起的后果做出详细、严密的推理预测。其最大优势就是可以合理预测未来碳排放量的变化，避免过高或过低估计未来的变化及影响[6]。

3 数据来源与指标选取

3.1 数据来源

山东省建筑能耗数据来源于《中国能源统计年鉴（2005—2020）》[7]，计算过程中涉及的单位热值含碳量与碳氧化率来源于《省级温室气体清单编制指南》（发改办气候〔2011〕1041号），能源的平均低位发热值来源于《综合能耗计算通则》GB/T 2589—2020，标煤的CO_2排放因子值为国家发展和改革委员会能源

研究所的推荐值，各指标数据均来自《山东省统计年鉴（2005—2020）》[8]。

3.2 指标选取

本研究在STIRPAT模型的基础上，针对山东省建筑业碳排放现状，构造STIRPAT拓展模型。为减少指标选取不足所造成的模型偏差，参考已有研究中引入的变量[9~14]，在STIR-PAT模型拓展的基础上引入结构因素。将建筑业碳排放量（E）作为被解释变量，引入建筑业从业人员（CP）、人均GDP（PG）、建筑碳排放强度（CI）、能源结构（ES）以及产业结构（IS）作为解释变量，相关数据见表1。同时，为降低模型中可能存在的异方差影响，本文将所有变量进行对数化处理，得出具体模型如下：

$$\ln E = \ln a + b(\ln CP) + c(\ln PG) + d(\ln CI) + f(\ln ES) + g(\ln IS) + \ln e$$

变量定义及相关数据 表1

时间	建筑业碳排放量 (t)	建筑业从业人员 (万人)	人均GDP (元·人$^{-1}$)	建筑碳排放强度 (t·亿元$^{-1}$)	产业结构 (%)	能源结构 (%)
定义	能源消耗产生的碳排放	建筑业从业人员平均人数	$\dfrac{GDP}{总人口}$	$\dfrac{建筑碳排放量}{建筑业GDP}$	$\dfrac{建筑业增加值}{GDP}$	$\dfrac{煤炭消耗量}{一次能源消耗量}$
2004	37850.62	238.91	14540.38	45.6081	6.24%	49.78%
2005	46897.3	249.81	17307.91	48.5706	6.05%	53.94%
2006	50182.56	282.3	20442.84	45.5787	5.80%	69.33%
2007	51862.59	288.4	24328.73	40.0088	5.71%	72.88%
2008	54412.09	300.24	28860.97	33.9927	5.91%	76.68%
2009	63848.03	305.99	31281.62	33.2343	6.50%	76.23%
2010	71726.53	344.88	35599.21	31.4159	6.73%	72.41%
2011	81667.57	307.56	40581	30.8724	6.77%	78.21%
2012	76290.35	270.26	44347.61	26.7311	6.64%	79.70%
2013	76847.35	305.01	48673.11	24.1007	6.73%	77.36%
2014	80869.64	332.49	51932.94	23.2647	6.85%	76.12%
2015	78847.09	310.73	56204.93	21.1294	6.75%	71.85%
2016	84146.55	322.58	59239.34	21.5239	6.65%	77.44%
2017	86806.05	349.15	62993.2	19.5465	7.05%	75.10%
2018	88008.37	351.84	66284.31	17.5145	7.54%	73.93%
2019	100988.3	345.09	69900.89	18.2527	7.84%	73.03%

注：上述变量数据来源于《山东省统计年鉴（2005—2020）》，并依据定义计算得出。

4 检验结果分析

4.1 山东省建筑业碳排放分析

本文基于山东省建筑业能源消耗数据，利用碳排放系数法对山东省 2004～2019 年建筑业碳排放量进行测算，如图 1 所示。

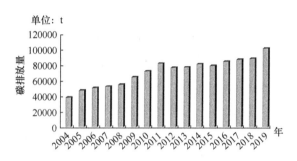

图 1 山东省 2004～2019 年建筑业碳排放量

从图 1 中看出，山东省建筑业碳排放量总体呈上升趋势，年平均增长率为 6.33%。山东省建筑业碳排放大致可以分为三个阶段，第一阶段为 2004～2008 年，该阶段建筑碳排放量增长缓慢。2005 年，山东省政府印发《关于加快建筑业改革和发展的意见》[15]，全省建筑业也在稳步发展，随后碳排放量增长幅度开始放缓甚至有所下降，主要原因在于受金融危机的挑战，经济增长缓慢，建筑业发展也因此受阻。第二阶段为 2009～2011 年，该阶段山东省建筑业碳排放呈现刚性增长态势，建筑业能源消耗量大，对原煤、汽油等高热值能源的依赖性强，产生大量的温室气体，碳排放量持

续走高，年均增长率为 8.55%。第三阶段为 2012～2019 年，该阶段较之前增速有放缓之势，年均增长率为 3.57%。主要原因在于该时期建筑业能耗降低，对原煤、柴油能源消耗降低，电力成为能源消耗的主要领域。同时，政府在这一时期开始制定控制温室气体排放的方案，大力推进节能降耗，加快节能环保产业政策，电力结构明显优化，对控制碳排放起到了显著的正向作用。

4.2 检验结果分析

在核算山东省建筑业碳排放量的基础上，本研究进一步探究人口规模、经济水平、技术因素以及结构因素对建筑业碳排放量的影响。为避免"伪回归"，首先对数据进行多元线性回归处理，发现人均 GDP 和建筑碳排放强度的方差膨胀因子（VIF）均远大于最高容忍度 10，意味着变量之间存在着多重共线性问题，最小二乘法无偏估计不适用于对该地区建筑碳排放影响因素进行解释说明，因此考虑选用能够解决多重共线性问题的岭回归分析进行研究。

为消除模型中的共线性问题，本文采用有偏估计岭回归函数对模型进行重新拟合。发现当岭参数 $k \geqslant 0.35$ 时，各回归系数的估计值基本上都能达到相对稳定。因此，根据 k 取值原理，取 $k = 0.35$ 时的岭回归结果确定随机模型，结果见表 2。

Ridge 回归结果（$k = 0.35$）　　　　表 2

变量	非标准化系数		标准化系数	t	p	F
	B	S.D.	Beta			
Constant	10.632	0.89	—	11.946	0.000 ***	
$\ln CP$	0.299	0.129	0.126	2.315	0.043 **	
$\ln PG$	0.145	0.017	0.261	8.515	0.000 ***	$F_{(5, 10)} = 37.215$
$\ln CI$	−0.168	0.035	−0.181	−4.871	0.001 ***	$p = 0.000$
$\ln ES$	0.42	0.109	0.201	3.837	0.003 ***	
$\ln IS$	0.747	0.154	0.238	4.856	0.001 ***	
			$R^2 = 0.949$	Adj $R^2 = 0.923$		

注：***、** 分别代表 1%、5% 的显著性水平。

岭回归结果表明，所有变量均通过了1%的显著性水平检验，模型显著性检验 $R^2=$ 0.949，表明模型的拟合优度较高；显著性 $p<1\%$，表明拟合的多重线性回归模型非常显著且具有统计学意义；从运行结果还可以看出模型的常数项和各变量的显著性水平均满足 $p<5\%$，表明有充分理由认为选取的解释变量能够解释山东省建筑碳排放量变动；且回归系数的符号均具有合理的经济学解释。最终得到山东省建筑碳排放影响因素的拟合方程如下：

$$\ln E = 10.632 + 0.299\ln CP + 0.145\ln PG$$
$$- 0.168\ln CI + 0.420\ln ES$$
$$+ 0.747\ln IS$$

从回归结果可以看出，结构因素对山东省建筑碳排放影响最大，其次是人口规模、技术因素和经济水平。建筑碳排放量的贡献程度由大到小依次为：产业结构（0.747）、能源结构（0.420）、建筑业从业人员（0.299）、建筑碳排放强度（0.168）、人均GDP（0.145）。其中，建筑碳排放强度因素对碳排放起到抑制作用，其他因素对建筑碳排放增长均呈现正向作用。

5 山东省建筑业碳排放预测分析

5.1 模型预测

基于回归分析结果和实际测量数据，对该时间序列下的山东省建筑业碳排放量进行拟合比较，如图2所示。可以看出，平均误差绝对值为4.63%，总体结果在可接受范围内，说明预测模型具有一定的实际意义，符合山东省经济社会发展规律。

5.2 情景参数设定

结合山东省建筑业的能耗实况及发展趋

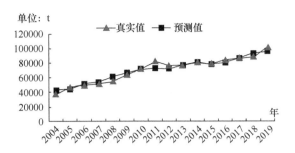

图2 山东省建筑碳排放量预测值与实测值对比

势，假设建筑业碳排放发展分别有基准、减排、低碳和高碳四种情景。并将各指标因素设为低速、中速和高速三种碳排放情况。第一类基准情景：根据目前的经济增长趋势与减排力度，结合"十四五"规划中提出的目标进行设定。第二类减排情景：着重优化产业及能源结构，采取低能耗低排放政策，实现"双碳"目标。第三类低碳情景：着重提高全民节能意识，此时控制人口及经济增长，其他指标设置为高速碳排放状态。高碳情景下将各指标设置为中高速碳排放状态。四大类情景模式下又细分为9种情景，具体设置见表3。

不同情景下碳排放模式设置　　　表3

情景	情景模式	CP	PG	CI	ES	IS
基准情景	情景1	中速	中速	中速	中速	中速
	情景2	低速	中速	中速	中速	中速
减排情景	情景3	低速	低速	低速	低速	低速
	情景4	低速	中速	低速	低速	低速
	情景5	高速	低速	低速	低速	低速
低碳情景	情景6	低速	低速	高速	高速	高速
	情景7	低速	中速	高速	高速	高速
高碳情景	情景8	中速	高速	高速	高速	高速
	情景9	高速	高速	高速	高速	高速

本研究以2019年数据为基础，综合考虑有关政策及其实施难度，预测周期设置到2050年。首先设定基准情景下各影响因素的年均变化率，然后在其基础上依据合理假设做出一定变动调整，各指标参数的变化率与五年规划期对应，对不同情境下各因素的情景进行

设定。

5.3 碳达峰预测趋势分析

基于STIRPAT拓展模型以及上述不同情景参数的设定对山东省建筑业2020~2050年的碳排放量进行预测分析,结果如图3所示。

从预测结果看出,不同情景下山东省建筑业碳达峰出现时间不同,达峰值也有所差异,出现时间为2030~2045年。基准情景下,情景1和情景2碳峰值分别在2040年和2035年出现,两种模式都没有如期实现碳达峰。减排情景下,情景3和情景4均在2030年实现了碳达峰,该情景下峰值将比基准情景提早约5年实现,且峰值量也会有一定幅度的降低,而情景5没有出现碳达峰,主要原因在于人口规模高速增长产生的碳排放量远大于结构优化所降低的碳排放量。低碳情景下,达峰值约在2040年前后出现,可见依靠群众提高低碳减排意识以及抑制经济发展可以实现碳达峰,但会比预期计划推迟,且这种以牺牲经济发展为代价来实现碳峰值的方式,并不符合建筑行业未来的发展趋势。高碳情景下,建筑业碳排放呈粗放式发展,两种情景在预测的时间内均未

出现峰值。

对比分析结果说明,当人口规模和经济发展处于中高速发展时,很难在2030年实现碳达峰,当能源结构、建筑碳排放强度和产业结构处于低速发展时,可以有效缓解碳排放量,碳达峰也能如期到来。在基准情景及低碳情景下虽没能如期实现碳达峰,但后期通过全面提高绿色建筑水平,强化产业转型力度等也能有效缓解山东省未来建筑碳排放总量的增长。另外,产业结构演化决定能源消耗基本走势,山东省应结合经济社会发展现状,提出适宜的方法,保障经济社会高质量发展的同时,又能合理控制能源消费总量。

6 结论与建议

本文采用IPCC法测算了2004~2019年的山东省建筑碳排放量,基于拓展STIRPAT模型对山东省建筑碳排放的影响因素进行分析,并构建情景分析模型,对建筑碳排放走势的基本参数进行合理设定后,预测未来30年山东省建筑业碳排放发展情况。得出以下结论及建议:

(1)在预测的9种情景中,情景4更符合

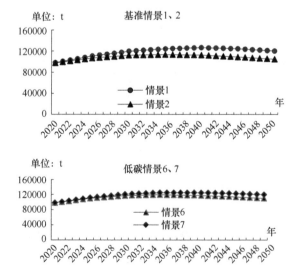

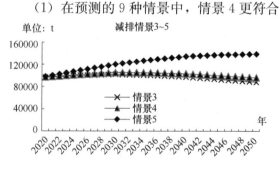

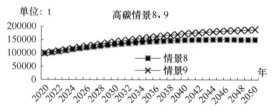

图3　不同情景下山东省建筑业碳排放量预测

山东省建筑业未来减排趋势。到 2030 年，能源结构要控制在 62% 左右，即每年需降低 1.3%，建筑碳强度每年降低 2.8%，产业结构控制在 8.8% 左右。综合 9 种情景模式来看，控制人口涨幅，加速优化能源结构和产业结构，降低对煤炭的依赖程度，降低碳排放强度，是 2030 年达到碳排放峰值的关键控制指标，也是山东省实现"氢动走廊"的重要方向。

（2）山东省作为工业大省，能源结构目前仍以煤炭为重，能源结构对建筑碳排放起到不小的影响，能源结构优化调整仍需要很长一段时间；建筑产业要想如期实现"碳达峰"，需要强化减排政策，推进建筑业数字化转型，加快产业转型优化并调整能源结构。

参考文献

[1] 刘振印. 建筑给排水节能节水技术探讨[J]. 给水排水, 2007(1)：61-70.

[2] 符栋栋. 中国二氧化碳排放现状及因素分析[J]. 商情, 2016(28)：161.

[3] Dietz T, Rosa E A. Rethinking the Environmental Impacts of Population Affluence and Technology[J]. Human Ecology Review, 1994, 2(1)：277-300.

[4] 刘玲, 李小军, 彭剑波. 碳减排政策对碳排放影响的实证分析——基于 STIRPAT 拓展模型[J]. 湖北农业科学, 2020(16)：49-53.

[5] 朱冬元, 纪磊. 基于 STIRPAT 模型的长江经济带碳排放驱动因素研究[J]. 湖北农业科学, 2021(11)：50-54.

[6] 朱宇恩, 李丽芬, 贺思思, 等. 基于 IPAT 模型和情景分析法的山西省碳排放峰值年预测[J]. 资源科学, 2016, 38(12)：2316-2325.

[7] 国家统计局. 中国能源统计年鉴（2005-2020）[M]. 北京：中国统计出版社, 2005-2020.

[8] 山东省统计局. 山东省统计年鉴（2005-2020）[M]. 北京：中国统计出版社, 2005-2020.

[9] 马晓明, 郇洵, 谷硕, 等. 基于 LMDI 的中国建筑碳排放增长影响因素研究[J]. 现代管理科学, 2016(11)：3-5.

[10] 李爽, 陶东, 夏青. 基于扩展 STIRPAT 模型的我国建筑业碳排放影响因素研究[J]. 管理现代化, 2017, 37(3)：96-98.

[11] 黄振华. 基于 STIRPAT 模型的重庆市建筑碳排放影响因素研究[J]. 项目管理技术, 2018, 16(5)：55-60.

[12] 杨艳芳, 李慧凤, 郑海霞. 北京市建筑碳排放影响因素研究[J]. 生态经济, 2016, 32(1)：72-75.

[13] 高思慧, 刘伊生, 李欣桐, 等. 中国建筑业碳排放影响因素与预测研究[J]. 河南科学, 2019, 37(8)：1344-1350.

[14] 郭承龙, 徐蔚蓝. 基于 STIRPAT 模型的江苏省碳排放影响因素研究[J]. 中国林业经济, 2022(1)：89-93.

[15] 山东省人民政府关于加快建筑业改革和发展的意见[J]. 山东政报, 2004(22)：34-37.

绿色建筑的研究热点与新兴趋势
——基于 CNKI 与 Web of Science 的 CiteSpace 文献计量分析

丁晓欣[1]　徐熙震[1]　王　群[2]

（1. 吉林建筑大学经济与管理学院，长春　130118；

2. 深圳职业技术学院，深圳　518055）

【摘　要】随着环境污染和能源消耗日益严重，绿色建筑凭借其优势在"双碳"目标下得以快速发展。本文以 2022 年以前（包含 2022 年）关于绿色建筑的 3438篇文献为样本，通过 CiteSpace 软件对绿色建筑领域的研究热点与前沿领域进行了深入分析。研究表明：绿色建筑中外文研究存在"交集"和"错位"；绿色建筑研究的热点领域是节能减排、绿色施工、评价标准；既有建筑的节能改造、居住者满意度是绿色建筑领域具有较大研究潜力的"蓝海"。

【关键词】绿色建筑；文献计量；CiteSpace

The Hotspots and Emerging Trends in Green Buildings：A Literature Review Based on the CNKI and Web of Science by CiteSpace Bibliometric Research Tools

Xiaoxin Ding[1]　Xizhen Xu[1]　Qun Wang[2]

（1. School of Economics and Management，Jilin Architecture and

Civil Engineering Institude，Changchun　130118；

2. Shenzhen Polytechnic，Shenzhen　518055）

【Abstract】 With the increasing environmental pollution and energy consumption，green buildings are rapidly developing with their advantages under the dual carbon target. In this paper，we analyzed the research hotspots and frontiers of green buildings by CiteSpace software，taking 3438 papers on green buildings before 2022（including 2022）as a sample. The research shows that：there are "intersections" and "misalignments" in green building research in Chinese and foreign languages；the hotspots of green building research are energy saving and emission reduction，green construction，and evaluation standards；energy-saving renovation of existing buildings and occupant satisfaction are the "blue ocean" with great research potential in the field of green building.

【Keywords】 Green Building；Bibliometrics；CiteSpace

1　引言

随着环境污染和能源消耗日益严重，节能减排已经成为国际以及国内社会的重要议题。根据中国建筑节能协会发布的《中国建筑能耗研究报告（2020）》，2018 年全国建筑全过程碳排放总量为 49.3 亿 tCO_2，占全国碳排放的比重为 51.3%。绿色建筑作为一种将可持续发展理念引入建筑行业的未来主导性趋势，在能源利用效率的提升以及碳排放量的减少方面具有明显的优势。同时，在"双碳"目标下，绿色建筑成为学术界备受关注的议题，因此，全面把握绿色建筑领域的发展趋势和热点议题，对缓解环境污染以及能源消耗具有重要的参考意义。

相对于已有的研究成果，本文的边际贡献主要在于：①运用知识图谱和文献计量工具定量和定性地对绿色建筑的研究视角进行分析；②研究内容包含国内和国外的文章，通过对比分析可以掌握国内外文献对于绿色建筑研究的异同点；③梳理绿色建筑的研究脉络，对绿色建筑的研究热点与潜在议题进行揭示。基于此，本文利用 CiteSpace 对 CNKI 与 Web of Science 数据库有关绿色建筑的文章进行研究与梳理，有助于国内外学者在此基础上对已有的研究成果与发展脉络进行把握，更好地开展之后绿色建筑的研究。

2　绿色建筑研究的文献计量分析

本文以 CiteSpace 作为研究工具，选择 CNKI 与 Web of Science 数据库作为检索平台，对绿色建筑领域的文章进行检索。其中外文检索以"Green Building""Green Buildings"为主题，勾选 SCI 与 SSCI 数据库，时间跨度为 2022 年之前（包括 2022 年），共检索出 2183 篇相关文献。中文检索以篇名"绿色建筑"或者关键词"绿色建筑"，勾选 SCI、EI、CSSCI、CSCD 以及北大核心，时间跨度为 1995～2022 年，共得到 2210 篇中文文献。通过逐一检阅，排除与研究领域无关的文章，并在 CiteSpace 软件中运用去重功能，最终检索得到外文文献 1500 篇，中文文献 1938 篇。在此基础上，本文从关键词、核心作者群两个层面对文献进行分析。

2.1　关键词共现

本部分对绿色建筑的发展趋势采用关键词共现、频次分析以及中心度分析，定量地对绿色建筑领域进行研究，把握绿色建筑的重点议题与研究领域。其中频次是指关键词在数据中所出现的次数，中心度可以对文献的研究热点进行反映。

中文文献方面，从图 1 与图 2 可以看出，学者的研究以绿色建筑为核心且不断地往外延

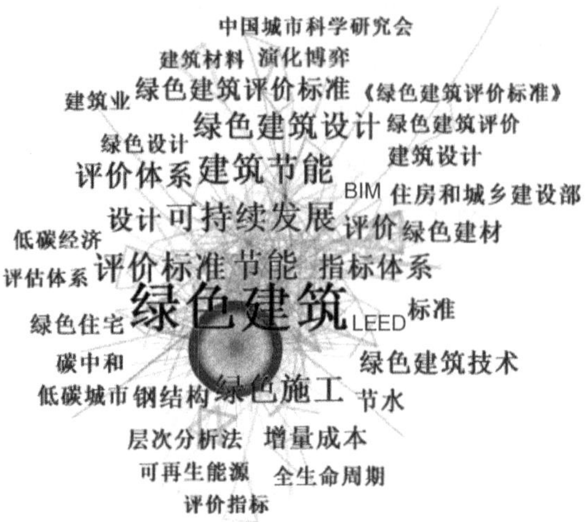

图 1　中文文献关键词知识网络图

图 2　中文文献关键词突变分析图

伸，发展脉络以"微观—宏观—微观"的路径展开。在研究初期，学者对于绿色建筑较为陌生，研究主要以绿色建筑作为载体，例如绿色建筑所蕴含的"可持续发展"的理念，建造绿色建筑所依托的"绿色施工"技术和"绿色建材"，以及绿色建筑的"评估体系"，研究方向主要是以绿色建筑为核心的微观领域。随着绿色建筑的不断发展，中文研究的中心不再拘泥于"建筑"这一载体，开始关注绿色建筑背后的研究层面，逐渐转向以城市为研究对象，对"低碳城市"以及"低碳经济"进行研究。近些年来，绿色建筑相关理论的不断完善，对于绿色建筑的研究视角更加积极，开始逐渐与其他学科进行交叉融合，主要体现在与运筹学的博弈论以及计算机的数字技术等领域的协同发展。通过表 1 可以看出，排名前 12 的关键词中，中心度大于 0.1 的关键节点仅有"绿色建筑"与"绿色建筑设计"。整体而言，中文研究文献对于绿色建筑的研究内容在持续拓展并不断加深、不断深化。

外文文献方面主要是从宏观环境出发，有不断向精细化发展的趋势。根据图 3 与图 4，早期外文文献关注的重点是绿色建筑的发展环境，即在努力实现环境可持续发展的条件下推

高频关键词中心度与频次　　　　　　　　　　　　　　　　　　　　　表 1

文献类型	中文文献			外文文献			
序号	关键词	频次	中心度	序号	关键词	频次	中心度
1	绿色建筑	810	1.20	1	Green Building	484	0.06
2	节能	62	0.07	2	Performance	283	0.08
3	建筑节能	56	0.07	3	System	201	0.12
4	可持续发展	56	0.05	4	Sustainability	172	0.04
5	评价标准	53	0.08	5	Design	158	0.15
6	绿色施工	47	0.03	6	Energy	147	0.09
7	绿色建筑设计	37	0.17	7	Impact	145	0.09
8	评价体系	30	0.03	8	Green Roof	137	0.06
9	指标体系	28	0.04	9	LEED	132	0.09
10	评价	26	0.01	10	Building	126	0.09
11	设计	25	0.02	11	Model	122	0.12
12	BIM	23	0.05	12	Construction	122	0.03

图 3 外文文献关键词知识网络图

关键词	年份	实现强度	开始	结束	25个关键词突变分析 1996~2022年
green building	1996	10.8111	1996	2011	
energy	1996	5.4173	2008	2010	
sustainable development	1996	4.0222	2008	2013	
environment	1996	4.1736	2008	2014	
garden	1996	3.6543	2011	2014	
environmental sustainability	1996	3.3878	2012	2014	
satisfaction	1996	6.2978	2012	2015	
athen	1996	3.69	2013	2015	
productivity	1996	5.104	2014	2018	
green	1996	3.3628	2014	2017	
emission	1996	3.9582	2015	2017	
behavior	1996	4.1615	2015	2016	
life cycle	1996	3.9913	2016	2018	
climate	1996	4.7289	2016	2018	
built environment	1996	4.6397	2017	2019	
urban heat island	1996	3.3672	2018	2020	
breeam	1996	4.2295	2018	2019	
certification	1996	4.1137	2018	2019	
driver	1996	5.7205	2018	2022	
methodology	1996	3.9998	2018	2019	
bim	1996	6.1794	2019	2020	
occupant satisfaction	1996	5.9246	2019	2022	
cost	1996	3.6958	2019	2020	
thermal comfort	1996	5.0987	2019	2022	
sustainable building	1996	3.426	2019	2020	

图 4 外文文献关键词突变分析图

动绿色建筑的发展，同时着重考虑"人"对建筑的满意程度，更好地对绿色建筑中人与自然和谐共生的理念进行了体现。随着绿色建筑的发展，关注点逐渐转变成对建筑建成环境的研究，例如建筑所在地区的城市气候以及城市的热岛效应。近年来，外文文献对绿色建筑的研究进入了精细化发展的阶段，关注点开始集中于建筑成本与信息技术融合发展，即 BIM 技术和物联网技术等，并对居住者的满意、舒适程度展开了更为全面的研究。同时通过观察表1，在外文文献中中心度大于 0.1 的关键节点

为"System""Design""Model"，可以看出外文研究同样关注绿色建筑的设计，并且着重于对绿色建筑的系统集成以及指标系统的开发进行研究。

整体来说，中外文对于绿色建筑的研究存在"交集"和"错位"。从"交集"来看，中外研究都比较关注可持续的发展理念、建筑节能、评价体系标准以及绿色建筑设计等议题，而且绿色建筑的研究也处于与其他学科交叉融合的发展阶段，例如 BIM 技术、物联网技术以及人工智能等。"错位"具体表现在两个方面：一是研究出发点的错位，外文研究是从绿色建筑所处的可持续发展的社会环境出发进而对绿色建筑进行研究，而中文出发点与此相反，是由绿色建筑具体的领域上升到更高层面的研究。二是研究内容的重点不同，中文研究对于绿色建筑在节约资源方面侧重于节能和节水，节能方面更注重于化石能源的替代，而外文研究中节能侧重于能源的效率以及建筑综合利用，例如绿色屋顶等。外文研究对于人在环境或者建筑中的满意度以及舒适度较为关注，但中文文献却研究得较少。这可能是因为绿色建筑在国外发达国家已经较为成熟，其建成以及覆盖比例已经达到相应规模，更加注重绿色建筑建成后人与自然的和谐共生的契合度。而国内绿色建筑仍在发展之中，绿色建筑理念在有些省份和地区的普及程度以及消费者的接受度并不高，所以研究重点仍在绿色建筑的推广方面。

2.2 作者构成

通过将分析节点设成"Author"，对作者群的成熟度进行分析，从而推断和预测该领域的关注度，生成核心作者图谱，如图 5 和图 6 所示。图谱中作者名字越大说明作者的核心纽带作用越强，而名字之间的连线越粗表明合作越紧密。

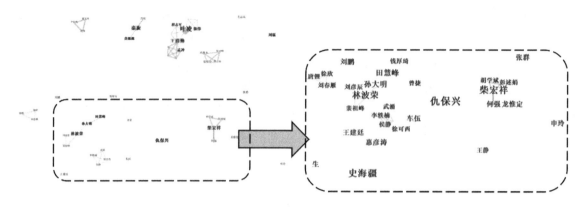

图 5 中文核心作者合作网络图

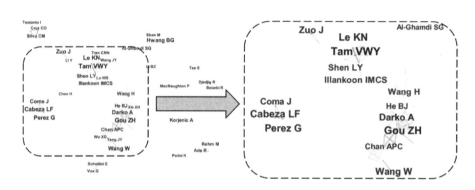

图 6 外文核心作者合作网络图

在中文研究方面,整体的合作呈现出分散的态势,仅形成了个别小型的聚合中心,未形成长期的研究聚力,核心作者仇保兴和王清勤发文量领先(15 篇),其中仇保兴主要研究领域是在绿色建筑的顶层设计以及建筑节能方面,提出建立五大创新体系促进绿色建筑的发展[1],同时结合我国建筑节能的形势对我国建筑节能六大潜力的领域进行分析与展望[2],以及根据南北地区差异对南北方绿色建筑节能提出相应行动纲要[3,4]。王清勤则较为关注与绿色建筑以及建筑节能相关的评价标准,将国外标准 LEED 与 BREEAM 与国内的评价标准进行对比分析[5],并对各绿色建筑设计与评价标准进行分析介绍[6],现阶段对健康建筑又进行了详细地研究[7]。而其余影响力较高的核心作者比较关注的议题主要包括绿色建筑的风险识别与风险路径分析[8]、绿色建筑的供水设计以

及水资源的高效利用[9]、绿色建筑评价体系与指标的对比[10]。总体来说,中文核心作者侧重对绿色建筑相关标准的完善以及绿色建筑在国内的发展与推广问题进行研究。

而在外文研究方面,核心作者发文量的差距较小,且合作的态势较为紧密,在范围内形成了研究聚力。Liu 等的发文量最多,其研究领域主要是建筑业与人工智能技术,物联网技术的交叉融合,提出了物联网的绿色能源管理系统,并基于物联网构建了边缘计算系统的框架和软件模型[11]。Zuo 等研究的主要议题是绿色建筑的全生命周期,主要是以实际案例对生命周期评估和生命周期成本进行审查和回顾[12]。Jim 等主要对绿色建筑中绿色屋顶进行研究,指出绿色屋顶对建筑规模和建筑节能方面具有优势,大规模的屋顶绿化可以带来整个社区的冷却,缓解城市热岛效应,并为城市居

民提供更舒适的热环境[13]。总体来说，外文研究的核心作者相对更加关注建筑的节能减排以及资源的高效利用，从而使绿色建筑降低能耗与能源的消耗。

3 绿色建筑的研究热点与潜在议题

绿色建筑是"双碳"目标减少环境污染与能源消耗的重要议题，国内外学者对绿色建筑已经开展了多元视角的研究，积累了大量的成果。本部分在前部分通过文献计量可视化的基础上对绿色建筑的研究热点和潜在议题进行总结与展望。研究热点主要包括：节能减排、绿色施工、评价标准、潜在议题（即既有建筑的节能改造和居住者的满意程度）。

3.1 研究热点领域

（1）节能减排。建筑业是传统的耗能产业，其建设、运行、维持都需要消耗大量的能源，而在我国建设节约型社会的背景下，节能减排更是其中的重点工作。国内对于节能减排的研究起初是对建筑节能相关标准的研究，例如：朗四维对寒冷地区建筑节能设计标准进行介绍与分析[14]，武涌对欧盟及法国建筑节能政策进行了分析，为我国建筑节能发展提供对策[15]。目前主要聚焦在对建筑节能技术的研究，对于节能技术的研究刚开始主要是相关措施的提出以及相关概述，例如：张红对建筑电气项目进行研究，并提出从建筑电气照明系统、动力系统以及供电系统三个方面进行节能[16]，王玉卓进行实地调研对高层建筑维护结构的墙体的节能方法进行了探究[17]。随着节能技术的不断发展，目前大部分学者着重对节能技术的应用进行了探究，张显对公共建筑的机电工程应用绿色节能技术进行了研究[18]，李华对光伏技术在楼宇建筑中的应用进行了仿真研究[19]。随着建筑节能技术的不断成熟以

及供给侧结构的不断深化发展，政府如何引导和鼓励开发商供应绿色住宅，提高绿色住宅的供应比例，将是房地产绿色转型以及节能减排的一个重要方向。

（2）绿色施工。绿色施工技术是将可持续发展的理念融入工程施工这一阶段之中，需要绿色施工技术的结合与应用。中外文文献对于绿色施工的研究起初多聚焦于以工程实践为基础的绿色施工技术以及施工的风险研究，例如，郭宏运用层次分析法对多个住宅的绿色施工影响进行分析[20]，申民对北京射击馆中使用的绿色技术进行分析[21]，以及周妍在绿色建筑风险管理中运用 BIM 5D 技术[22]。现阶段不仅仅局限于对绿色施工技术的改进，还对施工全过程的全周期，例如施工技术组织设计、施工运行、施工管理等进行研究。因此，目前对于绿色施工的研究不仅仅局限在施工技术方面，研究的范围更加全面。

（3）评价标准。绿色建筑评价标准是规范并指导兼具舒适便捷与可持续发展等特征为一体的建筑的评价标准。由于绿色建筑在我国起步较晚，基础相对薄弱，评价标准在评价体系和评价内容上仍有不足。中外文文献对于评价标准的内容研究主要分为"纵"和"横"两种方式，其中"纵"是国内绿色建筑评价标准新版与之前版本的纵向对比，而"横"主要是我国的绿色建筑评价标准与美国的 LEED、英国的 BREEAM、日本的 CABSEE 等发达国家成熟的绿色建筑评价标准的对比。对于评价标准的研究方法也比较多元，基于群层次分析法和证据推理法、博弈论与网络神经以及综合评判法等。总的来说，采用复杂的评价工具与评价方法从而使得评价标准更加完善、评价过程更加准确。

3.2 潜在热点问题

尽管关于绿色建筑的研究已经较为深入，

但当前不断加速的市场化进程以及严峻的资源与环境的形式，部分潜在和新兴的研究热点逐渐成为绿色建筑研究领域的重点关注内容。本文在前文的研究基础上预测绿色建筑的两个潜在研究热点，分别是既有建筑的节能改造与居住者的满意程度。

（1）既有建筑的节能改造

国内绝大多数的既有建筑仍然是非绿色建筑，绿色建筑所占的比例仍然较少，因此对既有建筑进行节能改造以解决其能源消耗量大且舒适性较差的问题尤为关键。2016 年中央城市工作会议提出的城市老旧小区改造更是加快了既有建筑改造的进程。既有建筑节能改造刚开始多集中于成本效益等经济性分析，刘玉明通过运用 LCCA 对节能改造的成本效益进行了分析[23]，在其经济性得到论证后学者又开始对节能改造的推广进行研究，郭汉丁探究了既有建筑改造的市场动力与市场的发展协同激励对策[24]，陈立文运用 DEMATEL-ISM 对既有建筑节能改造推广的影响因素进行了分析[25]。但目前对于既有建筑改造的研究尚处于起步阶段，对于既有建筑改造所涉及的问题与挑战以及实施路径的研究尚未成熟。

（2）居住者的满意度

绿色建筑是要最大限度实现人与自然和谐共生的高质量建筑，因此，居住者对于绿色建筑的体验和满意程度至关重要。Khoshbakht 对居住者对绿色建筑的满意度进行研究，并指出绿色建筑在居住者满意度方面的表现似乎并不一致，在不同的研究中有所差异[26]。Gou Z 通过对绿色建筑与非绿色建筑进行对比得出绿色建筑的用户比非绿色建筑的用户对建筑设计和设施管理的满意度更高，并且还发现了非环境因素对居住者满意度的影响[27]。陈晨运用因子分析法与多维尺度对装配式建筑居住满意度评价方法进行了研究[28]，朱彩青在系统对

比国内外相关体系指标的基础上提出以居住者视角的绿色社区评价指标框架[29]。居住者对绿色建筑的满意度是绿色建筑发展不可忽视的关键因素之一，外文研究对于居住者的体验较为重视，但中文文献的研究贡献较少，未来该领域的研究有待深化。

4 结论

本文通过借助 CiteSpace 对 2022 年及以前有关绿色建筑的文献进行共现分析，运用定量以及定性的方法对绿色建筑领域的发展脉络进行梳理，并对绿色建筑的研究热点与前沿领域进行深入分析，主要得出以下结论：①节能减排以及绿色建筑设计、施工等都是中外文献的主流研究领域，但中文文献侧重对绿色建筑相关标准的完善以及绿色建筑在国内的发展与推广问题进行研究，而外文文献对建筑本身的节能减排、资源的高效利用以及居住者对建筑环境的满意程度较为关注。②绿色建筑研究的热点领域是节能减排、绿色施工、评价标准。③既有建筑的节能改造、居住者满意度与 BIM 技术是绿色建筑领域具有较大研究潜力的"蓝海"。

参考文献

[1] 仇保兴. 建立五大创新体系促进绿色建筑发展[J]. 建筑学报，2006(8)：5-7.

[2] 仇保兴. 我国建筑节能潜力最大的六大领域及其展望[J]. 城市发展研究，2010，17(5)：1-6.

[3] 仇保兴. 北方地区绿色建筑行动纲要[J]. 城市发展研究，2012，19(12)：1-10.

[4] 仇保兴. 我国南方建筑节能十项行动纲领[J]. 现代城市研究，2011，26(2)：8-14.

[5] 王清勤，叶凌. 美国绿色建筑评估体系 LEED 修订新版简介与分析[J]. 暖通空调，2012，42(10)：54-59.

[6] 王清勤，张森. 国家标准《节能建筑评价标准》

简介[J]. 暖通空调，2012，42(5)：19-22.

[7] 王清勤，孟冲，李国柱，等．我国健康建筑发展理念、现状与趋势[J]．建筑科学，2018，34(9)：12-17.

[8] 秦旋，李怀全，莫懿懿．基于 SNA 视角的绿色建筑项目风险网络构建与评价研究[J]．土木工程学报，2017，50(2)：119-131.

[9] 柴宏祥，孙永利，林玲．绿色建筑供水系统的节水设计要点[J]．中国给水排水，2008(14)：44-46，60.

[10] 王伊丽，刘猛，黄春雨．典型绿色建筑评价体系中节地条款比较[J]．土木建筑与环境工程，2013，35(S1)：167-173.

[11] Y Liu，C Yang，L Jiang，et al. Intelligent Edge Computing for IoT-Based Energy Management in Smart Cities[J]. IEEE Network，2019，33(2)：111-117.

[12] Zuo J，Pullen S，Rameezdeen R，et al. Green Building Evaluation from A Life-cycle Perspective in Australia：A Critical Review[J]. Renewable and Sustainable Energy Reviews，2017.

[13] Jim C Y. Diurnal and Partitioned Heat-flux Patterns of Coupled Green-building Roof Systems[J]. Renewable Energy，2015，81(9)：262-274.

[14] 郎四维，林海燕，付祥钊，等.《夏热冬冷地区居住建筑节能设计标准》简介[J]．暖通空调，2001(4)：12-15.

[15] 武涌，孙金颖，吕石磊．欧盟及法国建筑节能政策与融资机制借鉴与启示[J]．建筑科学，2010，26(2)：1-12.

[16] 张红．建筑电气项目的节能技术[J]．施工技术，2016，45(S1)：889-892.

[17] 王玉卓，韩煜．高层建筑的围护结构墙体节能技术及方法[J]．建筑技术，2016，47(11)：987-989.

[18] 张显，秦程．绿色节能技术在公共建筑机电工程中的应用[J]．工业建筑，2022，52(1)：242.

[19] 李华，彭晓云，贾彦．楼宇建筑电气节能中光伏技术的应用与仿真[J]．计算机仿真，2022，39(7)：96-100.

[20] 郭宏，史秀清，程志．住宅建筑设计对绿色施工的影响研究[J]．施工技术，2012，41(21)：8-10.

[21] 申民，沈凤云，施锦飞，等．北京射击馆绿色建筑施工技术[J]．施工技术，2009，38(2)：27-29，50.

[22] 周妍. BIM 5D 技术在绿色施工风险管理中的应用[J]．内蒙古大学学报(自然科学版)，2016，47(4)：440-447.

[23] 刘玉明．基于 LCCA 的既有居住建筑节能改造成本效益分析[J]．土木工程学报，2011，44(10)：118-123.

[24] 郭汉丁，张印贤，王星．既有建筑节能改造市场发展协同激励实施对策[J]．资源开发与市场，2021，37(2)：161-167.

[25] 陈立文，张孟佳，李素红，等．基于 DEMATEL-ISM 的既有建筑节能改造推广影响因素研究[J]．建筑经济，2022，43(1)：84-92.

[26] Khoshbakht M，Gou Z，Lu Y，et al. Are Green Buildings More Satisfactory? A Review of Global Evidence[J]. Habitat International，2018：57-65.

[27] Gou Z，Prasad D，Siu-Yu Lau S. Are Green Buildings More Satisfactory and Comfortable？[J]. Habitat International，2013，39(Complete)：156-161.

[28] 陈晨，邢同和．装配式住宅居住满意度评价方法研究[J]．住宅科技，2020，40(1)：33-38.

[29] 朱彩清，刘东卫，张宏，等．基于居住者视角的绿色住区评价指标框架性构想[J]．建筑学报，2022(S1)：1-5.

基于熵权——AHP 的工程项目知识
管理绩效评价研究

卢锡雷[1]　王　越[1]　李泽靖[1]　吴秀枝[1]　胡新锋[2]

(1. 绍兴文理学院土木工程学院，绍兴　312000；

2. 海天建设集团有限公司，东阳　322100)

【摘　要】工程项目管理目标达成度，很大程度上取决于项目知识管理水平。由项目知识管理绩效基本内涵和评价方法不足入手，采用熵权法和 AHP 相融合的方式，从工程项目知识管理目标、基础与过程三维度建立绩效评价指标体系，构建模糊评价模型并对其进行综合评价，用综合得分衡量项目知识管理绩效的优劣，进而可将评价结果作为后续改进项目知识管理的依据。结合具体案例，验证该方法可行。

【关键词】工程项目；知识管理；绩效评价；熵权法；AHP；模糊综合评价；改进知识管理

Research on Performance Evaluation of Engineering Project Knowledge Management Based on Entropy Weight-AHP

Xilei Lu[1]　Yue Wang[1]　Zejing Li[1]　Xiuzhi Wu[1]　Xinfeng Hu[2]

(1. School of Civil Engineering, Shaoxing University, Shaoxing　312000；

2. Haitian Construction Group Co., Limited, Dongyang　322100)

【Abstract】 The achievement of engineering project management objectives largely depends on the level of project knowledge management. Starting from the basic connotation of project knowledge management performance and insufficient evaluation methods, using the combination of entropy method and AHP, the performance evaluation index system is established from the three-dimensionality of the project knowledge management goal, foundation and process, and the fuzzy evaluation model is constructed and carried out. Comprehensive evaluation，using comprehensive scores to measure the pros and cons of project performance，and then the evaluation results can be used as the basis for subsequent improvement of project knowledge management. Combined with specific cases，the method is verified to be feasible.

【Keywords】 Engineering Project；Knowledge Management；Performance Evaluation；Entropy Method；Analytic Hierarchy Process；Fuzzy Comprehensive Evaluation；Improve Knowledge Management

1 引言

20 世纪 90 年代世界已经进入以知识资本作为主导的新经济时代[1]，工程项目管理面临全新挑战。现代工程项目工程量规模大、功能集约、技术复杂度增加、建设周期长、风险大，在建设管理过程中积累的无形知识量大增，信息庞杂无序。传统的工程项目管理模式简单，不利于信息进一步转化为知识，对于知识的获取与利用能力不足，采用新技术、新方法施工的意识不强。而知识管理对于知识获取整合、创新以及利用来解决施工工艺难题，提升管理效率有着极大的推动作用[2]。结合知识管理对项目管理知识进行绩效研究，按照一定的指标体系和方法，对工程项目知识管理水平作出科学客观的评价，以寻求优势与不足，为正确指导工程项目知识管理的发展提供决策依据[3]。

2 知识管理绩效研究现状分析

由于知识管理本身的复杂性，国内外学者有关知识管理绩效评价至今没有统一的标准，对指标体系的认识、评价方法的选取也各不相同。蒋翠清和叶春森[4]围绕知识循环过程中知识创造、积累、共享、利用和内化五阶段的内容构建评价指标体系，但对于知识管理基础阶段知识获取的影响分析并没有涉及，体系不完善。张霞和刘明俊[5]从企业资源配置情况出发

建立企业知识管理绩效评价体系，评价指标包括知识系统、技术、人力、结构、市场资本五方面，但含义不清晰，逻辑性不强，仅采用层次分析法计算指标权重，主观性明显。颜光华[6]等从知识管理的目标出发，将知识管理分为近期知识共享、中期竞争优势和远期价值创造三个阶段，充分考虑了评价过程中的时间因素，但在知识管理过程中，三个阶段并非互相独立，而是交叉进行的，系统性不足，过于简单化。其计算与评价方法较刘明俊等学者在层次分析法的基础上增加了模糊综合法，评价结果直观，但权重结果仍过于主观。Karami Azin[7]建立基于数据包络分析的决策支持框架，结合 TQM 对知识管理的组织绩效进行评估。数据包络分析算法的理解与计算过程较复杂，实际应用很难操作。程刚和王影洁[8]从知识和资源的角度出发，从技术因素、组织机构、组织文化、专业技能、学习能力、信息能力方面设计了模糊综合评价法和灰色关联分析法相结合的指标评价体系。该体系较为全面地涵盖了知识管理的各个方面且系统性强，但衡量指标权重时仍缺乏客观精确的数据分析，灰色关联理论的理解与计算过程也较复杂，可操作性不强。

这些成果推动了知识管理绩效评价研究，但其中评价体系、方法存在不全面、不合理之处：一是评价指标体系不完善，框架抽象单

一、缺乏系统性及严谨性；二是仅使用主观方法来确定指标权重，降低了指标权重的说服力，影响评价结果的可靠性；三是评价过程复杂，可操作性差，结果并不直观。

针对以上问题，本研究首先基于知识管理分析工程项目特征，形成具有层次结构的知识管理绩效评价指标体系。其次，采用主观层次分析法和客观熵权法相结合确定指标权重。然后结合改进的模糊综合评价法，利用乘加算子和加权平均原理确定知识管理绩效得分[9]。最后，将模型应用于某综合性文体项目，科学地评价其知识管理绩效水平，验证模型的可行性。

3 建立工程项目知识管理绩效评价指标体系

从知识管理角度分析工程项目特征，归纳出工程项目知识管理目标、基础、过程三维度，从中识别知识管理绩效的影响因素，建立工程项目知识管理绩效评价指标体系。

3.1 影响因素识别

（1）工程项目知识管理的目标

工程项目周期长、占地面积大、建设花费大且由多个阶段有机组合而成，其中任一时间节点、施工阶段出现问题，都会影响整个项目目标的实现。对于建筑工程项目，建造的首要目标就是质量高、进度快、成本低，其中"质量""进度""成本"又是工程项目管理中最重要且基础的"铁三角"，因为便于评估和比较，也是衡量项目成功与否的必不可少的关键要素。鉴于项目管理"铁三角"的国际共识度和重要性，本研究将知识管理的目标对象界定于"铁三角"因素。工程项目质量的优劣关系到人民的生命财产安全，同时要求经济性，项目进度的快慢影响着建筑的投产使用，要控制成本减少不必要的资源耗费。良好的工程项目成本、质量和进度执行情况直接体现着工程项目知识管理绩效，亟需项目成员运用积累的经验知识进行工程项目成本、质量、进度目标控制，更加优质地完成项目目标[10]。因此从成本、质量以及进度三大工程项目知识管理目标的执行情况，衡量其知识管理绩效水平。

（2）工程项目知识管理的基础

工程项目参与人员多样化、层次不一，同时具有一次性、不可复制性与建设环境不可控等特点，凸显工程项目知识管理的复杂性，必须要有强有力的信息系统技术的支持，才能有效地实现知识获取、共享与利用。而项目部缺少相应的整合与培训机制，在建造过程中积累的实际经验、知识随着项目的完成没有被有效整合，造成知识利用率降低、对知识重要性意识不足，知识浪费现象严重[11]。因此，必须建立知识管理部门，加强对项目成员的知识管理培训力度，有助于项目成员克服时间和空间障碍，分享彼此经验，提高知识利用率与利用意识[12]。信息技术要着重加强知识管理部门系统完善程度与平台便利程度，提高知识传递交流的效率。同时，传统项目部组织形式与管理模式使得项目参与方之间相对独立，不利于知识管理。故项目部结构扁平化、柔性化的程度，对于加强项目部成员间的沟通与知识交流尤为重要。因此，从项目部知识管理结构、人员、技术三方面的基础建设情况，对知识管理绩效进行衡量。

（3）工程项目知识管理的过程

工程项目知识贯穿于工程项目建设的全过程，项目部知识量随着项目的推进也大量增加。任何理论知识只有运用到实际工作中才会凸显价值。20世纪80年代，迈克尔·波特（Michael Potter）[13]提出基于价值链的知识管理理论，将知识管理划分为知识获取、共享、利用与创新四个过程。知识获取与共享主要是项目部对施工组织设计、会议纪要等一系列显性知识的获取整理，以及挖掘技术经验丰富的工程师、施工技术人员在工作中积累的、容易被忽视的隐性知识，将这些隐性知识进行整合共享成项目所有成员易于使用的显性知识[14]。知识利用与创新主要是如何利用以往施工的经验教训或者新技术解决项目施工过程中遇到的施工工艺难题，发掘前沿的管理思维及理念，提高项目管理效率。知识利用与创新能力高低会影响到项目知识量的积累与有效利用，体现出项目知识管理的水平。因此，从工程项目知识管理获取、共享、利用与创新过程的实施情况，进行知识管理绩效衡量。

3.2 指标体系设计

基于工程项目知识管理特征以及文献研究，遵循指标体系设计原则，从工程项目知识管理目标、基础和过程中识别出影响知识管理绩效的主要因素形成一级、二级指标，并设计工程项目知识管理绩效评价指标体系（表1）。

工程项目知识管理绩效评价指标体系 表1

三维度	一级指标	二级指标
工程项目知识管理目标	执行情况 K_1	工程项目成本控制 K_{11}
		工程项目质量控制 K_{12}
		工程项目进度控制 K_{13}
工程项目知识管理基础	结构与人员基础 K_2	项目部知识管理部门的建立 K_{21}
		项目部结构扁平化、柔性化程度 K_{22}
		项目成员对知识重要性意识程度 K_{23}
	技术基础 K_3	项目成员知识管理培训力度 K_{31}
		知识管理系统完善程度 K_{32}
		知识资源平台便利程度 K_{33}
工程项目知识管理过程	知识获取与共享 K_4	从项目内、外部获取知识的能力 K_{41}
		对显性知识获取、隐性知识挖掘整合能力 K_{42}
		促进知识交流与传递的激励机制 K_{43}
		项目成员协同工作程度 K_{44}
	知识利用与创新 K_5	利用知识解决项目问题的能力 K_{51}
		利用知识提升技术和管理水平的能力 K_{52}
		管理理念的更新能力 K_{53}
		从工作中发现新知识的能力 K_{54}

4 构建工程项目知识管理绩效模糊评价模型

项目知识管理评价对象是项目知识及基于知识的无形价值，因而其评价方式应是定性定量与主客观的结合，需要既能评价定性定量共存的指标，又能克服绝对主客观性和指标抽象、复杂性的工具。因此，本文结合熵权法与层次分析法（Analytic Hierarchy Process，AHP）计算指标权重。熵权法是客观赋权法，它根据各指标的信息熵衡量能够提供的信息量，从而确定指标权重。熵权法客观定量地分析影响因素，避免人为主观带来的偏差。AHP是一种能够将复杂问题中的各因素进行层级结构分解，并通过专家打分法将同层级两因素之间相互比较来计算权重的主观赋权法。

通过两种计算方法的结合，可以削弱AHP在处理评价指标时的主观性和不确定性，提高熵权法定量分析的准确度，再结合模糊数学的方法，把模糊不清、难以量化的知识因素量化，再计算综合得分，使评价结果更加直观。同时，结合工程项目知识管理绩效评价指标体系，构建工程项目知识管理绩效模糊评价模型。

4.1 建立知识管理绩效评价等级

（1）确定评价因素集

一级因素集：$K = \{K_1, K_2, K_3, K_4, K_5\}$；二级因素集：$K_1 = \{K_{11}, K_{12}, K_{13}\}$，$K_2 = \{K_{21}, K_{22}, K_{23}\}$，$K_3 = \{K_{31}, K_{32}, K_{33}\}$，$K_4 = \{K_{41}, K_{42}, K_{43}, K_{44}\}$，$K_5 = \{K_{51}, K_{52}, K_{53}, K_{54}\}$。

（2）建立知识管理绩效评价等级

将知识管理绩效等级划分区间，各指标因素间相互关联评分波动较小，分5个等级，采用百分制形式细致划分：$V = \{V_1, V_2, V_3,$

V_4，V_5}，实现精确评分，反映不同因素影响的细微差别，例如分数在 90～100，则表明其绩效水平为极好（表2）。

知识管理绩效等级分数区间 表2

绩效等级	极好	良好	一般	较差	极差
分数范围	[90～100]	[80～90)	[70～80)	[60～70)	60以下

4.2 确定因素隶属度

通过项目部相关人员对知识管理绩效评价各指标打分，根据评分情况，统计各指标得分分别属于极好、良好、一般、较差、极差中各绩效级别的人数，计算隶属度值：

$$r_{ij} = \frac{\text{对某因素某等级认可的专家人数}}{\text{专家总人数}} \quad (1)$$

相应的隶属度矩阵 R 表示为：

$$R = \begin{bmatrix} r_1(k_{11}) & r_2(k_{11}) & \cdots & r_5(k_{11}) \\ r_1(k_{12}) & r_2(k_{12}) & \cdots & r_5(k_{12}) \\ \vdots & \vdots & \ddots & \vdots \\ r_1(k_{54}) & r_2(k_{54}) & \cdots & r_5(k_{54}) \end{bmatrix}$$

其中 k_{ij} 表示评价因素，$r_m(k_{ij})$ 表示知识管理绩效评价等级 $V_m(m=1,2,3,4,5)$ 的隶属度值。

4.3 确定评价指标综合权重

（1）熵权法确定权重

将第 j 项评价指标的知识管理绩效状况视作一个系统，根据信息熵的定义计算第 j 个指标的熵值 $H_j^{[15]}$：

$$H_j = -\frac{1}{\ln n} \sum_{i=1}^{n} f_{ij} \cdot \ln f_{ij}$$
$$f_{ij} = \frac{P_{ij}}{\sum_{i=1}^{n} P_{ij}} \quad (2)$$

其中，P_{ij} 是第 i 个专家对第 j 个指标的评分值，$i=1,2,\cdots,n$。

第 j 项评价指标的熵权权重 W_j 可表示为：

$$W_j = \frac{1 - H_j}{m - \sum_{i=1}^{m} H_j} \quad (3)$$

其中，W_j 之和为 1，m 表示指标的数量，$j=1,2,\cdots,m$。

（2）AHP 确定权重

在建立层次结构指标体系的基础上，构建判断矩阵，将 E_X 与 $E_Y(X,Y=1,2,\cdots,n)$ 两两指标对上层因素 E 的影响程度进行比较，以 1～9 标度法表示比值大小。比值越大，说明相对重要性就越大。判断矩阵 E 表示为：

$$E = \begin{bmatrix} e_{11} & e_{12} & \cdots & e_{1n} \\ e_{21} & e_{22} & \cdots & e_{2n} \\ \vdots & \vdots & \ddots & \vdots \\ e_{n1} & e_{n2} & \cdots & e_{nn} \end{bmatrix}$$

再运用 Matlab，计算判断矩阵可得到各指标权重值 $A = (a_{i1}, a_{i2}, \cdots, a_{im})$。当指标层级>2时，构造判断矩阵容易出现内部逻辑结构不合理的情况，此时判断矩阵要进行一致性检验。

（3）综合权重确定

根据主观权向量 $A = (a_{i1}, a_{i2}, \cdots, a_{im})$ 与式（1）、式（2）确定客观权向量 $W = (w_{i1}, w_{i2}, \cdots, w_{im})$，以式（3）来计算指标 k_{ij} 的综合权向量。

$$t_{ij} = \alpha a_{ij} + (1-\alpha) w_{ij} \quad (4)$$

其中 α 是指标权数，$0<\alpha<1$。

α 的数值是综合权重确定的核心，王明涛于 1999 年[16]提出确定指标权数 α 的方法，根据各评价指标重要等级排序，结合主客观赋权法确定的权重排序差异性，判断主客观权重是否准确，进而确定主客观赋权法在确定权重时的占比，通常 α 取 0、0.5、1。

4.4 确定知识管理绩效等级

（1）绩效评价模糊关系的合成

记综合权重值 $\boldsymbol{T} = (t_{i1}, t_{i2}, \cdots, t_{im})$，计算指标层的模糊向量 $\boldsymbol{B}$：

$$\boldsymbol{B} = \boldsymbol{T} \times \boldsymbol{R} \tag{5}$$

（2）绩效等级的确定

为避免隶属度相似且难以准确判断知识管理绩效等级的问题，取 $V_1 \sim V_5$ 的中值形成 $V = (95, 85, 75, 65, 30)$，用乘加算子和加权平均原理确定绩效综合得分 D：

$$D = \boldsymbol{V}\boldsymbol{B}^{\mathrm{T}} \tag{6}$$

根据分数 D 所属的区间确定知识管理绩效等级。

5 案例验证

5.1 案例概况

本文对江西文体综合功能体项目知识管理现状进行实证研究，该项目总建筑面积 47973.12m²，是"城市大型文体综合功能体集群"建筑[17]，具有功能集约、结构复杂、知识量大、项目管控庞杂、施工策划困难等特点。

本项目由于建设规模大，结构、技术复杂，因此，对于知识获取、利用、积累等管理难度高且复杂。经过开工建设一年多的时间，该项目积累了大量的知识管理经验，对于知识资源进行整合、利用和创新的能力大有提升，工程项目知识管理绩效基本处于良好水平。接下来应用本研究提出的工程项目知识管理绩效

模糊综合评价模型，对此项目进行实证研究。

5.2 评价过程

（1）确定因素隶属度

根据该项目管理组织机构设置，从项目中抽取建筑行业科班出身的项目经理 1 位、项目部其他管理者 2 位（项目副经理、项目技术负责人）、项目部员工 4 位（资料员、材料员、质量员、安全员），以及施工经验丰富的项目现场施工人员 3 位（施工员、技术员）做访谈调查，根据项目部实际知识管理现状，对评价指标体系中二级因子集（K_{ij}）进行评分（表3）。同时根据评分结果，将属于各个知识管理绩效等级的分数进行统计，通过式（1），得出评价指标的隶属矩阵如下：

$$\boldsymbol{R} = \begin{pmatrix} 0.3 & 0.2 & 0.5 & 0 & 0 \\ 0 & 0.2 & 0.7 & 0.1 & 0 \\ 0 & 0 & 0.3 & 0.7 & 0 \\ 0.2 & 0.3 & 0.2 & 0.3 & 0 \\ 0.2 & 0.4 & 0.3 & 0.1 & 0 \\ 0.2 & 0.5 & 0.3 & 0 & 0 \\ 0.1 & 0.4 & 0.5 & 0 & 0 \\ 0.1 & 0.4 & 0.5 & 0 & 0 \\ 0.1 & 0.4 & 0.5 & 0 & 0 \\ 0.1 & 0.4 & 0.3 & 0.2 & 0 \\ 0.1 & 0.4 & 0.4 & 0.1 & 0 \\ 0 & 0.5 & 0.5 & 0 & 0 \\ 0.1 & 0.5 & 0.4 & 0 & 0 \\ 0 & 0 & 0.6 & 0.4 & 0 \\ 0 & 0.2 & 0.8 & 0 & 0 \\ 0 & 0.2 & 0.8 & 0 & 0 \\ 0 & 0.4 & 0.6 & 0 & 0 \end{pmatrix}$$

工程项目知识管理绩效评价指标评分结果　　　　　表3

评分指标	K_{11}	K_{12}	K_{13}	K_{21}	K_{22}	K_{23}	K_{31}	K_{32}	K_{33}	K_{41}	K_{42}	K_{43}	K_{44}	K_{51}	K_{52}	K_{53}	K_{54}
评分1	82	76	69	83	82	81	83	82	80	83	86	81	82	64	73	75	85
评分2	83	74	65	92	87	77	80	86	82	84	85	76	86	72	76	74	76

续表

评分指标	K_{11}	K_{12}	K_{13}	K_{21}	K_{22}	K_{23}	K_{31}	K_{32}	K_{33}	K_{41}	K_{42}	K_{43}	K_{44}	K_{51}	K_{52}	K_{53}	K_{54}
评分3	75	71	65	72	77	84	75	77	85	76	77	80	91	72	84	80	80
评分4	72	74	70	86	92	73	77	91	77	82	74	74	78	65	73	81	74
评分5	90	82	65	64	72	81	74	75	76	95	92	74	77	70	70	70	82
评分6	77	81	72	91	74	93	85	74	75	74	64	86	84	72	74	74	81
评分7	71	72	72	78	65	83	91	80	75	62	72	74	75	72	72	72	72
评分8	92	65	66	67	84	76	77	85	91	77	78	83	80	66	81	73	76
评分9	90	75	68	65	93	95	72	72	86	84	82	84	73	73	75	73	75
评分10	72	75	67	84	81	82	85	76	77	69	84	75	88	65	74	75	79

（2）确定综合权重

1）熵权法确定权重

根据表3的评分结果，用式（2）和（3）计算出二级指标的熵权权重向量，结果如下：

$W=$（0.090　0.164　0.015　0.037　0.108　0.062　0.049　0.051　0.040　0.121　0.093　0.093　0.045　0.025　0.028　0.018　0.024）。

2）AHP确定权重

两两因素比较，建立各层级指标的判断矩阵 E：

$$E=\begin{bmatrix} 1 & 3 & 4 & 1/2 & 1/3 \\ 1/3 & 1 & 2 & 1/3 & 1/4 \\ 1/4 & 1/2 & 1 & 1/3 & 1/3 \\ 2 & 3 & 3 & 1 & 1/2 \\ 3 & 4 & 3 & 2 & 1 \end{bmatrix}$$

$$E_1=\begin{bmatrix} 1 & 1/2 & 2 \\ 2 & 1 & 2 \\ 1/2 & 1/2 & 1 \end{bmatrix}$$

$$E_2=\begin{bmatrix} 1 & 1/3 & 1/2 \\ 3 & 1 & 3 \\ 2 & 1/3 & 1 \end{bmatrix}$$

$$E_3=\begin{bmatrix} 1 & 1/3 & 1/3 \\ 3 & 1 & 1/2 \\ 3 & 1/2 & 1 \end{bmatrix}$$

$$E_4=\begin{bmatrix} 1 & 2 & 1/3 & 1/4 \\ 1/2 & 1 & 1/2 & 1/3 \\ 3 & 2 & 1 & 1/2 \\ 4 & 3 & 2 & 1 \end{bmatrix}$$

$$E_5=\begin{bmatrix} 1 & 1/2 & 1/2 & 3 \\ 2 & 1 & 2 & 4 \\ 2 & 1/2 & 1 & 2 \\ 1/3 & 1/4 & 1/2 & 1 \end{bmatrix}$$

利用 Matlab 计算判断矩阵，将二级指标权重合成表示：$A=$（0.107　0.165　0.018　0.036　0.080　0.048　0.054　0.049　0.029　0.065　0.099　0.088　0.050　0.033　0.025　0.037　0.022）。经计算，CR＝0.065，0.073，0.052，均小于0.1，一致性检验通过。

3）综合权重

根据熵权权重与AHP权重结果，绘制熵权-AHP权重对比图（图1）。可以看出两者指标权重排序虽不完全相同，但各指标熵权权重与AHP权重变化趋势一致，且重要指标等级排序相同，因此取 $\alpha=0.5$。

运用式（4）得二级指标综合权重：$T=$（0.097　0.100　0.041　0.099　0.094　0.039　0.056　0.052　0.071　0.075　0.061　0.028　0.048　0.039　0.058　0.033　0.023），得到各权重值排序（表4）。

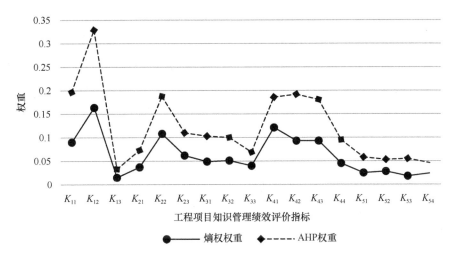

图 1 熵权-AHP权重对比图

工程项目知识管理绩效评价
指标体系权重　　　表4

二级指标（K_{ij}）	权重（T）	排序
工程项目成本控制 K_{11}	0.097	3
工程项目质量控制 K_{12}	0.100	1
工程项目进度控制 K_{13}	0.041	12
项目部知识管理部门的建立 K_{21}	0.099	2
项目部结构扁平化、柔性化程度 K_{22}	0.094	4
项目成员对知识重要性意识程度 K_{23}	0.039	14
项目成员知识管理培训力度 K_{31}	0.056	9
知识管理系统完善程度 K_{32}	0.052	10
知识资源平台便利程度 K_{33}	0.071	6
从项目内、外部获取知识的能力 K_{41}	0.075	5
对显性知识获取、隐性知识挖掘整合能力 K_{42}	0.061	7
促进知识交流与传递的激励机制 K_{43}	0.028	16
项目成员协同工作程度 K_{44}	0.048	11
利用知识解决项目问题的能力 K_{51}	0.039	14
利用知识提升技术和管理水平的能力 K_{52}	0.058	8
管理理念的更新能力 K_{53}	0.033	15
从工作中发现新知识的能力 K_{54}	0.023	17

（3）确定知识管理绩效等级

通过式(5)计算模糊向量 $\boldsymbol{B}$ = (0.112　0.313　0.473　0.113　0)；再根据式（6）计算出该项目知识管理绩效综合得分 D＝80.04，根据评分准则，绩效等级属于良好水平，符合项目实际情况。

5.3 结果分析

分析各项指标权重及其排序可知，一方面项目部对知识交流与传递的激励机制建设程度不够。另一方面项目部成员缺乏在工作中发现新知识、更新管理理念与利用经验知识解决项目问题的能力等，同时对知识重要性的认识程度不足。在进行下一阶段施工时，该项目部应着重加强建立知识交流与传递激励机制，加大项目成员知识管理培训力度来提高项目成员对知识的重视程度以及创新能力，提高项目成员利用经验知识解决项目问题的能力，进而提高项目管理水平。尽管由于项目的复杂性以及知识管理本身的复杂性，该项目在知识管理目标、基础与过程三方面还存在不足，需要通过持续改善得以改进和完善总体状况，但分析结果其知识管理绩效仍保持在良好水平。

6 结论

本研究从工程项目特征出发，分析影响知识管理绩效的主要因素，建立层次结构完整的工程项目知识管理绩效评价指标体系。结合主观 AHP 和客观熵权法使指标权重更为合理，提高工程项目知识管理绩效评价的科学性。确定知识管理绩效等级时，构建模糊综合评价模型，采用乘加算子和加权平均原理，计算出绩效具体得分，并对模型进行实证研究，一方面验证了评价模型的准确性和可行性，为工程项目知识管理绩效评价提供理论模型参考；另一方面，项目部可以根据各指标权重高低，有针对性地改进项目知识管理中的不足，并以此作为提高工程项目知识管理水平的主要依据，同时对提高工程项目管理水平有一定指导意义。

参考文献

［1］ 王玉玲，郑建国，王翔．国内知识管理绩效评价综述［J］．情报杂志，2010，29(3)：93-98.

［2］ 刘欢．工程项目知识管理绩效的模糊综合评价研究［D］．成都：西华大学，2016：1-2.

［3］ 高峰，郭菊娥．知识管理在工程项目管理中的应用研究［J］．情报杂志，2008(5)：127-129.

［4］ 蒋翠清，叶春森．知识循环过程的知识管理绩效评估［J］．哈尔滨工业大学学报，2009，41(6)：219-222.

［5］ 张霞，刘明俊．基于层次分析法的企业知识管理绩效评价体系研究［J］．科技进步与对策，2007，206(10)：148-150.

［6］ 颜光华，李建伟．知识管理绩效评价研究［J］．南开管理评论，2001(6)：26-29.

［7］ Karami Azin, Shirouyehzad Hadi, Asadpour Milad. A DEA-Based Decision Support Frame-Work for Organizations' Performance Evaluation Considering TQM and Knowledge Management.［J］. Journal of Healthcare Engineering，2021：25-30.

［8］ 程刚，王影洁．项目型企业知识管理能力的模糊灰色关联评价研究［J］．情报理论与实践，2013(1)：59-63.

［9］ 杨静．改进的模糊综合评价法在水质评价中的应用［D］．重庆：重庆大学，2014.

［10］ 余清．基于BSC的工程项目知识管理绩效评价方法研究［D］．武汉：武汉理工大学，2014：16-17.

［11］ 严婕．基于知识管理的工程项目管理问题探究［J］．企业改革与管理，2016，278(9)：18.

［12］ 郑兵．知识管理在工程项目管理中的应用研究——以PMC项目为例［D］．上海：华东理工大学，2013：16-17.

［13］ Ming-Chang Lee. Knowledge Management and Innovation Management：Best Practices in Knowledge Sharing and Knowledge Value Chain［J］. Int. J. of Innovation and Learning，2016，19(2)：13-14.

［14］ 杜静．工程项目隐性知识管理绩效的模糊综合评价研究［D］．成都：西华大学，2018：19-20.

［15］ 卢锡雷，陈细辉，张晗辉，等．基于熵权-AHP的建筑工程施工安全评价研究［J］．建筑经济，2020，41(S2)：225-229.

［16］ 王明涛．多指标综合评价中权系数确定的一种综合分析方法［J］．系统工程，1999(2)：56-61.

［17］ 胡新锋．创新推进标准化管理 提升项目履约品质——以奉新县文体艺术中心建设项目为例［J］．施工企业管理，2021(6)：81-82.

重大工程多主体协同创新绩效仿真研究

陈小燕[1]　何清华[2]　于　超[3]

(1. 北京建筑大学城市经济与管理学院，北京　100044；

2. 同济大学经济与管理学院，上海　200092；

3. 北京精密机电控制设备研究所，北京　100076)

【摘　要】本研究通过分析重大工程多主体协同创新绩效的影响因素，利用系统动力学方法对组织协同、知识协同、战略协同与多主体协同创新绩效关系进行仿真分析，探索了各因素对协同创新绩效的作用效果。结果表明，不同影响因素对协同创新绩效具有非线性的正向促进作用。研究结果对于提升重大工程项目协同创新绩效具有实践意义。

【关键词】协同创新绩效；系统动力学；重大工程

Simulation Research on Multi-agent Collaborative Innovation Performance in Megaprojects

Xiaoyan Chen[1]　Qinghua He[2]　Chao Yu[3]

(1. School of Urban Economics and Management，Beijing University of Civil Engineering and Architecture，Beijing　100044；2. School of Economics and Management，Tongji University，Shanghai　200092；3. Beijing Research Institute of Precision Mechatronics and Controls，Beijing　100076)

【Abstract】By analyzing influencing factors of multi-agent collaborative innovation performance in megaprojects，this study uses the system dynamics method to simulate the relationship between organizational collaboration，knowledge collaboration，strategic collaboration and multi-agent collaborative innovation performance，and further explore the effect of each factor on collaborative innovation performance. The result shows that different influencing factors have nonlinear positive effects on collaborative innovation performance. The research have practical significance for improving collaborative innovation performance.

【Keywords】　Collaborative Innovation Performance；System Dynamics；Megaproject

1　引言

实践中，协同创新已成为应对重大基础设施工程（下称"重大工程"）复杂性挑战、提升多主体间关系以及创新产出的重要途径[1]。然而，在不同的重大工程项目中协同创新绩效是不同的，有些项目的绩效比较高，而有些项目的绩效却并不令人满意。协同创新在重大工程项目研究领域才刚刚起步，协同创新的过程及作用机理仍在不断探索中。如何解决部分项目的协同创新绩效相对较低的现状，实现协同创新效应的持续提升，已经成为亟需解决的现实问题。

目前，已有研究分析了协同创新绩效的驱动因素[2]、影响因素[3]、结果变量[4]等，也已取得了一些研究发现。然而，这些研究大部分停留在静态层次，缺少对协同创新绩效关键影响因素间的动态关系分析；同时，已有研究多采用多元回归、结构方程模型、数据包络分析等方法探索单个或多个影响因素与结果之间的关系，忽略了变量之间的相互作用关系。对于重大工程这类特殊的项目，研究[5]指出其组织治理不能假设成"无阻力真空"或者是"白纸上作画"，具体分析过程中需要综合考虑重大工程情境的延续性和路径依赖性等。因此，通过动态视角来分析多主体协同创新绩效是有必要的。

2　文献回顾

协同创新是由自我激励的多主体通过资源、信息、人才以及资金等方面的跨组织协作，来提高创新的协同性和整体创新水平。基于研究[6]及复杂性相关理论，协同创新涵盖协同行为和创新两个维度。协同行为指为实现重大工程的建设目标，多参建主体在创新活动实施中，对信息、知识、信任等进行共享与整合

的行为；创新则是在项目层面和企业层面实施的新颖或显著改进的想法、产品、流程、技术、工具和组织方法，其目标是为企业和重大工程项目创造价值。因此，本研究采用协同关系绩效、管理创新绩效和创新产出绩效来表示协同创新绩效。其中，协同关系绩效包括信任和协同意愿；管理创新绩效包含计划控制创新以及人力资源管理创新[7]；创新产出绩效包括产品绩效和项目绩效[8]。

知识协同是协同创新实现的重要基础。重大工程具有分阶段性、专业划分精细等特点，某一个参建主体很难掌握创新所需的知识、技术、工具等[8]。因此，多参建主体实施创新的相关知识与技术更多来源于参与过程中学习获取的经验。同时，多主体参与重大工程项目中需要共享隐性以及显性知识，通过不同的知识互动过程，如知识共享、知识转移、知识整合来促进创新的产生[9]。因此，本研究中知识协同包含组织间知识共享、知识转移、知识整合三个要素。

组织协同是协同创新实施的重要基础。组织协同机制的缺失或无效，可能导致参建主体的资源无法实现高效利用，也会严重阻碍多主体间的沟通与协调，降低回报率。因此，构建且不断完善组织间的协同机制对于提升协同创新绩效具有重要的促进作用。一方面，参建主体间的公平利益分配机制可保证多主体间的收益分配和成本分担的公平性，有效降低多主体间的协同风险。另一方面，多参建主体间良好的沟通机制可以促进各方对技术和知识的获取、转移与吸收利用，提高其对宏观市场变化的快速反应能力。再者，构建有效的激励机制可以推动多主体间协同创新活动的开展。最后，组织间的信任是协同的重要前提。因此，本研究中组织协同包括利益机制、沟通机制、

激励机制、信任四个要素。

战略协同是多主体协同创新的重要保障。作为"经济人"的多主体有其自身发展战略、价值观、文化等，当其参与到重大工程项目中，需要根据项目要求及目标，针对性地调整其战略，以保证能与其他主体、项目目标战略达成较好的匹配，从而在完成项目的同时，能够促成自身目标战略的实现以及与其他主体间的长远协同创新发展目标。因此，本研究中战略协同包括组织学习和文化创新机制两个要素。

3 系统动力学模型构建

系统动力学（System Dynamics，SD）方法是一种整合定性分析、路径反馈、定量分析以及计算实验的研究方法，可以帮助研究者厘清系统中各要素间的因果关系，也可以帮助研究者理解系统中各要素间的动态变化趋势与规律，以此来研究复杂系统行为及提出针对性建议[10]。重大工程多主体协同创新绩效是长期性、非线性问题，SD 在处理长期性与复杂性问题方面具有显著性。

3.1 系统边界和基本假设

协同创新绩效是指在多主体协同创新过程中，在组织协同、战略协同、知识协同三个方面都能达成良好的绩效。因此，本研究基于上述分析的基础上，构建"协同创新绩效系统—组织协同子系统—知识协同子系统—战略协同子系统"在内的因果关系模型和存量流量模型。

为保证系统有效运行，本研究做出如下基本假设：①重大工程情境下的多主体协同创新绩效的提升是一个循环的封闭系统；②不考虑其他潜在因素对多主体协同创新绩效的影响；③多参建主体偏好于协同创新。

3.2 因果关系模型及 SD 流图

因果关系图是 SD 建模的基础，根据上文对系统边界的设定以及因素间作用的分析，构建了如图 1 所示的因果关系图。

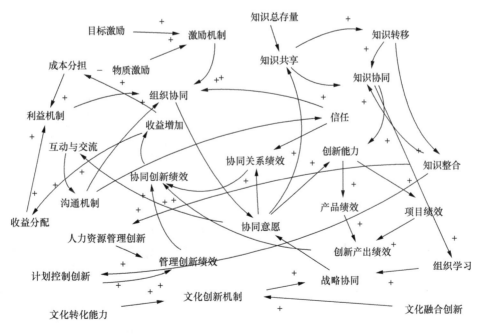

图 1 因果关系图

知识协同促进组织创新能力的提升，并影响产品绩效和项目绩效，进一步促进创新产出绩效的提升。知识协同还会影响多主体间的组织学习，如应用性学习和探索性学习等；组织学习影响了战略协同的实现，同时战略协同还受到文化创新机制的影响。文化创新机制体现了多主体间在文化方面的创新管理机制，主要包含文化转化能力和文化融合创新能力两方面。战略协同也会进一步影响多主体间的协同意愿，协同意愿会影响组织的创新能力，也会影响到多主体间的协同关系绩效。组织协同影响着主体间的协同意愿。

基于因果关系图，本研究构建了协同创新绩效的关系流图，如图 2 所示。模型中包含 4 个状态变量、12 个速率变量、10 个辅助变量和 5 个常量。常量包含目标激励、物质激励、知识存量、文化转化能力、文化融合能力。围绕系统的运行，各子系统分别设置了状态变量反映子系统整体的状态，不同的速率变量反映状态变量变化的方向和快慢。

3.3　系统流图方程建立与参数估计

由于影响多主体协同创新绩效的相关因素存在多维性和理论性，且多主体协同创新的实践以及结果在不同重大工程项目中存在差异性；在检索国内相关专业数据库的统计数据时可以发现，很少有关于重大工程情境下多主体协同创新方面的统计数据。以上原因导致 SD 模型中变量的赋值和模拟的初始值的设定是难以参考历史数据的。基于此，本文借鉴研究[7]的方法，采用平衡态赋值法设置状态变量，式（1）示例了状态变量的赋值规则。同时，采用专家咨询法对无法设置初始值的变量进行打分，平均之后作为权重，以目标激励为例，在问卷发放之前向受访专家明确强调赋值范围为 0~1，0 代表受访专家认为目标激励无法产生影响，1 代表受访专家认为目标激励非常容易影响协同创新，如式（2）所示。

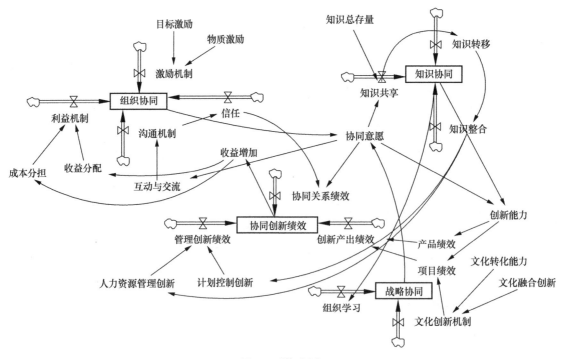

图 2　系统流图

协同创新绩效 ＝ INTEG［(创新产出绩效＋协同关系绩效＋管理创新绩效)×权重，协同创新绩效初始值］　　　(1)

计划控制创新＝知识整合×权重　　(2)

4 模型仿真研究

4.1 模型检验及灵敏度分析

通过系统边界、极端条件、量纲一致性、有效性，分别开展了模型检验，保证研究具有合理性以及有效性。本研究中，系统的边界根据研究目标来确定，极端条件即常量和状态变量均为 0 时通过 Vensim PLE 软件的计算结果也为 0，变量的单位均基于其定义来设计，各变量为非零时系统的状态变量慢慢累积增加。

灵敏度分析是基于调整系统中某个变量数值，分析其变化对整个系统的影响，以及在某一时间范围内带来的变化值。为了进一步分析各因素对协同创新绩效的影响机制，本节通过规律性地动态调整各因素的数值，进行灵敏度分析。例如，通过调节物质激励，分析其对多主体协同创新绩效的变化影响。具体来说，将

物质激励的数值由 1 调整为 5，分析其变化，如图 3 所示。

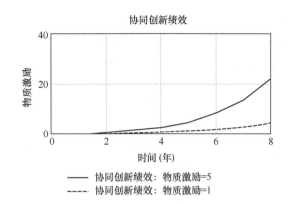

图 3　物质激励对协同创新绩效的灵敏性

4.2 仿真方案及结果

为了方便开展模拟仿真，假设所有存量：知识协同、协同创新绩效、组织协同及战略协同的初始值均为 0。分别模拟以下条件：①目标激励初始值为 10，其他常量初始值为 0；②物质激励初始值为 10，其他常量初始值为 0；③知识总存量初始值为 10，其他常量初始值为 0；④文化转化能力初始值为 10，其他常量初始值为 0；⑤文化融合创新初始值为 10，其他常量初始值为 0。结果如图 4 所示。

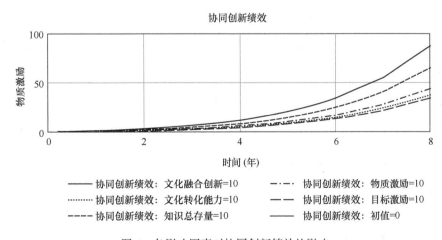

图 4　各影响因素对协同创新绩效的影响

通过图 4 发现，各影响因素对协同创新绩效的影响是非线性增长的。对比各影响因素对

绩效的作用效果可以发现，各影响因素对协同创新绩效的影响程度不同。通过对比发现，文

化融合创新的变动对协同创新绩效的影响程度最为显著，其次为知识总存量；对比之下，目标激励、文化转化能力的增长幅度较为平缓。由此可知，站在长远角度，文化融合创新的作用效果将越来越显著。多主体协同过程中，彼此间的文化融合以形成协同创新网络是基本的条件，网络形成后才能顺畅地进行信息以及资源的交流。知识是创新的基础，在项目中的知识存量或者参与项目的多主体所掌握的知识总存量越多，其对创新的促进作用将更加显著。激励机制是协同创新组织管理的重要内容，反映了组织间的利益，是管理多主体协同创新需要着重关注的一个因素。物质激励机制由于直接与多主体的利益挂钩，因此，具有比较显著的影响效果。

5 结论

本研究分析发现，物质激励、目标激励、知识总存量、文化转化能力、文化融合创新对协同创新绩效具有正向促进作用，同时对协同创新绩效的三个重要组成因素：组织协同、知识协同、战略协同也具有正向促进作用。物质激励、目标激励、知识总存量、文化转化能力、文化融合创新5个因素对协同创新绩效及其三个组成因素的影响是非线性增长的，随着时间的推进，累积的作用效果越来越明显。文化融合创新、知识总存量的影响效果最为显著，对比之下，文化转化能力和目标激励的影响效果较小。

在理论方面，研究证实了战略协同、组织协同及知识协同三者间是一种"三位一体"且"辩证统一"的关系，三个子系统互为条件并互相促进。一方面，战略协同是多主体协同创新的保障，多主体间由于在资源、需求、组织文化、价值观等方面存在着差异，需要多主体在文化、价值、目标方面达成相对统一，减少冲突，增进彼此间的关系，为重大工程项目顺利实施提供坚实的保障。同时，组织协同是多主体协同创新的基础，这就需要建立一套完整的组织协同机制，提升多主体间的信任，保障多主体间无障碍交流，均衡多主体间的收益与成本，及时奖励积极行为。另一方面，知识协同是多主体协同创新的核心与关键，在重大工程实践中，需要构建良好的知识管理保障体系，努力搭建多主体间的知识联盟，通过多主体间的合作研究、共同创造、人才流动、技术转移等，促进组织间的知识共享、知识转移与知识整合。

在实践方面，为了提升重大工程多主体协同创新绩效，一方面，需要重大工程项目管理人员在项目早期注重多主体协同创新战略目标及文化环境的培育，过程中持续性地支持。另一方面，要搭建良好的知识交流与知识管理环境，促进知识在多参建主体间的顺畅流通。同时，要对参建主体的协同创新行为给予足够的激励，以激发多主体参与协同创新的热情。

参考文献

［1］丰静，王孟钧，李建光．重大建设工程技术创新协同治理框架——以港珠澳大桥岛隧工程为例［J］．中国科技论坛，2020（1）：41-49．

［2］臧欣昱，马永红，王成东．基于效率视角的区域协同创新驱动及影响因素研究［J］．软科学，2017，31（6）：6-9．

［3］解学梅，刘丝雨．协同创新模式对协同效应与创新绩效的影响机理［J］．管理科学，2015，28（2）：27-39．

［4］夏丽娟，谢富纪，王海花．制度邻近、技术邻近与产学协同创新绩效——基于产学联合专利数据的研究［J］．科学学研究，2017，35（5）：782-791．

［5］李永奎．重大工程PPP模式适应性提升路径：基于制度理论和复杂性视角［J］．南京社会科学，2017（11）：68-75，121．

［6］ 房银海，谭清美．协同创新网络研究回顾与展望——以复杂网络为主的多学科交叉视角［J］．科学学与科学技术管理，2021，42(8)：17-40.

［7］ 孙金花，杨陈．新视角下IT能力与协同创新绩效作用机理研究［J］．华东经济管理，2014，28(12)：104-108.

［8］ Chen X，Locatelli G，Zhang X，et al. Firm and Project Innovation Outcome Measures in Infrastructure Megaprojects：An Interpretive Structural Modelling Approach［J］．Technovation，2021：102349.

［9］ 贺新杰，李娜，王瑶．联盟企业创新绩效提升的系统动力学分析——基于知识协同视角［J］．系统科学学报，2021，29(3)：125-130.

［10］ 周涛，王孟钧，唐晓莹，等．知识价值链与全过程工程咨询核心能力作用机理研究——基于系统动力学的建模与仿真［J］．铁道科学与工程学报，2021，18(5)：1349-1363.

BIM 几何模型自动化建模的算法研究

杨　林[1]　王起才[2]　魏存兰[3]

(1. 兰州交通大学土木工程学院，兰州　730070;

2. 兰州交通大学道桥工程灾害防治技术工程实验室，兰州　730070;

3. 中铁二十一局集团有限公司科技创新部，兰州　730070)

【摘　要】建立准确的 BIM 模型是 BIM 应用的先决条件。但是建立准确的 BIM 模型需要企业有技术熟练的建模团队，这在很多时候制约了 BIM 技术在中小型施工企业中的推广。本研究介绍了一种 BIM 几何模型的自动建模算法，该算法可以使得 BIM 几何建模过程实现高度自动化，以降低 BIM 建模的技术门槛和成本，促进 BIM 技术的普及化。本文设置假设条件建立了一个虚拟的几何模型环境，并提出相应的概念和术语来描述在该环境中的建模过程，同时给出算法逻辑框图对该算法进行描述。最后，以实际的案例工程验证了该原型系统的运行及使用效果。

【关键词】BIM；程序化建模；BIM 原型系统

The Research on the Automation BIM Modeling and the Development of the Prototype System

Lin Yang[1]　Qicai Wang[2]　Cunlan Wei[3]

(1. The School of Civil Engineering，Lanzhou Jiaotong University，Lanzhou　730070;

2. The Engineering Laboratory of Road & Bridge Disaster Prevention and Control，Lanzhou Jiaotong University，Lanzhou　730070;

3. The Department of Technology Innovation，China railway 21st Bereau Group Co. ，Limited，Lanzhou　730070)

【Abstract】Models of BIM play the foundations of BIM applications. But in practice the work of BIM modeling, especially its geometric part, always involves skilled specialists and time consuming, which brings high cost and obstacle to BIM applications and promotion. This paper argues that the automation of geometric modeling is an effective approach allowing common civil engineers to overcome the hurdle to BIM modeling，and proposed a kind of algorithm for automation BIM geometric modeling，which is under some assumed condition and described in terms of basic concepts designed by this research. Finally，a case was introduced to verify the algorithm of automation BIM modeling.

【Keywords】 BIM；Automation BIM Modeling；BIM Prototype System

1 引言

随着 BIM 技术在建筑业中的不断推广，工程信息化的主要内容正在转向 BIM 的各种应用，例如基于 BIM 的设计[1,2]、基于 BIM 的施工[3,4]、基于 BIM 的管理[5~9]。然而，BIM 技术应用的基础与前提——BIM 建模，目前仍然面临着很大的问题：BIM 建模过程复杂、不易快速掌握，尤其是几何模型建模，给许多想要使用 BIM 的单位带来了很大的障碍。针对一些中小型施工企业，在遇见业主要求项目必须使用 BIM 技术时，由于缺乏专业的 BIM 建模人才，不得不将 BIM 建模工作外包给专业团队，由此带来诸多问题，比如建模费用昂贵，建模过程交流不畅（单位内熟悉工程的工程师与外包专业建模人员协作不力），这些都会影响最终 BIM 模型的质量，从而为后续的 BIM 应用带来隐患。本文所秉持的观点是：BIM 几何模型是 BIM 应用过程中起决定性作用的因素，模型的质量决定 BIM 应用的成败。没有正确的 BIM 模型，无论 BIM 应用规划做得多么精彩，得出的结果都将会是错的。

本文的目的是介绍一种 BIM 几何模型自动建模技术，从而消除掉 BIM 建模过程对专业建模人员的依赖，使得 BIM 建模工作可以由没有 BIM 软件使用经验的普通工程师来承担，他们只要正确读取施工图中的关键信息，向自动建模系统中输入关键的参数，模型就会自动生成。本文将对这一技术的基本算法进行介绍，并举例说明。

本文具有以下几点研究意义：

（1）降低 BIM 使用门槛，加速其推广普及；

（2）减轻施工企业负担，降低 BIM 技术使用成本；

（3）进行 BIM 数据模型层面的基础研究，为自主产权 BIM 系统设计与开发提供思路。

2 BIM 建模面临的问题

有多位学者研究和总结了 BIM 在推广过程中所面临的各种障碍。比如，Liu 将 BIM 推广所面临的障碍分为 5 类[10]，其中一类是缺少 BIM 专业人员；Chan 站在设计方的角度，总结了多种 BIM 推广障碍[11]，其中一个障碍为缺乏全职 BIM 员工；Both 研究了德国建筑市场中的 BIM 推广障碍[12]，其中有提到：BIM 技术障碍和 BIM 教育障碍，其本质就是缺乏专业的 BIM 人员。Sun 分析了 23 个影响 BIM 推广的因素[13]，并把他们对 BIM 推广的影响程度做了大小排名，其中一个排名非常靠前的因素：缺乏熟练的 BIM 建模人员。

以上专门对 BIM 推广障碍进行的研究都明确指出，BIM 的应用严重依赖于专业技术人才，如果这个因素得不到解决，那么 BIM 技术的推广将很难进行。

3 类似研究的文献综述

在 BIM 几何模型的自动化建模这一主题

上，本课题组所找到的国内外文献中并没有直接研究待建建筑的自动化 BIM 建模的，但是有相关或者类似的研究，本文将它们分为两大类。

第一类为使用激光扫描装置或者摄影测量技术，来对现存建筑物或构筑物进行扫描或者摄影，以快速生成点云模型，然后用点云模型在一定程度上代替 BIM 模型，或者在点云模型的基础上再生成 BIM 模型[14~17]。此类方法只能用于已建成建筑物的外观几何模型建模，无法将各种信息集成进去，故大多用于外观演示。第二类为程序化建模（Procedural Modeling），该技术是将几何形体简单参数化后，利用计算机程序自动生成该几何形体[18~21]。但是该参数化方法简单，生成的模型过于简单，缺乏对工程建造中所要求的精度和准度的支持，只用于游戏或者仿真中随机场景的自动生成。

4 研究方法

本研究为"BIM 自动化建模系统"研究课题的一部分，其研究分为两大步骤：BIM 自动建模算法研究、BIM 自动建模原型系统开发研究。前者是后者的基础，主要内容是设计出高度自动化的 BIM 模型建模算法，该算法的研究采用理想化模型的方法，建立一个理想的模型世界，并同时建立相应的规则来构建算法，具体方法如下：

（1）通过假设和简化将现实世界映射为一个理想的模型世界，这里简称为模型世界（具体的假设与简化条目详见第 5 节）。

（2）建立专门的术语来描述该算法涉及的一些基本概念（详见第 6 节）。

（3）用创建出的术语来描述自动建模算法，并给出其逻辑框图（详见第 7 节）。

（4）用实际案例来验证该算法的正确性

（详见第 8 节）。

5 基本假设

本算法首先对工程构筑物的几何形体进行若干简化与假设：

（1）将现实世界简化为一个虚拟的模型世界，该世界中一切物体均以几何形体的方式存在，无重力无碰撞，物体可以是单一的几何体，也可以是由更小的几何体复合而成。

（2）模型世界中存在一个唯一的参考坐标系，该参考坐标系用来决定模型世界中每一个物体的位置。

（3）模型世界中的每一个物体都有一个专门属于自己的自身坐标系，该坐标系的原点一般位于物体内部或者表面某个地方，具体视建模方便而定。

下面以一个桥墩为例来进一步说明以上简化与假设。

该桥墩几何形体存在于模型世界的参考坐标系中，如图 1（a）所示，其结构由若干基本构件组成，如图 1（b）所示。并且，该桥墩的每个构件都有一个属于自己的自身坐标系，如图 2（a）所示，如果所有的自身坐标系都处于适当位置，那么该桥墩的几何形体可以被正确地显示，如图 2（b）所示。

6 术语与基本概念

本节将制定专门术语来描述上一节中假设的工程几何形体世界，为下文将要给出的算法奠定基础。

6.1 系统参考坐标系与构件装配坐标系

（1）系统坐标系

系统坐标系为整个模型世界的参考坐标系，只有一个，所有几何体都处于系统坐标系中（图 1）。

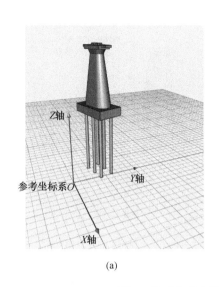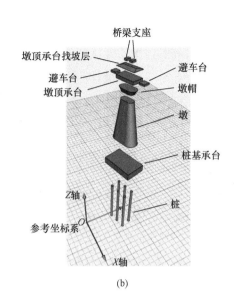

(a)　　　　　　　　(b)

图 1　处于参考坐标系中的某桥墩及其结构分解

（a）某桥墩模型处于参考坐标系中；（b）某桥墩结构基本构件的分解

（2）构件装配坐标系

每个构件均有一个属于自己的装配坐标

系，该坐标系用来帮助构件装配到结构中正确的位置（图2）。

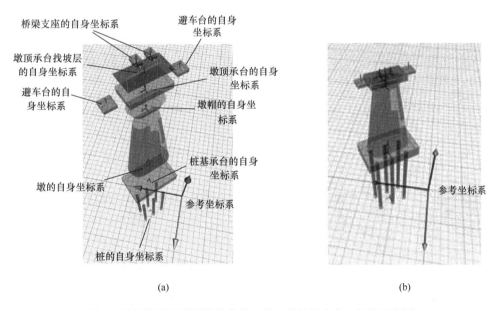

(a)　　　　　　　　(b)

图 2　某桥墩的透明形体及参考坐标、构件的自身坐标系示意图

（a）各个基本构件的自身坐标系示意；（b）基本构件的自身坐标系保证结构组装完整

6.2　构件在坐标系中的位置变换

位置变换指的是构件在自身坐标系中的位置改变。构件在自身坐标系中可以通过几何变换处于不同的位置，最典型的两个位置是最佳生成位置和最佳安装位置。

（1）最佳生成位置

指在该位置上，构件的三维模型生成算法最简洁。以最简单的长方体为例，图 3（a）为长方体处于其坐标系中的"最佳生成位置"，此时生成该三维几何图形的算法与描述语言最简洁，效率最高；图 3（b）为该长方体处于坐标系中的任意位置（不在最佳生成位置），此时算法及描述语言会显得冗长。

持不变（图 5）。

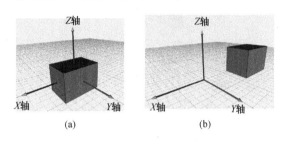

图 3　构件在坐标系中从"最佳生成位置"变换到
任意位置示意图

（a）处于"最佳生成位置"的长方体；
（b）处于任意位置的长方体（不在最佳生成位置）

（2）最佳安装位置

指在该位置上，将构件装配到结构中的算法会更加简洁和高效。图 4（a）为一个长方体位于其坐标系中的"最佳生成位置"，现在假定要将这个长方体放置到另一个构件的上方，则图 4（b）为该长方体转移到其在系统中的"最佳安装位置"，在这个位置上，装配算法最为简洁和高效。

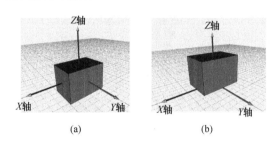

图 4　构件在坐标系中从"最佳生成位置"变换到
任意位置示意图

（a）处于"最佳生成位置"的长方体；
（b）处于任意位置的长方体（不在最佳生成位置）

6.3　构件的坐标变换

指的是构件从一个坐标系中，转移到另一个坐标系中，且在新旧坐标系中的相对位置保

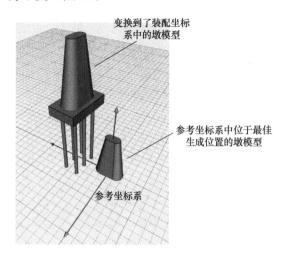

图 5　墩构件模型从参考坐标系变换到装配
坐标系中的示意图

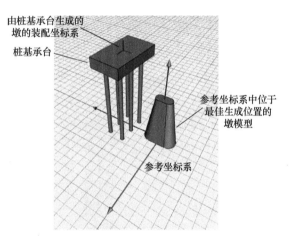

图 6　在参考坐标系重生成的墩准备变换到
其装配坐标系中去

6.4　构件的初始化

构件的初始化指构件在参考坐标系中依靠算法生成其几何形体。如果构件处于最佳生成位置，函数的形式最为简洁，代码量最小，算法效率最高。

构件都是简单几何形体，其建模可以采用经典的 B-Rep 法（Boundary Representation，也称边界表示法）或 CSG 法（Constructive Solid Geometry，也称构造表示法）。

6.5 构件的装配

指初始化后的构件从参考坐标系中变换到装配坐标系中,处于结构中的正确位置。

6.6 构件间传递定位坐标

为每个构件生成装配坐标系是整个结构自动建模的关键。如果所有的装配坐标系在一开始就全部生成,计算会非常麻烦。本语言系统采取的算法策略是由已经装配就位的构件给下一个待安装的构件传递定位坐标。如图 6 所示,墩的装配坐标系由桩基承台生成,并传递给在参考坐标系中生成的墩模型,墩模型由此装配就位。

7 自动建模算法描述

自动建模过程由构件初始化、构件位置变换、构件间传递定位坐标、构件坐标变换、生成下一个待安装构件的装配坐标系五个过程组成,详见图 7。

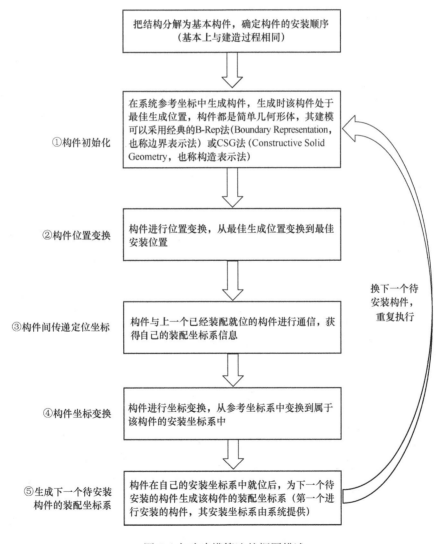

图 7 自动建模算法的框图描述

8 实例验证

将上面的算法以代码的形式表示出来，如代码（1）～（7）所示，该代码为本研究专门开发的一种特定领域语言（Domain-Specific Language，DSL），专门用来支持自动建模系统的运行，由于篇幅限制，这里不再展开。实际的自动建模系统将主要参数填入 Excel 表格中，由系统自动读取这些参数后传给该程序进行自动建模，其运行结果见图 8。

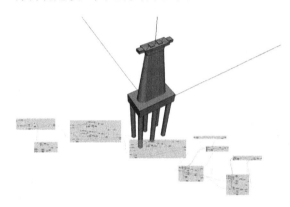

图 8 代码（1）～（7）的运行结果

♯ Primitives：

piles＝Distribute（pile（800，20000），（3，500），（2，500）） (1)

cap ＿ of ＿ piles（12000，7000，3000） (2)

pier ＝ Compose（pier（16000，6000），pier（6000，3800）） (3)

cap ＿ of ＿ pier（6400，2300，550） (4)

refuge ＿ platforms ＝ Distribute（refuge ＿ platform，p1，p2） (5)

bearing ＿ of ＿ girders＝ Distribute（refuge ＿ platform（1300，1300，550），p1，p2） (6)

♯ compound representation of the unit of substructure：

translate（rotate（compose（piles，cap ＿ of ＿ piles，pier，cap ＿ of ＿ pier，bearing ＿ of ＿ girders，refuge ＿ platforms），30），200，370，20） (7)

9 结论与展望

本文为"BIM 自动建模系统"研究的一个子课题——BIM 模型自动建模算法研究。本文主要描述了专门为 BIM 自动化建模所开发的算法，在基本假设下，采用自己制定的术语和概念来描述，并给出了逻辑框图。经过将此算法转换为相应的程序，同时验证此程序可以在接收必要参数的前提下，自动生成需要的 BIM 模型，使得即使是没有 BIM 软件使用经验的普通工程师也可以快速得到需要的 BIM 模型。本课题组的后续研究会将此类自动建模程序与 IFC 数据标准建立联系，使得系统可以导入通用 BIM 交换数据来自动建模。

参考文献

[1] Wang Z，Azar E R. BIM-based Draft Schedule Generation in Reinforced Concrete-framed Buildings[J]. Construction Innovation，2019，19(2)：280-294.

[2] Hamidavi T，Abrishami S，Ponterosso P，et al. OSD：A Framework for the Early Stage Parametric Optimisation of the Structural Design in BIM-based Platform[J]. Construction Innovation，2020.

[3] Zhou H，Azar R. BIM-based Energy Consumption Assessment of the On-site Construction of Building Structural Systems[J]. Built Environment Project and Asset Management，2018.

[4] Getuli，Vito，Pietro C，et al. A Smart Objects Library for BIM-based Construction Site and Emergency Management to Support Mobile VR Safety Training Experiences[J]. Construction Innovation，2021.

[5] Jamil A，Fathi M S. Contractual Challenges for BIM-based Construction Projects：A Systematic Review[J]. Built Environment Project and Asset Management，2018，8(4)：15.

[6] Elghaish F, Abrishami S, Hosseini M R, et al. Revolutionising Cost Structure for Integrated Project Delivery: A BIM-based Solution[J]. Engineering Construction & Architectural Management, 2020.

[7] Olugboyega O, Edwards D J, Windapo A O, et al. Development of a Conceptual Model for Evaluating the Success of BIM-based Construction Projects[J]. Smart and Sustainable Built Environment, 2020.

[8] Jafari K G, Sharyatpanahi N, Noorzai E. BIM-based Integrated Solution for Analysis and Management of Mismatches during Construction[J]. Journal of Engineering Design and Technology, 2020.

[9] Mustapha M, Arto K W J S . Business Value of Integrated BIM-based Asset Management [J]. Engineering, Construction and Architectural Management, 2019, 26(6): 1171-1191.

[10] Liu Shijing, Xie Benzheng, Linda T, et al. Critical Barriers to BIM Implementation in the AEC Industry [J]. International Journal of Marketing Studies, 2015, 6(7): 162.

[11] Chan C. Barriers of Implementing BIM in Construction Industry from the Designers' Perspective: A Hong Kong Experience[J]. Journal of System and Management Sciences, 2014, 4(2): 24-40.

[12] Both, Petra von. Potentials and Barriers for Implementing BIM in the German AEC Market: Results of a Current Market Analysis. 2012.

[13] Chengshuang Sun, Shaohua Jiang, Miroslaw J, et al. A Iiterature Review of the Factors Limiting the Application of BIM in the Construction Industry[J]. Technological and Economic Development of Economy, 2017, 23(5): 764-779.

[14] Bassier M. Automated Semantic Labelling of 3D Vector Models for Scan-to-BIM [C]//International Conference on Architecture & Civil Engineering. 2016.

[15] Tang P, Huber D, Akinci B, et al. Automatic Reconstruction of As-built Building Information Models from Laser-scanned Point Clouds: A Review of Related Techniques[J]. Automation in Construction, 2010, 19(7): 829-843.

[16] Brilakis I, Lourakis R, Sacks R, et al. Toward Automated Generation of Parametric BIMs based on Hybrid Video and Laser Scanning Data [J]. Advanced Engineering Informatics, 2010, 24(4): 456-465.

[17] Hichri N, Stefani C, et al. From Point Cloud to BIM: A Survey of Existing Approaches. XXIV International CIPA Symposium. Proceedings of the XXIV International CIPA Symposium, 2013.

[18] P Müller, Wonka P, Haegler S, et al. Procedural Modeling of Buildings[C]// International Conference on Computer Graphics and Interactive Techniques. ACM, 2006.

[19] Parish Y, P Müller. Procedural Modeling of Cities [C]//Proceedings of the 28th Annual Conference on Computer Graphics and Interactive Techniques. 2001.

[20] Watson B, Muller P, Wonka P, et al. Procedural Urban Modeling in Practice [J]. IEEE Computer Graphics & Applications, 2008, 28(3): 18-26.

[21] Biancardo S A, Capano A, Oliveira S, et al. Integration of BIM and Procedural Modeling Tools for Road Design[J]. Infrastructures, 2020, 5(4): 37.

行业发展

Industry Development

基于演化博弈的乡村装配式
住宅激励政策研究

李　明　周若昱

（江西财经大学工程管理系，南昌　330013）

【摘　要】　随着乡村振兴政策的逐步深入，新农村的住房建设需求为装配式建筑提供了良好的发展机会。为了更好地改善农村人居生活环境、推广农村装配式建筑、制定农村装配式建筑推广政策，本文基于演化博弈理论，通过构建双边演化博弈模型，分析了不完全信息条件下，地方政府与村民在农村装配式建筑推广中的动态博弈过程，证实了政府扶持在农村装配式建筑发展中的必要性，并以此为基础为完善农村装配式建筑激励政策提供建议。

【关键词】　装配式建筑；新农村建设；演化博弈；Matlab 仿真

Government's Incentive Policy of Rural Prefabricated Buildings Based on Evolutionary Game

Ming Li　Ruoyu Zhou

(Jiangxi University of Finance and Economics, Nanchang　330013)

【Abstract】　With the gradual deepening of the rural revitalization policy, the housing construction demand in the new countryside provides a good development opportunity for prefabricated buildings. In order to better improve the rural living environment, promote rural prefabricated building, develop rural prefabricated building promotion policy, this paper based on evolutionary game theory, through the bilateral evolution game model, analyzes the incomplete information, the villagers, confirmed the necessity of government support in the development of rural prefabricated building, and provide suggestions to improve the rural prefabricated building incentive policy.

【Keywords】　Prefabricated Buildings; New Rural Construction; Evolutionary Game; Matlab Simulation

1 引言

　　根据我国 2018 年提出的《乡村振兴战略规划（2018—2022 年）》中对建设生态宜居新型农村的要求，当前生态农村建设和城镇化建设是我国乡村振兴战略的重要内容。目前，我国乡村住宅建筑多以村民自筹自建为主，住宅施工队伍资质良莠不齐，住宅施工过程中监理意识薄弱，致使我国乡村住宅普遍存在着质量难以保证、规划布局不合理、资源消耗大等问题。面对传统乡村住宅建筑存在的种种弊端，装配式建筑的优势更为显著，它能够实现建筑构件标准化设计和工厂化生产，在现场进行装配施工，具备施工效率高、质量易把控、节能环保等诸多优势，能够解决乡村住宅质量低、功能性差、布局零散等问题，适应新农村建设发展需要[1,2]。同时，乡村住宅建筑体量小、结构简单、规模适中等特点，也能为当前装配式建筑提供良好的发展环境。

　　针对新农村住宅建设问题，银利军[3]认为在传统农村住宅建设中普遍存在着土地资源浪费严重、安全隐患多、人居环境待提升等问题。在乡村装配式建筑推广问题上，阎占斌[4]认为推广乡村装配式建筑，打造特色装配式建筑小镇，能够帮助振兴乡村旅游业，对于深入推进乡村振兴战略有重要意义。李一凡等[5]指出发展装配式建筑是解决农村住房建造中所存在问题的根本途径。针对乡村装配式住宅应用问题，李芋和张明帅[6]对乡村装配式住宅的环境效益进行了量化研究，认为装配式建筑相较于传统农村建筑中的砖混结构，在环境效益上具有极大优势。李芳德等[7]通过研究分析，认为农村地区既有建筑运行能耗会逐年增加，装配式建筑较之建造成本略高，但全生命周期生态性更优。然而，目前装配式住宅建筑体系尚未大规模应用到我国新农村建设当中，李卫军等[8]认为其原因主要有政策鼓励扶持力度不足、农民对装配式建筑技术认可度不高。周景阳等[9]指出宣传力度不足是阻碍装配式建筑在农村推广的最大外部因素，强调政府应加大对装配式建筑的宣传力度，完善价格补偿机制。

　　综上所述，现有文献已对装配式建筑在乡村住宅中的应用问题做出了较多理论研究，但少有文献对装配式住宅在乡村推广过程中政府部门与村民两个参与主体之间互动机制的专门探讨。此外，在实际的乡村装配式住宅推广过程中，政府激励扶持力度受村民响应情况影响，村民对装配式建筑接受度也受政策影响，在装配式住宅建造成本、环境效益、社会效益、居住效益等各种因素的影响下，政府部门激励力度和村民的实际采用情况如何向"理想"状态演化也有待研究。因此，本文基于已有研究理论，建立考虑政府激励政策和村民采用装配式住宅行为的演化博弈模型，研究双方在博弈中的策略选择问题及系统演化的影响因素，并从政府激励层面提出相关建议，以期为政府推广乡村装配式住宅和吸引村民采用装配式住宅体系提供理论借鉴。

2 双方演化博弈基本假设与模型构建

　　本文假定在信息不对称情形下博弈参与双方即政府部门和村民均为有限理性的，且互相对对方的策略及效益函数不完全了解。参与双方在博弈过程中不断调整战略，直至找到最优策略。政府部门在追求社会整体利益最大化的同时也追求自身利益，村民则追求自身利益最大化。

　　假设 1：为推动新农村建设和绿色建筑发展，提高村民对装配式建筑的认知，政府部门及相关单位会对购买与建造装配式建筑的村民提供一定的优惠补助。

　　假设 2：博弈参与双方在博弈过程中均有

两种可选择策略。村民在建房时基于造价成本和长期利益考虑，可以选择采用装配式住宅或不采用；政府部门基于社会整体效益和自身利益考量，对于村民采用装配式建筑的行为也可以选择激励或不激励。

假设3：政府部门对当地乡村建设充分负责。若政府部门在乡村装配式建筑推广过程中选择"激励"政策，则会在乡镇地区大力开展装配式住宅宣传工作，通过对本地装配式住宅进行统筹规划，打造装配式小镇，提高乡村社会效益与经济效益；若政府部门选择"不激励"政策，由于村民继续大量建造传统农村住房造成的土地资源浪费、环境破坏等问题，将会增加环保费用。

假设4：政府部门若选择"激励"策略，需要付出政策执行成本 C_g，但是通过美丽乡村建设工作获得收益 R_g（包括上级政府财政补贴、旅游创收、政府公信力提升等）；政府部门若选择"不激励"，将不会产生政策执行成本，也不会通过策略获得收益，但会加大环保费用支出，由此产生损失 F_g。

假设5：村民若选择"采用"策略，需要付出房屋建造成本 C_p，但能够获得政府部门提供的优惠补贴 S，并且由于装配式住宅在日后使用过程中的节能效果和居住体验均优于传统砖混和砖木结构，村民通过居住舒适性提升、减少维修支出和水电支出等途径，可获得建筑的使用收益 R_c；村民若选择"不采用"策略，则默认村民采用传统建造方式，需要付出房屋建造成本 C_t。需要注意的是，由于同一项目采用装配式建筑造价成本普遍高于传统建筑[10]，此时 $C_p > C_t$。

假设6：村民选择"采用"策略的比例为 x，选择"不采用"策略的比例为 $1-x$；政府部门选择"激励"策略的比例为 y，选择"不激励"策略的比例为 $1-y$；x 和 y 均为时间 t

的函数。

根据上述假设，村民与政府部门间的演化博弈支付矩阵如表1所示。

双方演化博弈支付矩阵　　　　表1

村民	政府部门	
	激励（y）	不激励（1－y）
采用（x）	R_c+S-C_p；R_g-C_g	R_c-C_p；0
不采用（1－x）	$-C_t$；$-C_g-F_g$	$-C_t$；$-F_g$

3　政府部门与消费者的演化博弈分析

3.1　演化过程的均衡点

根据表1所示的演化博弈支付矩阵，可以得到村民选择"采用装配式建筑"和"不采用装配式建筑"策略的期望收益 V_{11}、V_{12} 以及平均期望收益 $\overline{V}_1$ 分别为：$V_{11}=y(R_c+S-C_p)+(1-y)(R_c-C_p)=R_c+yS-C_p$；$V_{12}=y(-C_t)+(1-y)(-C_t)=-C_t$；$\overline{V}_1=xV_{11}+(1-x)V_{12}=x(R_c+yS-C_p)+(1-x)(-C_t)$。

根据马尔萨斯动态方程原理[11]，可得村民的复制动态方程为 $V(x)=\dfrac{\mathrm{d}x}{\mathrm{d}t}=x(V_{11}-\overline{V}_1)=x(1-x)(R_c+yS-C_p+C_t)$。同理，可得政府部门的复制动态方程为 $G(y)=\dfrac{\mathrm{d}y}{\mathrm{d}t}=y(V_{21}-\overline{V}_2)=y(1-y)(xR_g-C_g)$。为方便计算，设 $x^*=C_g/R_g$，$y^*=(C_p-C_t-R_c)/S$。令 $\mathrm{d}x/\mathrm{d}t=0$，$\mathrm{d}y/\mathrm{d}t=0$，可得该二维动力系统的5个局部均衡点，分别为（0，0）（0，1）（1，0）（1，1）（x^*，y^*）。

3.2　均衡点稳定性分析

根据弗雷德曼检验[12]，首先得到该二维动力系统的雅可比矩阵：$\boldsymbol{J}=\begin{bmatrix} a_{11} & a_{12} \\ a_{21} & a_{22} \end{bmatrix}$。

其中 a_{11}、a_{12}、a_{21}、a_{22} 分别为：$a_{11}=$

$$\frac{\partial V(x)}{\partial x} = (1-2x)(R_c + yS - C_p + C_t); \quad a_{12} =$$

$$\frac{\partial V(x)}{\partial y} = x(1-x)S; \quad a_{21} = \frac{\partial G(y)}{\partial x} = y(1-y)R_g; \quad a_{22} = \frac{\partial G(y)}{\partial y} = (1-2y)(xR_g - C_g).$$

若均衡点的雅可比行列式 Det（$\boldsymbol{J}$）>0，迹 Tr（$\boldsymbol{J}$）<0，则可判断对应均衡点具有渐进稳定性，可称该均衡点为演化稳定策略（ESS）；若均衡点 Det（$\boldsymbol{J}$）>0，且 Tr（$\boldsymbol{J}$）>0，则对应的均衡点不稳定；若 Det（$\boldsymbol{J}$）<0，且 Tr（$\boldsymbol{J}$）$=0$ 或不确定时，则对应的均衡点为鞍点。

由雅可比矩阵 $\boldsymbol{J}$，可得 5 个局部均衡点处 a_{11}、a_{12}、a_{21}、a_{22} 的取值，具体如表 2 所示。

各局部均衡点具体取值 表 2

局部均衡点	a_{11}	a_{12}	a_{21}	a_{22}
(0, 0)	$R_c - C_p + C_t$	0	0	$-C_g$
(0, 1)	$R_s + S - C_p + C_t$	0	0	C_g
(1, 0)	$-R_c + C_p - C_t$	0	0	$R_g - C_g$
(1, 1)	$-R_c - S + C_p - C_t$	0	0	$C_g - R_g$
(x^*, y^*)	0	M	N	0

其中，$M = \dfrac{(R_g - C_g)C_g S}{R_g^2}$；$N = \dfrac{(C_p - C_t - R_c)(S - C_p + C_t + R_c)R_g}{S^2}$。

显然，一定有装配式建筑建造成本 $C_g > 0$，所以局部均衡点（0，1）处，若满足条件 $a_{11}a_{22} - a_{12}a_{21} > 0$，则一定不满足 Tr（$\boldsymbol{J}$）< 0，所以该点不是系统演化稳定策略；局部均衡点（x^*，y^*）处，有 $a_{11} + a_{22} = 0$，一定不满足 Tr（$\boldsymbol{J}$）< 0，所以该点也不是系统演化稳定策略。因此，本文只对剩余 3 个局部均衡点的雅可比行列式和迹的值进行考虑，并分析系统稳定性，根据假设条件赋值情况具体可以分为 4 种情形：

（1）情形 1（表 3）：当 $R_c + S < C_p - C_t$ 且 $R_g < C_g$，或 $R_c + S < C_p - C_t$ 且 $R_g > C_g$，或 $R_c < C_p - C_t < R_c + S$ 且 $R_g < C_g$ 时，演化稳定策略 ESS 为（0，0）。

（2）情形 2（表 4）：当 $R_c < C_p - C_t < R_c + S$ 且 $R_g > C_g$ 时，演化稳定策略 ESS 为（0，0）和（1，1）。

（3）情形 3（表 5）：当 $C_p - C_t < R_c$ 且 $R_g < C_g$ 时，演化稳定策略 ESS 为（1，0）。

（4）情形 4（表 6）：当 $C_p - C_t < R_c$ 且 $R_g > C_g$ 时，演化稳定策略 ESS 为（1，1）。

情形 1 均衡点分析 表 3

均衡点	初始状态①			初始状态②			初始状态③		
	$R_c + S < C_p - C_t$ 且 $R_g < C_g$			$R_c + S < C_p - C_t$ 且 $R_g > C_g$			$R_c < C_p - C_t < R_c + S$ 且 $R_g < C_g$		
	Tr（$\boldsymbol{J}$）	Det（$\boldsymbol{J}$）	稳定性	Tr（$\boldsymbol{J}$）	Det（$\boldsymbol{J}$）	稳定性	Tr（$\boldsymbol{J}$）	Det（$\boldsymbol{J}$）	稳定性
(0, 0)	$-$	$+$	ESS	$-$	$+$	ESS	$-$	$+$	ESS
(1, 0)	$\pm$	$-$	鞍点	$+$	$+$	不稳定	$\pm$	$-$	鞍点
(1, 1)	$+$	$+$	不稳定	$\pm$	$-$	鞍点	$\pm$	$-$	鞍点

情形 2 均衡点分析 表 4

均衡点	初始状态④		
	$R_c < C_p - C_t < R_c + S$ 且 $R_g > C_g$		
	Tr（$\boldsymbol{J}$）	Det（$\boldsymbol{J}$）	稳定性
(0, 0)	$-$	$+$	ESS
(1, 0)	$+$	$+$	不稳定
(1, 1)	$-$	$+$	ESS

情形 3 均衡点分析 表 5

均衡点	初始状态⑤		
	$C_p - C_t < R_c$ 且 $R_g < C_g$		
	Tr（$\boldsymbol{J}$）	Det（$\boldsymbol{J}$）	稳定性
(0, 0)	$\pm$	$-$	鞍点
(1, 0)	$-$	$+$	ESS
(1, 1)	$\pm$	$-$	鞍点

情形 4 均衡点分析　　　　　表 6

均衡点	初始状态⑥		
	$C_p-C_t<R_c$ 且 $R_g>C_g$		
	Tr (J)	Det (J)	稳定性
$(0，0)$	$+$	$+$	不稳定
$(1，0)$	$\pm$	$-$	鞍点
$(1，1)$	$-$	$+$	ESS

4　数据仿真分析

为了使数据仿真的结果更为科学和客观，本文在满足假设条件的前提下根据不同情形对参数进行随机赋值，不代表现实乡村装配式住宅推广过程中政府部门和村民群体的实际支出和收益。

4.1　演化稳定策略情形分析

（1）情形 1

令 $R_c=300$，$S=500$，$C_p-C_t=1000$，$R_g=500$，$C_g=1000$，能够满足初始状态①；令 $R_c=400$，$S=500$，$C_p-C_t=600$，$R_g=500$，$C_g=1000$，能够满足初始状态②，令 $R_c=300$，$S=500$，$C_p-C_t=1000$，$R_g=1500$，$C_g=1000$，能够满足初始状态③。运用 Matlab 程序分别进行仿真，结果如图 1～图 3 所示。在 x 和 y 初始值不同的情况下，由于装配式住宅的增量建造成本过高，政府扶持缺乏力度，村民采用装配式建筑

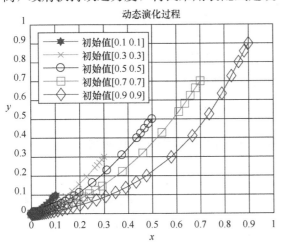

图 1　初始状态①演化仿真结果

动力不足。同时，政府部门政策执行收益较低，虽然由于初始状态不同，演化速率有一定差异，但最终双方会演化至最劣均衡点（0，0），政府激励政策处于"无效"状态。

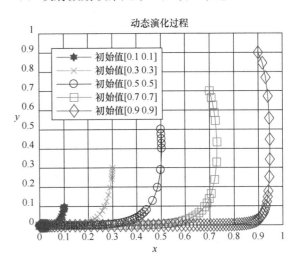

图 2　初始状态②演化仿真结果

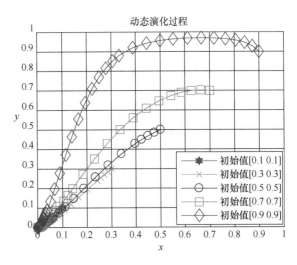

图 3　初始状态③演化仿真结果

（2）情形 2

令 $R_c=400$，$S=500$，$C_p-C_t=600$，$R_g=1500$，$C_g=1000$，满足初始状态④，仿真结果如图 4 所示。在 x 和 y 初始值不同的情况下，此时政府优惠补贴能够贴补一部分装配式住宅建造成本，政府扶持政策收益较高，双方策略演化稳定点受对方策略选择影响较大，双方的策略选择将收敛于（1，1）和（0，0）两个均

衡点。

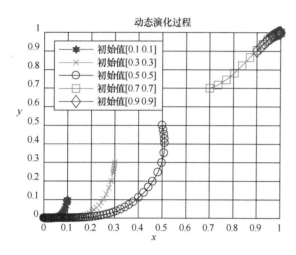

图 4　初始状态④演化仿真结果

（3）情形 3

令 $R_c = 500$，$S = 500$，$C_p - C_t = 400$，$R_g = 800$，$C_g = 1000$，满足初始状态⑤，仿真结果如图 5 所示。在 x 和 y 初始值不同的情况下，由于预制装配式建筑各项技术逐渐发展完善，装配式建筑日益低碳化、绿色化，使得装配式住宅居住效益显著，建造增量成本明显降低，村民自主采用装配式建筑积极性高，政府部门行为由"激励"转向"不激励"，双方的策略选择演化至稳定点（1，0）。此时，装配式建筑发展已进入成熟阶段。

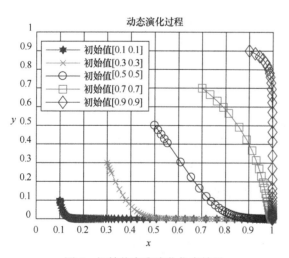

图 5　初始状态⑤演化仿真结果

（4）情形 4

令 $R_c = 500$，$S = 500$，$C_p - C_t = 400$，$R_g = 1000$，$C_g = 500$，满足初始状态⑥，仿真结果如图 6 所示。在 x 和 y 初始值不同的情况下，由于装配式住宅使用价值大于需要付出的增量建造成本，在政府扶持政策的协同推动下，村民采用装配式建筑积极性高，此时，双方的策略选择演化至良性均衡点（1，1），政府部门的激励政策达到较为理想的状态，政府大力扶持装配式建筑，村民积极响应政策，新农村建设和装配式建筑发展都得到推进。

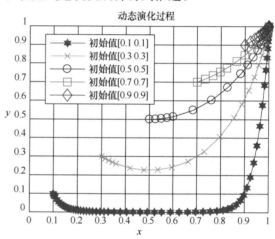

图 6　初始状态⑥演化仿真结果

上述分析表明，在乡村装配式住宅推广过程中，政府部门与村民的演化博弈稳定状态是双方博弈的结果。当前我国尚处在装配式建筑快速发展阶段，装配式建筑体系进一步发展与完善仍需政府支持与政策引导，因此，本文致力于探究政府部门大力扶持与村民积极采用装配式建筑的理想状态，即推动博弈双方演化至（1，1）均衡点。

4.2　模型变量调整演化仿真分析

为探究政府部门如何推行装配式建筑激励政策能够推动双方策略演化至理想状态，本文将调整模型变量的取值，使情形 1、情形 2 中的失效和不良状态向（1，1）理想状态演化，并分析参数变化对演化结果的影响作用。假设 x、y 的初始值均为 0.5。

（1）情形 1 变量参数调整

在情形 1 条件基础上，令 $R_c=500$，$C_p-C_t=1000$，$C_g=500$，设 $[S, R_g]$ 为一组变量，运用 Matlab 进行演化仿真，得到图 7 所示结果。可知，随着村民选择"采用"的优惠补贴增加，或政府部门选择"激励"策略的综合收益增加，系统不断良性演化，当 $S\geqslant 1000$，$R_g\geqslant 1400$ 时，双方的策略选择演化至最优均衡点（1，1）。

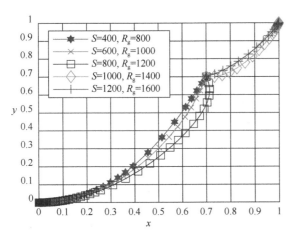

图 7　S 和 R_g 为变量的演化轨迹

（2）情形 2 变量参数调整

在情形 2 的参数取值基础上，设 $[R_c, C_p-C_t]$ 为一组变量，运用 Matlab 进行演化仿真，得到图 8 所示结果。随着村民选择"采

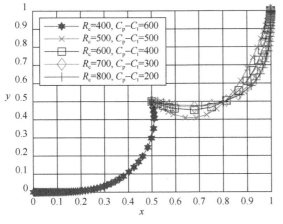

图 8　R_c 和（C_p-C_t）为变量的演化轨迹

用"策略获得的使用效益增加，或装配式建筑增量建造成本降低，系统不断良性演化，当 $R_c\geqslant 500$，$C_p-C_t\leqslant 500$ 时，双方的策略选择演化至最优均衡点（1，1）。

5　结论

本文针对乡村装配式住宅推广和应用过程中政府激励政策实施问题，构建了政府部门与村民的双方演化博弈模型，通过研究得到：发挥装配式建筑在乡村住房建设中的显著优势，提升政府部门综合效益，有助于吸引政府部门加强对装配式建筑的激励与扶持政策；提高政府部门对乡村装配式建筑扶持力度和优惠补贴，通过技术改进提升装配式建筑居住效益，降低装配式住房建造成本，均有助于促进村民在乡村住房建造过程中选择装配式建筑。因此，在我国推进新农村建设与绿色建筑发展的过程中，需要政府部门牵头在乡村地区推广装配式建筑，提高村民对装配式建筑的认识程度，并在此基础上采取一定的扶持措施和优惠补贴，以提高村民采用装配式建筑的积极性，进一步扩大装配式建筑应用范围，实现装配式建筑和新农村建设相互推动、共同发展的局面。为提高政府激励措施的有效性，本文提出以下具体建议：

（1）加强装配式建筑试点示范乡镇建设。在发展较快的新农村地区，开展装配式住宅试点示范项目，总结经验做法，促进地方间考察与交流学习，为装配式住宅在其他农村地区的进一步推广提供可行路径。

（2）加大对农村装配式住房的监督管理，建立有效的监理机制。为确保乡村装配式住宅的技术规范和施工质量达标，应对农村地区装配式住宅建设项目建立严格的审批和审查机制，提高对供应商和施工队伍的素质要求。

（3）为地方政府部门提供专项补贴和技术

支持。由上级领导部门为装配式建筑试点示范地区发放专项补贴，并派遣技术人员到地方进行技术指导和开展相关宣传工作，帮助地方政府部门克服乡村装配式住宅推广困难。

装配式建筑作为我国建筑工业化发展的重要战略，已成为建筑业向绿色和可持续发展转型的必经之路。同时，随着近年来乡村振兴话题成为热门，农村人居环境整治工作不断推进，未来新农村建设向现代化、高效化、精细化发展已成必然，能够为装配式建筑提供更广阔的发展空间。随着乡村振兴战略的不断深入，装配式建筑未来也将成为新农村建筑发展的必然趋势。

参考文献

［1］刘喆，瞿曾楼．装配式建筑在新农村住宅中的应用研究[J]．智能建筑与智慧城市，2021(1)：28-30，33.

［2］马国润，董天月，胡树青．装配式建筑在新农村建设中的应用[J]．建筑技术，2018，49(S1)：245-247.

［3］银利军．美丽乡村建设背景下农村住宅建设问题研究[J]．农业经济，2021(12)：40-42.

［4］阎占斌．乡村振兴战略背景下巴渝特色装配式建筑研究[J]．住宅产业，2019(1)：25-29.

［5］李一凡，汪可欣，徐学东．新农村住宅建设中存在的问题及对策[J]．山东农业大学学报（自然科学版），2017，48(5)：694-696.

［6］李芊，张明帅．装配式住宅环境效益量化评价研究——以乡村装配式住宅为例[J]．建筑经济，2018，39(3)：92-98.

［7］李芳德，张伟捷，王艳，等．夏热冬暖地区农村建筑节能改造与装配式建筑应用分析[J]．建筑结构，2021，51(S1)：1059-1065.

［8］李卫军，苏衍江，张磊，等．基于新农村建设的装配式建筑结构体系研究与思考[J]．结构工程师，2018，34(2)：173-179.

［9］周景阳，何鹏旺，秦艳军，等．基于SWOT定量分析方法的农村装配式建筑推进战略研究[J]．建筑经济，2019，40(7)：58-62.

［10］席近虎，范如春．浅谈预制装配式住宅在上海的发展[J]．住宅科技，2014，34(6)：14-16.

［11］Webull J. Evolutionary Game Theory[M]. Cambridge：The MIT Press，1995：850-853.

［12］Friedman D. Evolutionary Game in Economics [J]. Econometrica，1991，59(3)：637-666.

［13］廖礼平．绿色装配式建筑发展现状及策略[J]．企业经济，2019，38(12)：139-146.

城市建筑废弃物资源化发展影响因素研究

赵向莉　潘良彬

（集美大学港口与海岸工程学院，厦门　361021）

【摘　要】 随着城市建设的不断发展，建筑废弃物也在大量生成，对其进行资源化处置已经成为一个必然选项。为了促进我国建筑废弃物资源化的进一步发展，通过实地调研和文献查阅，寻找影响我国城市建筑废弃物资源化发展的影响因素，并运用 AHP 层次分析法设置影响因素权重，最后在此基础上运用模糊评价方法，以厦门为例进行资源化发展分析，旨在为城市建筑废弃物资源化未来发展提供参考。

【关键词】 建筑废弃物；资源化；AHP 层次分析法；模糊评价法

Study on Influencing Factors of Urban Construction Waste Recycling

Xiangli Zhao　Liangbin Pan

(College of Harbour and Coastal Engineering, Jimei University, Xiamen　361021)

【Abstract】 As the urban construction has been developing, the disposal of growing piles of construction waste and garbage is confronted with. It is a necessity to dispose those wastes especially by means of recycling. This essay explores the factors that influence the development of construction waste recycling through field trips and literature review. Using AHP, it also calculates the weights of the affecting factors. Combined with fuzzy evaluation, this essay evaluates and analyzes the development of construction waste recycling in Xiamen, aiming to give reference for the future development.

【Keywords】 Construction Waste; Recycling; AHP; Fuzzy Evaluation Method

1 引言

建筑废弃物即建筑垃圾，主要是在城市建设过程中土地开挖、道路开挖、建筑物拆除等过程中产生的废弃物。虽然建筑废弃物的含量由于来源不同会有所不同，但废弃物主要组成成分却大致相同，即混凝土、砖、砌块等可以再生利用的废土部分，约占总量的 80％[1]。

建筑废弃物的处置，除了运送到消纳场进行填埋之外，资源化也是一种处置手段。建筑废弃物并非"垃圾"，可以凭借先进的技术进行回收加工，并生成新的建筑材料。这些再生骨料可直接铺路铺桥，也可做成透水砖、护坡砖、保温砖、仿古砖等，应用于城乡环保美化项目中。这样不仅减少了浪费，而且实现了废弃物的循环利用，实现可持续发展。

但整体而言，我国建筑废弃物资源化处置规模与废土产生规模之间还存在发展空间，需要对目前的城市建筑废弃物发展影响因素进行相对科学可靠地定量分析，进而诊断我国建筑废弃物资源化发展程度，帮助相关主体寻找未来发展中的驱动与阻滞因素，提高建筑废弃物资源化发展水平。

2　文献回顾

建筑废弃物资源化作为国家发展循环经济、绿色经济研究的重要组成部分，正在被越来越多的学者进行广泛深入地研究。研究范围包括建筑废弃物的减量化与资源化技术研究、资源化相关利益主体分析、建筑废弃物资源化关键成功因素和不同地域的建筑垃圾资源化政策分析比较等，研究工具包括回归分析、仿真模拟、层次分析法、因子分析、COWA 算子赋权法和模糊评价法等。

从建筑废弃物产生到再生产品的生产，建筑施工企业是源头，其资源化行为的有效性取决于政策的制定与落实到位程度；资源化企业作为建筑废弃物的消纳者，是实现建筑废弃物资源化的核心主体；政府作为建筑废弃物资源化的倡导者与引导者[2]，通过对建筑垃圾资源化相关领域的管理，处于建筑废弃物资源化发展的中心地位；其他主体如垃圾运输企业、科研机构、公众等，作为建筑废弃物资源化发展的服务者和支持者，在产业发展链条中承担辅助角色。因此，在评估城市建筑废弃物资源化发展影响因素的承担主体时，主要从政府相关部门和资源化企业两个角度分析，其他主体虽然也都会影响建筑废弃物资源化的发展，但我国建筑废弃物资源化的发展时间较短，其他参与方的影响有限。因此，选择政府相关部门和资源化企业为研究对象。

3　影响建筑废弃物资源化发展的因素初选

Poon 通过问卷调查，提出对废弃物的分类分拣和运输、处理成本、现场场地面积等影响因素[3]。Kulatunga U 等通过对芬兰相关政策的分析，论证了实施填埋收费政策的有效性[4]。M Osmani 等通过对英国的建筑废弃物最小化设计，提出相关主体的资源化态度与设计决策等是资源化发展的制约因素[5]。Xavier Duran 等人利用收集到的垃圾数据，通过建立一个决策模型，提出建筑废弃物资源化的前提是当填埋成本大于运输成本，非再生产品成本大于再生产品生产成本，现场场地规模的扩大将有助于生产成本下降，利于资源化发展[6]。根据已有研究和 2020 年底对厦门市废土管理站和建筑垃圾资源化企业实地调研的相关资料，以影响资源化企业发展的主要因素和企业对政府在相关领域的政策期望为基础，确定了建筑废弃物资源化发展的主要评价指标，各指标的文献依据如表 1 所示。

城市建筑废弃物资源化发展影响因素　表 1

主体	代号	影响因素	文献依据
资源化企业 A	A1	原料供应稳定性	[7] [8]
	A2	先进的技术和设备	[9] [10]
	A3	生产成本	[3] [10]

续表

主体	代号	影响因素	文献依据
资源化企业A	A4	处置规模	[3]
	A5	产品附加值	[9]
	A6	市场预期和发展战略	[8]
	A7	未来投资意向	[8]
	A8	盈利状况	[3]
	A9	同业竞争	[11]
	A10	专业人才培训和储备	[10]
相关主管部门B	B1	用地支持	[9]
	B2	政策扶持	[8]
	B3	政策落实	[12]
	B4	执法监管	[7][9]
	B5	信息化平台建设	[3]
	B6	建筑废弃物源头控制	[7][8]
	B7	建筑废弃物相关收费	[4]
	B8	资金补贴	[8]
	B9	市场保障	[3][14]
	B10	税收减免	[4]

4 城市建筑废弃物资源化发展影响因素信效度检验

为了保证因素选取的合理科学性，采用问卷调查的方式对指标选择进行信效度检验。基于表1，制作城市建筑废弃物资源化发展评价调查问卷5级量表，邀请从事相关领域的高校师生、相关政府部门管理人员、工程建设企业人员、资源化企业从业人员等对各因素予以1~5的不同分值打分。"1~5"分别对该因素表示"非常不同意""比较不同意""一般同意""比较同意""非常同意"。以"A1原料供应稳定性"为例，"非常不同意"表示该因素对资源化企业的发展完全无关；"比较不同意"表示该因素对资源化企业的发展会产生影响，但影响不大；"一般同意"表示该因素对资源化企业的发展会产生一定影响；"比较同意"表示该因素对资源化企业的发展会产生较大的影响；"非常同意"表示该因素是影响资源化企业发展的重要因素。

通过问卷星发放问卷122份。根据SPSSAU运算结果，各指标项的Cronbach α 系数如表2所示。

城市建筑废弃物资源化影响因素信度分析结果 表2

指标	A1	A2	A3	A4	A5	A6	A7	A8	A9	A10
校正的项总计相关性（CITC）	0.591	0.670	0.584	0.784	0.793	0.749	0.727	0.638	0.516	0.725
项删除后的 α 系数	0.906	0.901	0.906	0.894	0.894	0.897	0.898	0.904	0.911	0.898
标准化Cronbach α 系数	0.910									

指标	B1	B2	B3	B4	B5	B6	B7	B8	B9	B10
校正的项总计相关性（CITC）	0.710	0.823	0.811	0.735	0.812	0.768	0.798	0.736	0.819	0.778
项删除后的 α 系数	0.945	0.939	0.939	0.943	0.940	0.941	0.940	0.943	0.939	0.941
标准化Cronbach α 系数	0.946									

如表2所示，所有指标的CITC值大于0.4，说明各项之间具有良好的相关关系，同时各指标的项删除后的 α 系数也都高于0.8，说明数据信度水平良好，可进行下一步效度检验[16]。结构效度检验结果如表3所示。KMO值大于0.8，对应 p 值小于0.05，效度分析通过Bartlett检验[16]。

建筑废弃物资源化发展影响因素KMO和Bartlett检验结果 表3

KMO值		0.914
Bartlett球形度检验	近似卡方	2122.619
	df	190
	p 值	0.000

5　城市建筑废弃物资源化发展影响因素权重设置

层次分析法（Analytic Hierarchy Process），简称 AHP，是在构造判断矩阵的基础上，对相互关联的因素进行权重设置的一种常用方法。根据 SPSSAU 运算结果，利用和积法，城市建筑废弃物资源化发展影响因素的特征向量与权重值如表 4 所示。

城市建筑废弃物资源化发展影响因素 AHP 层次分析结果　　　　表 4

	A1	A2	A3	A4	A5	A6	A7	A8	A9	A10
特征向量	0.985	1.007	0.921	0.959	0.985	0.978	0.976	0.969	0.893	1.011
权重值	4.926%	5.033%	4.606%	4.796%	4.926%	4.891%	4.879%	4.843%	4.463%	5.057%
权重合计	48.42%									
	B1	B2	B3	B4	B5	B6	B7	B8	B9	B10
特征向量	0.981	1.045	1.057	1.028	1.038	1.045	1.03	1.019	1.054	1.021
权重值	4.903%	5.223%	5.283%	5.140%	5.188%	5.223%	5.152%	5.093%	5.271%	5.104%
权重合计	51.58%									

利用 AHP 层次分析法进行权重计算时，需要进行一致性检验分析。如表 5 所示，城市建筑废弃物资源化发展影响因素可以构建出 20 阶判断矩阵，随机一致性 RI 值为 1.629，CR 值为 0.000，小于 0.1，判断矩阵一致性良好，通过一致性检验[17]。

一致性检验结果　　　表 5

最大特征根	CI 值	RI 值	CR 值	一致性检验结果
20	0	1.629	0	通过

如表 4 所示，"A9 同业竞争"与"A3 生产成本"两个因素的权重最低，而"B9 市场保障"与"B3 政策落实"的权重相对最高。但整体权重相差不大，最高与最低相差不足 1%，说明 20 个因素都是当前影响我国城市建筑废弃物资源化发展水平的重要因素。

根据运算结果，政府相关部门的影响权重值（51.58%）相对略高于资源化企业的影响值（48.42%），这与资源化产业的产业属性相一致，体现了资源化产业不属于完全意义的市场化行业，为了这一产业的发展，政府应当发挥较其他产业相对较多的作用。

6　以厦门市为例的建筑废弃物资源化影响因素分析

厦门作为我国经济特区、计划单列市之一，地理位置优越，是海峡西岸重要的中心城市，近年来不仅旧城改造在如火如荼地开展，其地下空间也在不断地进行拓展。根据厦门市住房和城乡建设局官方网站信息，厦门来源于新建工程基础开挖、建筑物拆除的建筑废弃物在加速产生，2010~2015 年建筑废土的年均产生量约为 1000 万 m^3，2015~2019 年年均废土量升至 2065 万 m^3，并随厦门地铁线路的全面建设而逐年增长。因此，厦门建筑废弃物，尤其是建筑废土的处置是一个现实问题。

6.1　厦门市建筑废弃物资源化发展现状

厦门市共有 11 个非工程类消纳场，可消纳量约 1384 万 m^3，存在填埋消纳场所不足的压力。厦门资源化企业的兴起源于 2016 年，截至 2020 年底，厦门建筑废弃物资源化企业有 12 家，主要利用建筑废弃物生产建筑用砂、再生混凝土骨料等。根据厦门市废土管理站估算，厦门市年建筑垃圾产量为 1000 万 m³，资源化占比 30%。厦门市建筑废弃物资源化已经获得了一定的发展。但经调研走访，厦门市建筑垃圾资源化发展仍然存在需要解决的问题。

首先，是土地问题。厦门市建筑废弃物资源化企业目前多为临时用地，期限采用 2＋2 形式。对于资源化企业来说，如果无法获得长期使用的土地，企业固定资产的进一步投资和技术改造将无法积极进行。其次，厦门市资源化企业的兴起源于 2015 年政府开始严厉打击盗采砂石后而形成的砂价高位运行背景。而资源化企业的成本要高于天然原料厂。最后，是税收问题。资源化企业多为高科技企业，免征所得税。但在增值税计收时，很多企业无法获得进项增值税税票，给企业造成困扰。

综上所述，厦门建筑废弃物资源化的发展既有成绩，也有问题，需要进一步客观定量地评估厦门各影响因素的发展水平。

6.2 基于模糊评价法的厦门市建筑废弃物资源化发展评价

模糊评价法是对于定性指标进行评价时被广泛采用的一种方法。运用模糊评价法不仅不需要大量样本数据，而且可以在考虑指标之间相关性的基础上，解决多指标层级的评价[18]。因此，结合建筑废弃物资源化影响因素的权重，运用模糊评价法对建筑废弃物资源化发展进行评价。

6.2.1 影响因素的隶属度与评价值

制作厦门市建筑废弃物资源化发展评价调查问卷，邀请 14 位厦门市相关部门管理人员、资源化企业、高校专家对于各项因素的完成情况予以打分。"1～5"分别表示该因素完成得"非常不好""比较不好""一般""比较好"和"非常好"。各影响因素的隶属度与评价值如表 6 所示。

厦门市建筑废弃物资源化影响因素隶属度与评价值　　　　表 6

影响因素	隶属度					评价值	排序	影响因素	隶属度					评价值	排序
	1	2	3	4	5				1	2	3	4	5		
A1	0.000	0.214	0.643	0.000	0.143	3.071	3	B1	0.000	0.429	0.357	0.143	0.071	2.857	3
A2	0.071	0.143	0.357	0.286	0.143	3.286	2	B2	0.000	0.071	0.500	0.357	0.071	3.429	1
A3	0.071	0.357	0.357	0.214	0.000	2.714	9	B3	0.143	0.429	0.357	0.000	0.071	2.429	7
A4	0.071	0.000	0.429	0.214	0.286	3.643	1	B4	0.143	0.214	0.500	0.071	0.071	2.714	4
A5	0.143	0.286	0.357	0.143	0.071	2.714	9	B5	0.071	0.286	0.357	0.286	0.071	2.500	6
A6	0.000	0.357	0.357	0.286	0.000	2.929	5	B6	0.071	0.143	0.571	0.143	0.071	3.000	2
A7	0.071	0.214	0.571	0.143	0.000	2.786	8	B7	0.071	0.571	0.286	0.071	0.000	2.357	8
A8	0.143	0.286	0.143	0.357	0.071	2.929	5	B8	0.214	0.429	0.357	0.000	0.000	2.143	9
A9	0.071	0.357	0.286	0.214	0.071	2.857	7	B9	0.357	0.286	0.286	0.000	0.071	2.143	9
A10	0.071	0.286	0.357	0.143	0.143	3.000	4	B10	0.143	0.214	0.500	0.143	0.000	2.643	5

对于资源化企业来说，评价值排序在前三的因素分别是"A4 处置规模""A2 先进的技术和设备"以及"A1 原料供应稳定性"，但评价值也只是在"做得一般"水平。"A3 生产成本""A5 产品附加值"以及"A7 未来投资意向"的评价

值排序靠后。说明由于成本控制还未获得保障，企业对未来的资源化发展存在不确定性。

对于相关主管部门而言，"B2 对资源化企业的政策扶持"和"B6 建筑垃圾源头控制"的评价值在 3 以上，其余评价值都在"做得一

般"之下。这与调研过程中，资源化企业关于行业规范、资源化产品的市场保障等方面的诉求一致。

6.2.2 主体的模糊向量单值化与评价值

结合各影响因素的权重，利用由隶属度构成的评判矩阵计算模糊向量，可以将模糊向量单值化，最后结合主体权重，求得资源化企业与相关主管部门的评价值以及厦门建筑废弃物资源化的整体评价值，如表7所示。无论从资源化企业角度，还是从相关主管部门来说，厦门市建筑废弃物资源化发展还处于"做得非常不好与比较不好"水平，存在提升空间。

厦门市建筑废弃物资源化发展评价结果　　　　　　　　　　　　表7

主体	模糊向量						评价值
资源化企业	0.0346	0.1204	0.1873	0.0966	0.0453	1.4502	1.3997
相关主管部门	0.0630	0.1691	0.2101	0.0478	0.0259	1.3522	

7 结论与展望

建筑废弃物的处置是每个城市发展过程中不可回避且亟须解决的问题。为了促进城市建筑废弃物资源化发展，首先，根据资源化处置规模与产业特殊性，对资源化企业用地、市场准入予以政策倾斜。其次，应该稳定资源化企业未来发展预期，将资源化企业产品列入政府采购目录，将采购这些产品与绿色建筑评定挂钩，对于超过使用再生产品一定比例的企业直接进行奖励等。最后，通过对资源化企业固定投资的补贴、针对资源化率高的企业，增值税采用简易方式等措施，降低资源化企业生产成本，保障资源化产品在市场上具有竞争优势。

但需要指出的是，建筑废弃物影响因素的权重设置和资源化发展评价是基于问卷完成的。回收的问卷份数虽然满足统计要求，但是其代表性存在主观性，因此研究结果可能存在偏差。另一方面，由于受限于研究条件，影响因素和研究主体提炼无法涵盖建筑废弃物资源化发展的所有方面，可能存在疏漏。以上将是未来研究需要改进的方面。

参考文献

[1] 吴贤国，郭劲松，李惠强. 建筑废料的再生利用研究[J]. 建材工业信息，2004(3)：30-32.

[2] 石世英，胡鸣明，何琼，等. 建筑垃圾资源化的长效机制研究：以重庆为例[J]. 世界科技研究与发展，2013(3)：320-324.

[3] Poon C S, Chan D. The Use of Recycled Aggregate in Concrete in Hong Kong Resources[J]. Conservation and Recycling, 2007, 50 (3): 293-305.

[4] Kulatunga U, Amaratunga D, Haigh R, et al. Attitudes and Perceptions of Construction Workforce on Construction Waste in Sri Lanka[J]. Management of Environmental Quality: An International Journal, 2006, 17(1): 57-72.

[5] M Osmani, J Glass, A D F Price. Architects' Perspectives on Construction Waste Reduction by Design [J]. Waste Management, 2008 (28): 1147-1158.

[6] Xavier Duran, Helena Lenihan, et al. A Model for Assessing the Economic Viability of Construction and Demolition Waste Recycling: the case of Ireland[J]. Conservation and Recycling, 2006(46): 302-320.

[7] 周文娟，陈家珑，路宏波. 我国建筑垃圾资源化现状及对策[J]. 建筑技术，2009，40(8)：741-744.

[8] 高青松，胡佳慧. 市场逻辑、政府规制与建筑垃圾资源化研究[J]. 生态经济，2015，31(5)：

83-87.

[9] 赵利，鹿吉祥，顾洪滨. 建筑垃圾综合治理产业化运作与对策研究[J]. 建筑经济，2011（5）：16-20.

[10] Ruoyu Jin，Bo Li，et al. An Empirical Study of Perceptions towards Construction and Demolition Waste Recycling and Reuse in China [J]. Resources，Conservation & Recycling，2017 (126)：86-98.

[11] 李浩，翟宝辉. 中国建筑垃圾资源化产业发展研究[J]. 城市发展研究，2015，22(3)：119-124.

[12] Yuan H，Wang J. A System Dynamics Model for Determining the Waste Disposal Charging Fee in Construction[J]. European Journal of Operational Research，2014，237(3)：988-996.

[13] 蒲云辉，唐嘉陵. 日本建筑垃圾资源化对我国的启示[J]. 施工技术，2012，41(21)：43-45.

[14] Udawatta Nilupa，Zuo Jian，Chiveralls Keri，et al. Improving Waste Management in Construction Projects：An Australian study [J]. Resources Conservation & Recycling，2015（3）：73-83.

[15] 马秋雯. 基于 ANP 的建筑废弃物现场分类分拣方案评估模型研究[J]. 经济研究导刊，2015 (7)：198-200.

[16] 周俊. 问卷数据分析——破解 SPSS 的六类分析思路[M]. 北京：电子工业出版社，2017.

[17] 韩利，梅强，陆玉梅等. AHP-模糊综合评价方法的分析与研究[J]. 中国安全科学学报，2004，14(7)：86-89.

[18] 赵刚，刘换. 基于多层次模糊综合评判及熵权理论的实用风险评估[J]. 清华大学学报（自然科学版），2012，52(10)：1382-1387.

基于 DEMATEL-ISM 的建筑运维
阶段碳排放影响因素研究

周早弘　陈　缙　谭钧文

（江西财经大学工程管理系，南昌　330013）

【摘　要】建筑行业低碳化对于我国实现"双碳"目标具有重要意义。其中，建筑运维
阶段的碳排放在建筑全生命周期中占比最大。为了明确建筑运维阶段碳排放
影响因素间的作用机理，本文采用 DEMATEL-ISM 模型比较了这些因素的
重要性，并分析了其层级关系和作用路径，得出结论：政策法规、市场需求
等作为本源，通过奖惩机制、公众参与等方式，进而影响建筑材料、能源、
运输等的选用，对建筑运维阶段碳排放起到根源性作用。最后，本文为建筑
运维阶段碳减排提出建议。

【关键词】建筑运维阶段；碳排放；影响因素；DEMATEL-ISM 模型

Research on the Influencing Factors of
Carbon Emission in the Construction
Operation and Maintenance Stage
Based on DEMATEL-ISM

Zaohong Zhou　Jin Chen　Junwen Tan

(School of Tourism and Urban Management, Jiangxi University of
Finance and Economics, Nanchang　330013)

【Abstract】The low-carbon construction industry is of great significance for China to a-
chieve the double carbon goal. Among them, the carbon emission in the
construction operation and maintenance phase accounts for the largest pro-
portion in the whole life cycle of the building. In order to clarify the action
mechanism of the influencing factors of carbon emissions in the construc-
tion operation and maintenance stage, this paper uses the DEMATEL-ISM
model to compare the importance of these factors, and analyzes their hier-

archical relationship and action path. It is concluded that policies, regulations, market demand, etc. are the source, and through the reward and punishment mechanism and public participation, the selection of building materials, energy, transportation, etc. is further affected, which has a root effect on the carbon emissions in the construction operation and maintenance stage. Finally, this paper puts forward suggestions for carbon emission reduction in the construction operation and maintenance stage.

【Keywords】 Construction Operation and Maintenance Stage; Carbon Emission; Influencing Factors; DEMATEL-ISM Model

1 前言

在第七十五届联合国大会一般性辩论上，习近平主席向国际社会作出"碳达峰、碳中和"的郑重承诺[1]。随着快速城镇化和经济高速发展，中国已经成为世界上碳排放最多的国家[2]。尽管我国已在节能减排和应对气候变化的工作上持续推进多年，为碳达峰、碳中和目标积累了丰富的经验，但目前还存在一些短板和困境[3]。《中共中央 国务院关于加快推进生态文明建设的意见》中明确指出："把生态文明建设放在突出的战略位置"，这意味着整个国民经济体系要实现绿色化[4]。

我国建筑业直接或间接碳排放量占碳排放总量的比值长期稳定在50%左右，对我国碳排放的影响巨大[5]。而在建筑全生命周期中，建筑运维阶段的碳排放占比最大。且目前我国在发展低碳建筑上还存在许多问题：低碳意识淡薄、低碳建筑激励机制不够健全、低碳检测系统不完善等[6]。这些困境阻碍着中国建筑运维碳排放的治理，对于中国实现碳中和目标而言是重大的挑战。为了更好地实现建筑碳减排，建筑运维阶段碳排放影响因素的研究至关重要。

现有建筑碳排放影响因素的研究，多从建筑全生命周期阶段考虑，大致分为两类：一类是对建筑碳排放量驱动因子的研究，主要通过IPAT系列识别模型[7]、指数分解方法[8]和结构分解方法[9]等；另一类是对建筑碳排放内在影响因素的研究，学者们通过不同视角进行了分析。以建筑供应链的视角，张涑贤等从供应方、建设方、设计方、施工方、消费者、建筑供应链企业间、政府及社会七个方面考虑建筑碳排放因素[6]。从建筑低碳发展的角度，谢萍生将影响因素分为社会、经济、技术和管理维度并进行研究[10]。还有学者尝试从建筑生命周期的各个阶段考虑建筑碳排放的影响因素[11]。虽然研究的角度不尽相同，但梳理现有研究成果，建筑运维阶段碳排放的影响因素大致可以分为材料能源、设备技术、社会意识和政策法规、物流物业管理等类别，这些因素影响着建筑运维阶段各部分的碳排放。然而，现有建筑碳排放的研究大多着眼于建筑全生命周期，鲜有专注建筑运维阶段碳排放影响因素的研究。且在因素方面，现有研究普遍侧重建筑碳排放量的计算和影响因素的识别，对影响因素内在机理的研究较少。

鉴于此，本文结合我国实际，针对建筑运维阶段各方面的碳排放进行分析，运用DEMATEL-ISM建模探寻建筑运维阶段碳排放影响因素的内在机理，围绕"碳达峰""碳中和"目标，按照影响因素的层次结构提出合理的政策建议，以期为我国建筑运维阶段碳排放影响因素的研究提供新的思考角度和理论方法，帮助我国建筑行业未来更有效地实现节能减排，早日实现"双碳"目标。

2 建筑运维阶段碳排放影响因素

通过对近年来建筑碳排放影响因素相关文献进行归纳、筛选和整理，并结合专家访谈，本文总结了建筑运维阶段不同方面的碳排放影响因素共 14 个，如表 1 所示。

建筑运维阶段碳排放影响因素 表 1

类别	影响因素/编码	说明	文献依据
政策	法律法规 S_1	建筑运维阶段碳排放需要遵守的基本法律制度	[12] [20]
	建设标准 S_2	建筑运维阶段建设有关碳排放的规章标准	[18] [20]
	奖惩机制 S_3	政府对于建筑运维阶段碳排放制定的相关奖惩措施	[15] [18]
经济	能源使用 S_4	建筑运维阶段是否使用清洁能源	[14] [20]
	建筑材料 S_5	建筑材料的加工和使用是否低碳环保	[14]
	市场需求 S_6	市场对于低碳建筑的需求大小	[12] [17] [14] [18]
社会	低碳宣传 S_7	政府对于低碳建筑的宣传力度	[20]
	公众参与 S_8	公众对于低碳建筑相关理念的接纳和重视程度	[17] [20]
技术	设计方案 S_9	建筑运维阶段的设计方案是否低碳	[20] [16]
	设备配置 S_{10}	建筑运维阶段使用的设备是否节能环保	[18]
管理	物流管理 S_{11}	建筑运维阶段所涉及的运输是否低碳	[19]
	物业管理 S_{12}	建筑运营过程中的物业管理是否低碳	[21]
	人才培养 S_{13}	对于低碳建筑相关人才的引进和培养	[13]
	监控力度 S_{14}	建筑运维过程中对建筑碳排放的实时监控	[22]

3 模型构建

决策试验与评价实验法（DEMATEL）最早由美国学者 Gabus A 和 Frontela E 提出，通过一系列矩阵计算，对系统内各因素的因果关系和重要程度进行判定[23]。在此基础上，可以进一步运用结构解释模型（ISM），将系统中的因素构成多层次结构模型以分析因素间的作用路径。

DEMATEL-ISM 模型分析步骤如下：

（1）建立语言评价集 S，$S=\{0$（无影响），1（影响很小），2（影响较小），3（影响较大），4（影响很大）$\}$。语言评价集 S 用来描述各因素指标在整个系统中的影响程度。

（2）建立直接影响矩阵 D：

$$D=(d_{ij})_{n \times n}=\begin{bmatrix} 0 & d_{12} & \cdots & d_{1n} \\ d_{21} & 0 & \cdots & d_{2n} \\ \vdots & \vdots & \ddots & \vdots \\ d_{n1} & d_{n2} & \cdots & 0 \end{bmatrix};$$

$$d_{ij}=\frac{W'_i}{W'_j};i,j=1,2,\cdots,n。$$

（3）规范化直接影响矩阵 $C=(c_{ij})_{n \times n}=$

$$\frac{d_{ij}}{\max\limits_{1 \leqslant i \leqslant n}\sum\limits_{j=1}^{n}x_{ij}};i,j=1,2,\cdots,n。$$

（4）计算综合影响矩阵 G，进而确定影响度 f_i、被影响度 e_i、中心度 m_i、原因度 n_i。其中，$G=C(E-C)^{-1}$；$f_i=\sum\limits_{i=1}^{n}g_{ij}$；$e_i=$

$$\sum_{i=1}^{n} g_{ij} ; m_i = f_i + e_i ; n_i = f_i - e_i 。$$

（5）确定总体影响矩阵 $H = G + E$。其中，E 为单位矩阵。

（6）利用综合影响矩阵 G 所得到的均值 a 和标准差 b 确定阈值 c，进而对总体影响矩阵进行处理，得到可达矩阵 K。其中，$c = a + b$；$k_{ij} = \{1 \mid h_{ij} \geq c\}$；$k_{ij} = \{0 \mid h_{ij} \leq c\}$。

（7）对可达矩阵进行层级划分，得到各因素初步的可达集 R、先行集 O、交集 N，若 R 与 O 相同则抽出该因素，重复此过程直至所有因素抽完，最终得到层次递阶模型。

4 关键影响因素分析

4.1 问卷发放和数据整理

在梳理出 14 个建筑运维阶段碳排放影响

因素后，邀请 12 名专家，对各要素之间影响关系的有无及其强弱进行打分。其中包括：6 位建筑相关从业人员、2 位物业中层管理人员以及 4 位高校的建筑工程领域专家学者。为确保沟通的有效性和专家对因素内涵理解的准确性，视情况分别采取线上或线下方式进行，每次访谈时间控制在 30min 左右。最终得到 12 份有效问卷，之后进行如下处理：

（1）对评分结果进行整理并对 12 份问卷数据进行平均处理，所得数据作为对应因素的直接关联程度，得到表 2 所示的直接影响矩阵 D。

（2）对直接影响矩阵规范化、计算综合影响矩阵后，进而确定影响度 f_i、被影响度 e_i、中心度 m_i、原因度 n_i（表 3），并绘制因果图（图 1）。

直接影响矩阵 　　　　　　　　　　　　　　　　　　　　　　　表 2

因素	S_1	S_2	S_3	S_4	S_5	S_6	S_7	S_8	S_9	S_{10}	S_{11}	S_{12}	S_{13}	S_{14}
S_1	0.0	3.4	3.7	3.4	1.3	1.6	2.1	2.1	3.9	2.8	2.6	2.6	1.2	3.8
S_2	1.0	0.0	2.3	3.8	3.8	2.2	1.0	2.4	2.7	2.8	1.2	1.1	2.5	2.8
S_3	1.3	1.1	0.0	3.7	3.7	2.7	2.1	2.9	2.9	3.8	1.0	3.5	4.0	2.5
S_4	0.9	0.8	1.1	0.0	2.3	2.7	1.5	2.6	1.4	2.7	2.7	2.4	0.9	2.4
S_5	1.6	2.3	1.8	3.8	0.0	3.7	1.7	1.6	3.5	2.1	3.2	2.1	1.2	2.4
S_6	1.2	1.6	2.8	3.8	3.1	0.0	1.7	3.7	2.4	3.0	1.3	1.2	1.7	2.5
S_7	2.7	3.3	2.9	3.6	3.4	2.8	0.0	2.2	0.7	1.1	3.5	1.9	3.3	1.5
S_8	1.3	0.3	2.7	2.8	3.0	1.6	2.7	0.0	1.9	2.4	2.2	2.0	1.5	1.8
S_9	0.7	0.8	0.8	2.9	2.6	2.7	0.2	1.2	0.0	3.4	3.8	2.2	1.7	2.9
S_{10}	0.3	0.5	1.3	2.6	1.8	2.2	1.1	0.8	2.5	0.0	1.6	1.8	2.0	1.4
S_{11}	0.1	0.7	1.5	1.8	2.3	1.9	1.5	0.9	2.6	2.0	0.0	1.6	1.2	2.3
S_{12}	0.2	1.8	2.0	1.9	0.8	0.2	1.8	2.2	2.2	0.4	0.9	0.0	2.0	1.3
S_{13}	2.4	3.4	0.9	1.6	1.7	2.5	2.0	2.2	1.1	1.4	1.6	1.9	0.0	0.7
S_{14}	1.3	2.8	3.4	2.6	2.3	1.2	1.5	0.4	2.9	1.8	1.7	3.7	0.8	0.0

数据指标一览表　　　　　表3

	影响度 f_i	被影响度 e_i	中心度 m_i	原因度 n_i	中心度排序	原因度排序
法律法规 S_1	3.61	1.46	5.07	2.16	12	1
建设标准 S_2	3.10	2.48	5.59	0.62	6	5
奖惩机制 S_3	3.58	2.94	6.52	0.65	1	4
能源使用 S_4	2.03	3.71	5.74	−1.67	4	14
建筑材料 S_5	2.68	3.22	5.90	−0.54	3	10
市场需求 S_6	3.43	2.53	5.96	0.91	2	3
低碳宣传 S_7	3.48	2.12	5.60	1.35	5	2
公众参与 S_8	2.91	2.53	5.44	0.37	8	6
设计方案 S_9	2.19	3.25	5.44	−1.06	7	11
设备配置 S_{10}	1.95	3.35	5.30	−1.40	9	13
物流管理 S_{11}	2.20	2.58	4.78	−0.38	14	9
物业管理 S_{12}	1.81	3.13	4.94	−1.33	13	12
人才培养 S_{13}	2.77	2.49	5.26	0.28	10	7
监控力度 S_{14}	2.60	2.55	5.15	0.04	11	8

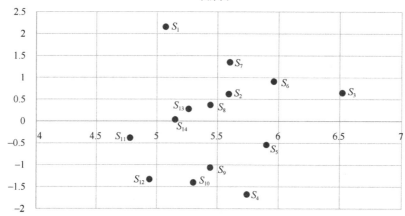

图1　因果图

（3）利用综合影响矩阵 X 所得到的均值和标准差确定阈值，进而得到总体影响矩阵和可达矩阵，对可达矩阵进行层级划分，最终得到层次递阶模型（图2）。

4.2　结果分析

4.2.1　中心度分析

从表3可以得出，中心度较大的因素有：奖惩机制（S_3）、建筑材料（S_5）、市场需求（S_6），这些因素为建筑运维阶段碳减排的关键影响因素。建筑材料的使用直接决定了建筑在建设时以及后期运维过程中的排放情况，市场需求则反映了相关行业以及消费者对于碳排放的重视程度，这对于建筑运维阶段碳排放有着至关重要的影响。另外，目前我国建筑碳减排还处在探索阶段，单靠市场的力量是不够的，政府应制定有效的奖惩机制，推动更多建筑企业低碳转型，进而促进建筑运维阶段碳减排。

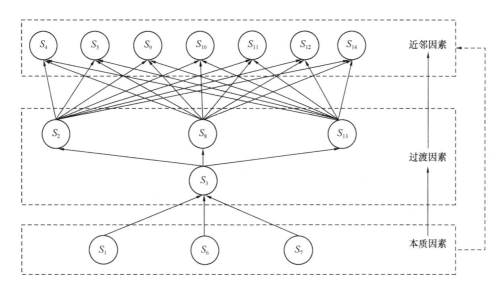

图 2 层次递阶模型

4.2.2 原因度分析

从表 3 可以得出，原因度较大的因素有：法律法规（S_1）、低碳宣传（S_2）。法律法规约束着建筑行业碳排放的底线，主导着运维阶段各个因素对于碳排放的影响。而对于低碳的宣传，则从社会舆论的角度出发，能够提高行业内对于低碳转型的重视程度，在长期看来具有重要意义。

4.2.3 层次递阶模型分析

从层次递阶模型（图 2）可以得知，系统中的本质因素包括法律法规（S_1）、市场需求（S_6）、低碳宣传（S_7），这些因素直接或间接影响着建筑运维阶段碳排放。建设标准（S_2）、奖惩机制（S_3）、公众参与（S_8）和人才培养（S_{13}）属于过渡因素，受本质因素的调节，并作用于建筑运维阶段碳排放。剩余因素都属于近邻因素，与建筑运维阶段碳排放密切相关，对其产生直接影响。

逻辑上，法律法规决定了建筑行业的最大碳排放量，而市场需求和低碳宣传则通过生产收益和社会舆论影响着建筑行业对于碳减排的态度，是其他因素的本源。这些因素的作用体现在相关建设标准是否完善、政府设立的奖惩机制和对相关人才培养的重视程度，以及社会对于建筑运维阶段低碳化的关注度和参与度。这些影响最后通过建筑运维阶段中能源、建筑材料的使用、物流物业对碳排放的管理以及相关部门的监控力度来决定最终的碳排放量。

5 结论

本文通过专家访谈和参考相关文献整理出了建筑运维阶段碳排放的影响因素，并运用 DEMATEL-ISM 法进行评价指标的定量分析，探讨了各影响指标间相互影响和依赖的关系，通过模型重点分析了指标间的中心度、影响度和原因度，通过分析确定了对建筑运维阶段碳排放起重要影响作用的原因指标。并在此基础上，构建了因素的层次递阶模型以反映指标的作用路径，为我国建筑运维阶段的碳减排提供了理论依据。

综合全文研究，对建筑运维阶段碳减排提出如下建议：

（1）法律法规和相关标准决定着我国建筑行业碳减排的基本步调，对建筑行业和消费者的碳排放意向和价值观产生着深刻的影响，应当尽快完善和优化。

（2）企业存在以盈利为目的，因此进行减排宣传和适当干预市场需求可以有效提高建筑市场对于低碳产品的需求程度，对建筑运维阶段长期的碳减排有着重要作用。

（3）为实现建筑运维阶段的碳减排，也可以直接从建筑材料、能源、物流物业等方面入手。通过奖惩机制引导行业使用更加清洁的能源和材料，并鼓励后期运维阶段常态化经营时，在运输和日常管理上尽可能低碳环保。

参考文献

[1] 周启辉，周雨婷．浅谈基于"碳达峰、碳中和"目标下的绿色建筑发展与建筑节能[J]．建筑与预算，2022(7)：4-6.

[2] 陈进道．中国建筑行业碳排放测算及影响因素分解分析[D]．重庆：重庆大学，2016.

[3] 杨春平，罗峻．推动绿色循环低碳发展　加快国民经济绿色化进程[J]．环境保护，2015，43(11)：18-21.

[4] 刘菁，刘伊生，杨柳，等．全产业链视角下中国建筑碳排放测算研究[J]．城市发展研究，2017，24(12)：28-32.

[5] 姜虹，李俊明．中国发展低碳建筑的困境与对策[J]．中国人口·资源与环境，2010，20(12)：72-75.

[6] 张涑贤，杨元元，范鑫．基于DEMATEL-ISM的建筑供应链低碳化影响因素分析[J]．数学的实践与认识，2019，49(19)：18-27.

[7] Ma M, Cai W. What Drives the Carbon Mitigation in Chinese Commercial Building Sector? Evidence from Decomposing an Extended Kaya Identity[J]. Science of The Total Environment, 2018(634)：884-899.

[8] Jiang J, Ye B, Xie D, et al. Provincial-level Carbon Emission Drivers and Emission Reduction Strategies in China：Combining Multi-layer LMDI Decomposition with Hierarchical Clustering [J]. Journal of Cleaner Production, 2017(169) 178-190.

[9] Chen J, Shi Q, Shen L, et al. What Makes the Difference in Construction Carbon Emissions between China and USA？[J]. Sustainable Cities and Society, 2019(44)：604-613.

[10] 谢萍生．基于改进层次分析法的低碳建筑影响因素分析研究[D]．广州：广东工业大学，2013.

[11] 陈力莅，丁太威，耿化民．低碳建筑全生命周期碳排放影响因素分析[J]．四川建筑，2012，32(5)：79-80，82.

[12] Tran Q, Nazir S, Nguyen T H, et al. Empirical Examination of Factors Influencing the Adoption of Green Building Technologies：The Perspective of Construction Developers in Developing Economies[J]. Sustainability, 2020, 12(19)：8067.

[13] Wang W, Zhang S, Su Y, et al. Key Factors to Green Building Technologies Adoption in Developing Countries：The Perspective of Chinese Designers[J]. Sustainability, 2018, 10(11)：4135.

[14] 向鹏成，谢怡欣，李宗煜．低碳视角下建筑业绿色全要素生产率及影响因素研究[J]．工业技术经济，2019，38(8)：57-63.

[15] Hwang B G, Shan M, Lye J M. Adoption of Sustainable Construction for Small Contractors：Major Barriers and Best Solutions[J]. Clean Technologies and Environmental Policy, 2018, 20(10)：2223-2237.

[16] Zainol N N, Mohammad I S, Baba M, et al. Critical Factors that Lead to Green Building Operations and Maintenance Problems in Malaysia：A Preliminary Study[C]//Advanced Materials Research. Trans Tech Publications Ltd，2014(935)：23-26.

[17] 闫辉，刘惠艳，邱若琳，等．基于逐步回归的建筑业碳排放影响因素分析[J]．工程管理学报，2021，35(2)：16-21.

[18] 纪颖波，佟文晶，姚福义，等．基于通径分析

的装配式建筑发展关键影响因素研究[J]. 数学的实践与认识，2022，52(1)：9-17.

[19]　Aghili N. Green Building Management Practices Model for Malaysia Green Building[J]. Universiti Teknologi Malaysia：Skudai，Malaysia，2018.

[20]　丁晓欣，徐熙震，王群，等. 基于 DPSIR 和改进 TOPSIS 模型的装配式建筑碳排放影响因素研究[J]. 工程管理学报，2022，36(3)：47-51.

[21]　Almeida L，Tam V W Y，Le K N，et al. Effects of Occupant Behaviour on Energy Performance in Buildings：A Green and Non-green Building Comparison[J]. Engineering，Construction and Architectural Management，2020.

[22]　Asmone A S，Conejos S，Chew M Y L. Green Maintainability Performance Indicators for Highly Sustainable and Maintainable Buildings [J]. Building and Environment，2019（163）：106315.

[23]　Gabus A，Fontela E. World Problems，an Invitation to Further thought within the Framework of DEMATEL[J]. Battelle Geneva Research Center，Geneva，Switzerland，1972：1-8.

中国农村医疗卫生配置效率研究方法初探

奉其其　敖仪斌

（成都理工大学环境与土木工程学院，成都　610059）

【摘　要】　高效率的医疗卫生是推动中国农村高质量创新发展的强大动能。本文主要简介了中国农村地区医疗卫生效率的现有研究方向及研究方法，研究结果为众多研究效率的学者提供方法上的借鉴及参考，进一步为推动城市更新与乡村建设高质量发展提供决策依据。

【关键词】　医疗卫生；农村；效率

Research Method of Allocation Efficiency of Rural Health in China

Qiqi Feng　Yibin Ao

(School of Environment and Civil Engineering, Chengdu University of Technology, Chengdu　610059)

【Abstract】　High efficiency of health care is a powerful driving force to promote the development of high quality innovation in rural China. This paper mainly introduces the existing research direction and research methods of medical and health efficiency in rural areas of China. The research results provide methodological reference for many scholars who study efficiency, and provide decision-making basis for further promoting urban renewal and high-quality development of rural construction.

【Keywords】　Health Care; Rural; Resource Allocation; Efficiency

1　引言

《中国乡村振兴战略规划（2018—2022年）》指出要把国家社会事业发展的重点放在农村，促进医疗卫生等资源向农村倾斜[1]。党的十九大报告将"实施健康中国发展战略"作为改善民生的核心内容，放在优先发展的地位[2]。十九届五中全会提出"全面推进健康中国建设"，将"卫生健康体系更完善"作为"民生福祉达到新水平"的战略部署[3]。中国仍将有4亿左右人口生活在农村，医疗卫生事业高效率的发展对乡村振兴战略的全面实施具有重要影响。人民健康是国家富强和民族昌盛的重要标志。当前，我国正处于经济高速度增长向高质量发展的过渡阶段，尤其在我国医疗资源总量不足、人口老龄化程度进一步加深、人民健康需求多样化背景下，更加需要提高医疗卫生的效率以推进健康中国宏伟战略目标的实现。CO-VID-19 是新中国成立以来发生的感染范围最广、传播速度最快、防控难度最大的一次重大突发公共卫生事件。疫情防控过程中的困难与阻碍表明医疗卫生系统中的体制性、结构性的深层次矛盾已经无法适应新时代的发展要求。由于中国地区跨度大、地区间经济互动性差、资源信息共享不足、科技成果扩散滞后等障碍，中国区域的不均衡发展导致了医疗卫生服务的"逆保健定律"，中国地区间发展差距日益扩大。虽然政府已经在中西部地区特别划拨资金、使用直接补贴社会健康保险项目保费等优先政策资助弱势群体，但是经济落后、医护人员配置落后、基础设施建设不足等现状导致效率在短时间内提高变得非常困难。根据国家卫生账户数据，中国目前的卫生支出中只有不到7%的资金投入预防保健中，而超过86%的资金用于治疗性保健和药物，说明实施预防性保健措施的效率较低，提高农村居民"未病防治、有病即医"的健康理念刻不容缓。医疗卫生效率的本质在于基于帕累托最优资源配置的合理性和有效性[4]。由于医疗资源的分配总是在有限的资源约束下进行，因此，如何重构多层次医疗卫生系统的结构，优化医疗资源的空间分布，以获得成本更低、投入产出效率更高的供需均衡具有重要研究价值。

2 文献综述

近年来，定义、量化、评估和促进卫生效率的努力层出不穷。Cheng[5]对全球171个国家的公共卫生系统的效率进行了讨论，研究发现将5岁以下死亡率和孕产妇死亡率这两种不理想产出纳入效率评价指标体系时，有效率和

低效率的国家卫生系统都会得到提升。埃塞俄比亚将医疗服务迅速扩展到农村地区，扩大了医疗服务的覆盖面和效率，获得了积极的国际关注和资助[6]。Jat 等人[7]对印度医院的效率进行了深入考察后，发现65%的地区医院规模效率仍有很大的提升空间。Tlotlego 等人[8]采用 Malmquist 指数分析了博茨瓦纳21家非教学医院的生产率，并发现了明显的低效率。Steffen[9]也发现在非洲农村 Nouna 地区提供保健服务受到人员、医疗用品等严重短缺的阻碍，衡量和提高效率迫在眉睫。

也有大量学者分析了中国医疗机构的效率，Sun[10]发现中国21个省（67.74%）卫生资源配置效率较低，有待提高。Li[11]测量了中国446个县级疾病预防控制中心的技术效率，发现效率普遍偏低。唐立健[12]发现江苏省乡镇卫生院和村卫生室医疗卫生资源投入产出相对有效性分别为弱有效和非 DEA 有效。今后应合理规划设置，增加人力资源配置，提升服务质量，以最大限度地发挥卫生资源的作用。

通过梳理我们发现，现有针对医疗卫生领域的研究通常是以全国或省为单位进行分析，但是将中国农村的分级诊疗层级间、地理区域间、不同资源种类间的医疗卫生效率进行综合评估的研究较少，未来研究应涵盖多类要素以符合中国农村的实际情况。

3 数据和研究方法

3.1 变量选取和数据来源

3.1.1 变量选取

参照公共医疗卫生的以往研究，在衡量效率时，通常采用投入和产出两种指标进行分析，并辅以环境变量进行判断。在核心性、代表性、可得性、敏感性和相关文献的基础上，

医疗卫生中衡量效率的投入指标主要由资本、劳动力和财政能力等组成。资本主要包括机构和床位的数量、万元以上设备台数、机构房屋建筑面积等，劳动力包括执业医师、注册护士、乡村医生和卫生员等，财政能力可以使用财政拨款收入、业务收入等指标进行度量。

卫生资源投入的最终产出是人群健康水平的提高，因此产出指标可以选择诊疗人次、住院人次、政府卫生支出、财政补贴、平均住院日等变量。环境变量是指对效率有显著影响，但不在决策单位主观可控范围内的因素，应满足"分离假设"的要求。对环境变量预先标准化处理以消除量纲的影响。参考 Brahim[13] 等学者的研究，可以选取反映经济发展的人均 GDP（元）、反映生活水平的农村居民人均可支配收入、反映社会基础的城镇化率以及反映人口聚集的年末人口数等指标进行测度。

3.1.2 数据来源

《中国统计年鉴》《中国卫生健康统计年鉴》《中国卫生年鉴》、地方统计年鉴和卫生资源统计年报等资源提供了详细的多年卫生资源数据。环境变量可以参见《中国人口和就业统计年鉴》《中国农村年鉴》和《中国经济年鉴》等年鉴。同时，国家卫生健康委员会定期开展全国普查数据收集工作，也为效率的分析提供了宏观基础。

3.2 研究方法

从众多文献研究的情况看，评价效率的方法一般有比率分析法、回归分析法、灰色关联分析、人工神经网络法、密切值法、功效系数法、序号总和方法等。而针对医疗卫生效率的研究，随机前沿分析（SFA）和数据包络分析（DEA）及其衍生方法分别作为参数和非参数方法的代表，越来越得到人们的重视和应用。

3.2.1 随机前沿（SFA）分析方法

SFA 分析方法是一种基于生产前沿面生产理论的参数方法，适用于多投入单产出的效率测算，SFA 在应用中有多种函数形式，其中在医疗卫生领域中常用到的是柯布—道格拉斯函数（式1）。针对面板数据，最开始出现的是仅考虑个体差别的时间不变 SFA 模型，这种模型不考虑时间变化对于非效率项的影响，尤其是当时间跨度大的时候，效率一定会随时间产生变化。后来模型逐渐发展为时间可变 SFA 模型，这种模型将非效率项设置为时间的二次函数，允许效率随时间改变并捕捉效率变化的时间特征，因此具有更高的普适性。

$$\ln C = \ln A + \alpha \ln Y + \beta \ln W + v + \mu, \ \mu \geq 0 \ (1)$$

模型中 C 为总成本；Y 和 W 分别代表产出和投入向量，从候选指标中选取；v 为随机误差，服从 $N(0, \delta 2)$；μ 为低效率，$\mu \geq 0$。

3.2.2 传统 DEA 模型

数据包络分析（DEA）使用多个投入和产出指标，是一种评价效率灵活、简单、有效、客观的非参数方法。它已被资源与环境、农田水利、医疗卫生等领域的学者广泛接受和采用。CCR 和 BCC 是广泛用于衡量效率和生产率的 DEA 模型。CCR 模型假设生产是不变规模回报（CRS），即投入的增加将导致产出的成比例增加，而 BCC 模型假设生产规模回报可变（VRS）。VRS 包括规模收益递增（IRS）和规模收益递减（DRS）两个维度。BCC 计算包含规模效率（SE）的纯技术效率（PTE），TE 的计算公式为 $TE_{DEA-CRS} = PTE_{DEA-VRS} \times SE$。效率的取值范围均为0～1，越接近1，效率越高。

由于 DEA 模型在效率研究中的出色表现，研究人员为了研究不同实际问题都致力于 DEA 模型的创新和发展，并且将其不断地和不同方法结合起来使用以达到准确地效率评价。下文针对医疗卫生领域常见的 DEA 衍生方法进行简要介绍。

3.2.3 三阶段 DEA 模型

传统 DEA 模型存在对所包含变量的测量误差和对未观察到的潜在相关变量的遗漏，度量的效率值并不是由管理无效率直接引起的，因此，三阶段 DEA 模型应运而生。在三阶段 DEA 模型中，第一阶段利用 DEAP2.1 软件计算各研究单元的医疗卫生效率。TE 可以通过投入导向或产出导向的模型进行评估。

在第二阶段，Fried 先后将环境因素和随机噪声引入 DEA 模型，在传统 DEA 模型的基础上构建相似 SFA 模型以剔除随机误差和外部环境因素的影响。根据随机前沿理论，采用 Frontier 4.1 软件进行回归以剔除环境因素和随机扰动的影响，使每个决策对象处于相同的环境水平下。在第三阶段将经过调整后的医疗卫生服务体系的投入指标替换原始值，再次使用 DEA 模型，重新测算各个省市的研究单元的医疗卫生服务体系效率，计算方式见式（2）~式（3）。

$$\min\left[\theta - \varepsilon\left(\sum_{i=1}^{m} S_i^- + \sum_{r=1}^{s} S_r^+\right)\right] \quad (2)$$

$$\text{s. t.} \begin{cases} \sum_{j=1}^{n} \lambda_j X_j + S_i^- = \theta X_0 \\ \sum_{j=1}^{n} \lambda_j Y_j - S_r^+ = Y_0 \\ \sum_{j=1}^{n} \lambda_j = 1 \\ \theta, \lambda_j, S_r^+, S_i^- \geqslant 0 \end{cases} \quad (3)$$

其中，$j = 1, 2, \cdots, n$，n 是决策单元（DMU）的个数；θ 是决策单元的效率值；ε 代表非阿基米德无穷小量，能有效判断相对效率的有效性，其一般取值为 10^{-6}；S_r^+ 和 S_i^- 分别是松弛变量和剩余变量；X_j 和 Y_j 分别是 j

决策单元的输入和输出变量。当 $\theta = 1$，$S_r^+ = S_i^- = 0$ 时，决策单元强 DEA 有效；当 $\theta = 1$ 且 $S_i^- > 0$，$S_r^+ > 0$ 时，决策单元弱 DEA 有效；当 $\theta < 1$ 时，决策单元非 DEA 有效。

3.2.4 Malmquist 指数

考虑到 DEA 只能对效率进行静态比较，Malmquist 指数模型可以对效率进行动态分析。生产率衡量的是生产单位从 t 时刻到 $t+1$ 时刻将投入转化为产出的效率变化。MPI［又称全要素生产率变化（TFP）］以 Malmquist 命名，可动态分析生产率变动情况。MPI 可以分解为技术效率变化（TE）和技术变化（TC）。技术效率变化表示两个时期之间发生的创新所带来的进步程度，技术变化衡量的是生产前沿变化的效果。TE 还可以进一步分解为纯技术效率变化（PTE）和规模效率（SE）变化。陈阳等[14]对 2009~2018 年武汉市医疗卫生资源配置状况进行研究，发现效率得到较好提升，但近几年呈现出效率增长放缓趋势，技术进步是效率提升的重要驱动力。TFP 的计算见式（4）~式（7）。

$$\text{TFP} = \text{TE} \times \text{TC} = (\text{PTE} \times \text{SE}) \times \text{TC} \quad (4)$$

$$\text{PE} = \frac{D_v^t(X_{t+1}, Y_{t+1})}{D_v^t(X_t, Y_t)} \quad (5)$$

$$\text{SE} = \frac{D_v^t(X_t, Y_t)}{D_c^t(X_t, Y_t)} \times \frac{D_c^{t+1}(X_{t+1}, Y_{t+1})}{D_v^{t+1}(X_{t+1}, Y_{t+1})} \quad (6)$$

$$\text{TC} = \sqrt{\frac{D^t(X_{t+1}, Y_{t+1})}{D^{t+1}(X_{t+1}, Y_{t+1})} \times \frac{D^t(X_t, Y_t)}{D^{t+1}(X_t, Y_t)}} \quad (7)$$

其中，X_t 和 X_{t+1} 分别是时刻 t 和 $t+1$ 中的输入因子；Y_t 和 Y_{t+1} 分别是时刻 t 和 $t+1$ 中的输出因子；$D^t(X_t, Y_t)$ 和 $D^t(X_{t+1}, Y_{t+1})$ 分别是 t 和 $t+1$ 时刻内决策单元的输入距离函数；$D^t(X_{t+1}, Y_{t+1})$ 和 $D^{t+1}(X_t, Y_t)$ 是决策单元在不同时刻的输入距离函数；D_c 和 D_v 分别是基于

固定规模收益和可变规模收益的距离函数。

3.2.5 面板 Tobit 模型

由于三阶段 DEA 模型测度的创新效率取值为 0~1，属于受限制的被解释变量，采用传统最小二乘法（OLS）分析容易导致结果有偏或不一致。Tobit 模型可用于处理被解释变量受限时的情况，其本身采用极大似然的概念，可有效分析连续数值变量和虚拟变量，进一步分析效率的影响因素。刘莎等[15]使用 Tobit 回归模型对苏北农村空巢老人健康状况及直接医疗费用进行分析，结果显示一年内有住院经历、日常生活活动能力有损害是导致直接医疗费用高的最重要因素。Tobit 模型的基本结构如下：

$$y_{it} = \begin{cases} \beta^T X_{it} + \varepsilon_{it} > 0 \\ \beta^T X_{it} + \varepsilon_{it} \leqslant 0 \end{cases} \quad (8)$$

其中，y_{it} 是被解释变量，即效率值，当 $y_{it} > 0$ 时，其值为实际观测值；当 $y_{it} \leqslant 0$ 时，则观测值受限，取值为 0。X_{it} 是解释变量，选取实际的观测值。β^T 是需要测算的参数向量。

3.2.6 SBM-DEA 模型

考虑到医疗卫生服务体系是综合了期望产出和非期望产出的多投入多产出系统，将基于松弛测度的非径向、非角度 SBM-DEA 模型作为效率测度的方法具有较好的适用性。但是传统的 SBM 模型无法对多个同样有效的单元格进行区分和排序，在此基础上出现了非径向且基于松弛变量的超效率 DEA 模型，该模型直接将松弛变量加入目标函数，其结果可以在实际利润的最大化基础上展现效益比例结构优化，以较好地区分不同决策单元的效率，评价非期望产出下的效率。模型结构公式（9）如下所示：

$$\min\theta = \frac{1 - \frac{1}{m}\sum_{i=1}^{m} \frac{S_i^-}{X_{i0}}}{1 + \frac{1}{s}\sum_{r=1}^{s} \frac{S_r^+}{y_{r0}}} \text{ s.t.} \begin{cases} X_0 = X\lambda + S^- \\ Y_0 = Y\lambda - S^+ \\ \lambda, S^-, S^+ \geqslant 0 \end{cases}$$

$$(9)$$

其中，θ 为目标效率值，当 $\theta = 1$ 时，被评价的决策单元处于"有效"状态；当 $\theta < 1$ 时，被评价的决策单元处于"无效"状态；m、s 代表投入、产出指标个数；S^-、S^+ 代表投入、产出的松弛变量。

4 建议

中国农村医疗卫生的效率评价是一个复杂系统的科学决策过程，使用 SFA 和 DEA 及其衍生方法越来越得到广泛应用，但是不同的效率测量方法都有其适用范围和局限性，无法满足研究的所有需求。因此，对其方法使用的合理性与局限性给予客观评价尤为重要。

总体而言，SFA 对异常值不太敏感，适合用于样本整体分析和对总体的推断，允许包括医院特定变量，并将随机误差与低效率区分开，在平衡医疗质量方面和病例组合的应用方面都比较容易接受，但是对于不同机构之间的横向对比会因机构间病例构成情况不同而产生偏倚，生产函数建立困难。而 DEA 及其衍生方法在评价多投入、多产出的性质相近或相同的机构或单位间（决策单元）的相对效率时具有灵活性和多功能性，因为 DEA 可以容纳多个输入和输出变量，客观性较强，无需特定的函数，也无须对有关数据的随机功能或特征给予特定的假设。但是对数据的完整性和准确性要求较高，增加数据收集难度并且未考虑统计误差造成的干扰，影响了测算结果的可信度。三阶段 DEA 模型由于将传统 DEA 与 SFA 相结合，剔除了随机误差和外部环境因素的影响，研究结果更符合实际情况。Malmquist 指数对效率进行动态分析，在对全要素生产率进行分解的基础上，对其分解指标进行定量分析。Tobit 模型是分析效率影响因素的重要方法，便于找到低效率背后的根源。而 SBM 模型创新性地综合了期望产出和非期望产出，对于产出指标中有医疗废物的研究可以有效地提高结果的可靠性。未来可以将不同的研究方法相组合，弥补单一研究方法固有的局限性。

为了提高医院的服务能力和建立有组织的分级诊疗和转诊系统，中国政府实施了一系列改革措施，未来研究应当综合考虑国家实际情况、市场不完全竞争、政府监管和财政资金约束等因素，针对不同的研究对象选择适宜的研究方法，并结合中国农村的实际情况，选择合适的模型。医疗卫生产业的崛起和壮大离不开高效率创新的引领和支撑。应根据各地规范以及最终实现全民健康覆盖和可持续卫生发展的路径来改进卫生系统绩效。系统评价中国农村医疗卫生的效率特征及其变化情况，为政府因地制宜地优化投入产出和控制运营规模提供参考。

参考文献

[1] 中共中央国务院印发《乡村振兴战略规划（2018—2022 年）》[N]. 人民日报，2018-09-27：001.

[2] 韩喜平，孙小杰. 全面实施健康中国战略[J]. 前线，2018(12)：54-57.

[3] 李红霞，马艳. 我国省级政府医疗卫生支出效率研究——基于 DEA 三阶段模型的实证研究[J]. 会计之友，2021(22)：9-15.

[4] Liu W，Xia Y，Hou J. Health Expenditure Efficiency in Rural China Using the Super-SBM Model and the Malmquist Productivity Index[J]. International Journal for Equity in Health，2019.

[5] Cheng G，Zervopoulos P D. Estimating the Technical Efficiency of Health Care Systems：A Cross-country Comparison Using the Directional Distance Function[J]. European Journal of Operational Research，2014(238)：899-910.

[6] N Bergen，A Ruckert，L Abebe，et al. Characterizing "Health Equity" as a National Health Sector Priority for Maternal，Newborn，and Child Health in Ethiopia[J]. Global Health Action，2021(14)：1853386.

[7] T Ram Jat，M San Sebastian. Technical Efficiency of Public District Hospitals in Madhya Pradesh，India：A Data Envelopment Analysis[J]. Global health action，2013(6)：21742.

[8] N Tlotlego，J Nonvignon，L G Sambo，et al. Assessment of Productivity of Hospitals in Botswana：A DEA Application[J]. International Archives of Medicine，2010(3)：1-14.

[9] M Paul，F Steffen. Efficiency of Primary Care in Rural Burkina Faso. A Two-stage DEA Analysis[J]. Health Economics Review，2011(1).

[10] J Sun，H Luo. Evaluation on Equality and Efficiency of Health Resources Allocation and Health Services Utilization in China[J]. Int J Equity Health，2017(16)：127.

[11] Li Chengyue，Sun Mei，Shen Jay J，et al. Evaluation on the Efficiencies of County-level Centers for Disease Control and Prevention in China：Results from a National Survey[J]. Tropical Medicine and International Health：TM and IH，2016，21(9)：1106-1114.

[12] 唐立健，王长青，钱东福. 江苏省农村医疗卫生资源配置现状及效率分析[J]. 中国卫生事业管理，2021，38(8)：610-614.

[13] H Brahim，M Rodolphe，M Samir，et al. Assessing the Relationships between Hospital Resources and Activities：A Systematic Review[J]. Journal of Medical Systems，2014(38).

[14] 陈阳，官翠玲. 基于 Malmquist 指数的武汉市医疗卫生资源配置效率研究[J]. 中国研究型医院，2020，7(6)：15-19.

[15] 刘莎，卢硕，刘培松，等. 苏北农村空巢老人健康状况及直接医疗费用的 Tobit 回归模型研究[J]. 中国卫生统计，2020，37(1)：20-23.

基于 DEMATEL 的中小型施工企业 BIM 应用推广障碍因素研究

戚振强　赵凯丽

（北京建筑大学城市经济与管理学院，北京　100044）

【摘　要】 BIM 技术已经在全球蓬勃发展，其中 BIM 技术在建筑企业中的应用也逐渐广泛，而在施工企业中 BIM 技术的应用还比较缺乏。在此背景下，通过文献研究和问卷调查识别出中小型施工企业 BIM 应用的障碍因素，共包括三大方面和 10 个子因素，再基于 DEMATEL 方法分析各个障碍因素之间的关系，确定重要因素和对其他因素影响较大的因素，从而提出推广中小型施工企业 BIM 应用的实施路径与策略。

【关键词】 中小型施工企业；BIM 技术；应用推广；障碍因素

Research on Obstacles of BIM Application and Promotion in Small and Medium-sized Construction Enterprises Based on DEMATEL

Zhenqiang Qi　Kaili Zhao

(Beijing University of Civil Engineering and Architecture, Beijing　100044)

【Abstract】 BIM technology has been booming all over the world, in which BIM Technology is gradually widely used in construction enterprises, while the application of BIM technology in construction enterprises is still lacking. In this context, through literature research and questionnaire survey, the obstacle factors of BIM application in small and medium-sized construction enterprises are identified, including three aspects and 10 sub factors. Then, based on the DEMATEL method, the relationship between each obstacle factor is analyzed, and the important factors and factors that have a great impact on other factors are determined, so as to put forward the implementation path and strategy of popularizing BIM application in small and medium-sized construction enterprises.

【Keywords】 Small and Medium-sized Construction Enterprises；BIM Technology；Application Promotion；Obstacle Factors

1　引言

随着建筑业信息化的发展，BIM 技术已经成为建筑业的主流技术，并且在我国各行业都有应用和普及。据《中国建筑业 BIM 应用分析报告（2020）》，调研参与者更多来自施工企业，其中特级资质企业占比最多，与 2019 年相比，我国建筑业 BIM 技术应用情况有所提升，越来越多未使用 BIM 技术的企业积极关注着 BIM 技术应用，呈现出企业资质越高 BIM 应用时间越长的趋势[1]。目前在施工企业中，BIM 技术通常用于复杂大型项目，参与主体大多为大型企业，而在我国建筑企业中，中小型企业占比超过 90%。由于受到外界环境、自身条件等因素的影响，使其在整个行业信息化变革的进程中处于落后的状态，BIM 技术在中小型建筑企业中的应用推广效果并不明显。说明在中小型施工企业中 BIM 技术的推广遇到了诸多障碍，已有一些国内外学者对施工企业障碍因素做了研究，但关于障碍因素之间相互关系的研究比较欠缺。

国外学者 Chan 等（2019）[2]以我国香港地区为实例，认为 BIM 采用的主要障碍与施工利益相关方对变革的内在抵制、执行 BIM 的组织支持和结构不足以及我国香港地区缺乏 BIM 行业标准有关；Bh 等（2020）[3]探讨了 BIM 在绿色建筑推广中的障碍，从技术、管理、经济和社会环境四个方面总结了最迫切的障碍，然后又针对不同利益相关者对障碍的严重程度的排序提出了对策；Shirowzhan 等（2020）[4]采用内容分析法和文本挖掘法，认为互操作性问题是 BIM 实施的主要实际障碍，以及 BIM 软件兼容性问题阻碍了 BIM 在施工中的正确使用。

国内学者何清华等（2012）[5]总结出施工企业 11 个障碍因素，并通过解释结构模型分析了障碍因素间的关系，进而提出施工企业推广 BIM 技术的建议；郑忆菁等（2019）[6]基于文献综述法从技术类、管理类、规则类、经济类和环境类五大类，总结出 20 个 BIM 应用障碍因素；容朋（2019）[7]通过对施工企业进行问卷调查，发现影响建筑施工企业应用 BIM 的各种因素，主要有以下五个方面：经济因素、技术因素、数据因素、人员因素和主观因素，最后探寻推广 BIM 技术应用的对策；董娜等（2021）[8]通过文献研究法和问卷调查法，从企业内部和外部环境两个维度归纳了 BIM 应用的 19 个影响因素，最后利用仿真模拟为施工企业推广 BIM 提供了参考。

综上所述，多数国内外学者的研究都只针对障碍因素进行了分析，并没有研究各障碍因素间的相互关系。因此，通过对施工企业障碍因素关系进行分析，提炼出中小型施工企业 BIM 推广障碍因素，抓住关键影响因素并提出措施，对 BIM 在中小型施工企业领域的推广应用尤为重要。本文通过文献综述和问卷调查的方法，识别了中小型施工企业 BIM 应用的障碍因素，基于 DEMATEL 方法分析各因素间的相互关系，从而提出中小型施工企业 BIM 应用推广的路径与策略。

2　中小型施工企业 BIM 应用推广障碍因素识别

本文梳理和分析了施工企业 BIM 应用障碍因素相关文献，通过文献研究法，提炼出影响中小型施工企业的障碍因素，主要从应用环境类、技术方法类、组织管理类三个方面进行综合考虑，共识别出 10 个影响因素。

2.1 应用环境类

应用环境类因素是指 BIM 技术应用推广过程中的外部环境因素，以及国家制定的政策和行业颁布的相关标准。本文将中小型施工企业 BIM 应用障碍因素中应用环境类因素分为国家政策支持不够、缺乏 BIM 相关标准、业主驱动力不足 3 个方面。

2.2 技术方法类

技术方法类因素是指 BIM 软件设备和 BIM 技术等方面。本文将中小型施工企业 BIM 应用障碍因素中技术方法类因素分为知识产权不明、BIM 软件兼容性问题、各方信息共享不足 3 个方面。

2.3 组织管理类

组织管理类因素是指应用 BIM 技术所产生的业务管理和企业高层应用 BIM 技术和外部沟通问题等方面。本文将中小型施工企业 BIM 应用障碍因素中组织管理类因素分为缺乏企业高层支持、短期投入成本效益不明显、业务流程制约、缺少 BIM 相关人才 4 个方面。

综上所述，对应用环境类、技术方法类和组织管理类三方面再进行细分，归纳总结出 BIM 应用在中小型施工企业的 10 个障碍因素。

3 基于 DEMATEL 的障碍因素关系分析

在前述障碍因素识别的基础上，进行因素关系分析，可以明确 BIM 应用障碍因素的重要性程度和因果关系，为中小型施工企业 BIM 的推广应用提出有效的策略建议。

3.1 DEMATEL 方法简介

DEMATEL 方法又称为决策试验和评价实验法，通过分析复杂系统中各要素之间的逻辑关系与直接影响关系，然后运用图论和矩阵工具对系统因素进行分析，进而判断和评价要素之间有无关系及其关系的强弱。DEMA-TEL 方法是由美国学者提出的一种方法论，该方法既体现了两两因素之间的直接影响关系，又体现了所有因素之间的间接影响关系。

3.2 实施步骤

DEMATEL 法的实施步骤如下：

（1）收集影响中小型施工企业 BIM 应用的相关信息，剖析该系统的要素。本文研究系统因素与结构如表 1 所示。

中小型施工企业 BIM 应用障碍因素   表 1

一级因素	二级因素	标记	三级因素
应用环境类	政策	F_1	国家政策支持不够
	标准	F_2	缺乏 BIM 相关标准
	业主	F_3	业主驱动力不足
技术方法类	软件	F_4	知识产权不明
		F_5	BIM 软件兼容性问题
		F_6	各方信息共享不足
组织管理类	人员	F_7	缺乏企业高层支持
	投入	F_8	短期投入成本效益不明显
	模式	F_9	业务流程制约
		F_{10}	缺少 BIM 相关人才

（2）构建直接影响矩阵。为了评估障碍因素之间的关系，运用专家打分法确定因素相互关系，通过对中小型施工企业从事建筑行业的人员发放 100 份调查问卷收集数据。此次调查问卷回收有效问卷共 80 份，有效回收率为 80%。通过 KMO 检验和 Bartlett 球形检验对效度进行检验，得出的克朗巴赫系数 α 为 0.971，说明问卷有较高的可靠性；得出 KMO 值为 0.957，且 Bartlett 球形检定 P 值

小于 0.001，说明此次问卷的题项设计合理。采用专家访谈和问卷调查形式，运用 0～4 标度法，将障碍因素之间的直接影响程度划分为 5 个等级：无影响、较小影响、适中影响、较大影响、很大影响，对应分值为 0、1、2、3、4。通过邀请 4 位业内专家进行问卷调查并对障碍因素间的关系打分后取平均值，得到平均值直接影响矩阵，最后将上述各要素之间的直接影响关系用矩阵 X 表示，如表 2 所示。

（3）确定综合影响矩阵 T。为了分析各要素之间的关系，需要求综合影响矩阵。首先根据式（1）对直接影响矩阵进行规范化处理得到直接影响矩阵 X 的规范化矩阵 G，再根据式（2）得到综合影响矩阵 T，计算结果如表 3 所示。

$$G = \frac{X}{\max\sum\limits_{j=1}^{n} x_{ij}} = (g_{ij})_{n \times n} \quad 1 \leqslant i \leqslant n$$

$$\tag{1}$$

$$T = G(1-G)^{-1} \tag{2}$$

平均直接影响矩阵 X 表 2

	F_1	F_2	F_3	F_4	F_5	F_6	F_7	F_8	F_9	F_{10}
F_1	0	2.5	2.75	2.75	3	2	3.25	3	2.75	3.25
F_2	2.75	0	2.25	2.75	3	2.75	3.75	3.5	3	3.25
F_3	2.75	2.25	0	3	2.5	2.5	2.5	2.25	2.75	3.25
F_4	2.5	2	2.5	0	2	2.25	2.5	3.5	2.25	3.25
F_5	2.5	2.25	2.5	3.5	0	3	2.75	3.5	2.75	3
F_6	2.5	2	2.75	2.75	2.75	0	2.25	2	2.75	3.25
F_7	2.5	2.5	2.5	2.5	2.75	2.5	0	2.5	3	3.25
F_8	2.5	2	2.75	2.25	2.25	2	2.25	0	2.75	2.25
F_9	2.5	2.5	2.5	2.75	2.25	2.5	2.25	2.75	0	2.25
F_{10}	2.5	2.5	2.5	3	2.75	2.5	3	2.75	2.75	0

综合影响矩阵 T 表 3

	F_1	F_2	F_3	F_4	F_5	F_6	F_7	F_8	F_9	F_{10}
F_1	0.69	0.70	0.78	0.84	0.79	0.73	0.83	0.86	0.83	0.90
F_2	0.82	0.66	0.81	0.88	0.83	0.79	0.89	0.92	0.88	0.95
F_3	0.74	0.66	0.65	0.81	0.74	0.71	0.77	0.80	0.78	0.86
F_4	0.70	0.63	0.71	0.67	0.69	0.67	0.74	0.80	0.74	0.82
F_5	0.78	0.70	0.78	0.87	0.70	0.77	0.82	0.89	0.83	0.90
F_6	0.71	0.64	0.72	0.78	0.73	0.60	0.74	0.77	0.77	0.83
F_7	0.74	0.68	0.74	0.80	0.75	0.71	0.69	0.81	0.80	0.86
F_8	0.66	0.59	0.67	0.71	0.66	0.62	0.69	0.64	0.71	0.74
F_9	0.69	0.63	0.70	0.76	0.69	0.67	0.72	0.77	0.65	0.78
F_{10}	0.74	0.68	0.75	0.82	0.76	0.72	0.80	0.82	0.80	0.76

（4）计算各个障碍因素的影响度和被影响度。对矩阵 T 中元素按行相加得到相应要素的影响度，对矩阵 T 中元素按列相加得到相应要素的被影响度。影响度和被影响度用来判断要素间的相互影响关系，以及对系统整体的影响程度。

影响度：$f_i = \sum_{j=1}^{n} t_{ij}(i = 1,2,\cdots,n)$ （3）

被影响度：$e_i = \sum_{j=1}^{n} t_{ji}(i = 1,2,\cdots,n)$ （4）

（5）计算各个障碍因素的中心度和原因度。将综合影响矩阵的行和列相加得到的数值，即影响度和被影响度二者的和为中心度；将综合影响矩阵的行和列相减得到的数值，即影响度和被影响度二者的差为原因度。中心度反映一个障碍因素与其他所有因素的关系，值越大，关系越密切[9]。如果求得的原因度 $n_i > 0$，表明该因素对其他因素影响大，称为原因因素。如果求得的原因度 $n_i < 0$，表明该因素受其他因素影响大，称为结果因素。

中心度：$m_i = f_i + e_i (1 \leqslant i \leqslant n; 1 \leqslant j \leqslant n)$ （5）

原因度：$n_i = f_i - e_i (1 \leqslant i \leqslant n; 1 \leqslant j \leqslant n)$ （6）

根据式（3）～式（6）计算各障碍因素的影响度、被影响度、中心度、原因度，得到结果如表4所示。

综合影响因素表　表4

障碍因素 F_i	影响度 f_i	被影响度 e_i	中心度 f_i+e_i	原因度 f_i-e_i
F_1	7.94	7.29	15.23	0.66
F_2	8.43	6.57	15.00	1.86
F_3	7.51	7.30	14.81	0.21
F_4	7.18	7.93	15.11	−0.75
F_5	8.04	7.34	15.38	0.70
F_6	7.29	6.99	14.28	0.31
F_7	7.58	7.69	15.28	−0.11
F_8	6.70	8.08	14.78	−1.38
F_9	7.06	7.79	14.85	−0.72
F_{10}	7.65	8.41	16.05	−0.76

根据计算结果得到中小型施工企业 BIM 应用障碍因素的原因结果图，如图1所示。

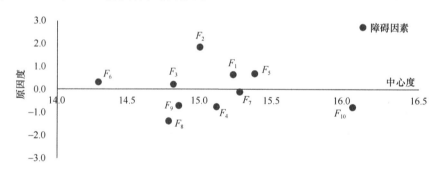

图1　中小型施工企业 BIM 应用障碍因素的原因结果

3.3　结果分析

（1）基于中心度的结果分析

根据得出的中小型施工企业 BIM 应用障碍因素的中心度结果，缺少 BIM 相关人才（F_{10}）中心度最高，排在首位；其次是 BIM 软件兼容性问题（F_5），排在第三位的是缺乏企业高层支持（F_7）。由此说明排在前三位的三个因素与其他所有因素关系密切，也表明了培养 BIM 技术型人才在中小型施工企业中尤为重要，BIM 软件本土化的研发对于中小型施工企业也具有重要影响，而且企业高层支持应用 BIM 技术在施工过程中会为企业带来巨大的利益。

（2）基于原因度的结果分析

根据得出的中小型施工企业 BIM 应用障碍因素的原因度结果，国家政策支持不够（F_1）、缺乏 BIM 相关标准（F_2）、业主驱动力不足（F_3）、BIM 软件兼容性问题（F_5）和各方信息共享不足（F_6）为原因因素，说明这些因素容易对其他因素产生影响；知识产权不明（F_4）、缺乏企业高层支持（F_7）、短期投入成本效益不明显（F_8）、业务流程制约（F_9）和缺少 BIM 相关人才（F_{10}）为结果因素，说明这些因素受到其他因素影响较大。

（3）关键性影响因素结果分析

根据各影响因素的原因结果图，中心度较高且原因度为正的因素为关键性影响因素。其中，BIM 软件兼容性问题（F_5）、国家政策支持不够（F_1）、缺乏 BIM 相关标准（F_2）和业主驱动力不足（F_3），这些影响因素对于施工企业 BIM 的推广起关键推动作用。这一结果也符合目前中小型施工企业 BIM 应用的现状，要实现 BIM 在中小型施工企业中的推广离不开政府颁布的政策法规和相关标准，更重要的是解决 BIM 软件不断更新而无法与系统兼容的问题，完成 BIM 软件本土化这一进程刻不容缓。

4 中小型施工企业 BIM 应用推广发展路径与实施策略

据 DEMATEL 实证分析结果得知，中小型施工企业实现 BIM 应用的推广路径需要从关键性影响因素入手。从 BIM 软件、国家政策和 BIM 标准及业主驱动力三方面路径着手，对现阶段中小型施工企业 BIM 的应用推广提出以下实施策略。

4.1 BIM 软件方面

（1）改善 BIM 软件功能

一款好的 BIM 软件对中小型施工企业项目的实施起着重要作用，使用 BIM 不仅能够给项目带来利益，而且还能发挥自身应有的价值。目前 BIM 软件种类繁多，软件操作便捷

性不够理想，软件的数据标准统一性存在严重缺陷。因此，应改善 BIM 软件功能，升级软件和系统，提供新旧数据转换功能，提升 BIM 软件的易用性。

（2）推动 BIM 软件本土化

BIM 软件大多是从国外引进，在国内使用过程中很容易产生高额的费用，且造成软件不兼容的问题。而且 BIM 软件仍不够成熟，难以与其他软件集成应用。国家应积极出台政策，形成适合中国本土的 BIM 软件和技术，减少购买国外软件的费用，提升软件的交互性。

4.2 国家政策和 BIM 标准方面

（1）加大政府政策支持力度

施工企业 BIM 技术应用的推广，很大程度上需要国家政策的扶持和政府的支持，政府应尽快完善 BIM 相关领域的政策，为推广 BIM 应用做好保障。一方面，可以采取强制措施，制定相关政策规定企业在大型项目中必须运用 BIM 技术；另一方面，政府可以对应用 BIM 技术的相关企业实行财政奖励与税收减免政策。

（2）完善 BIM 法规和标准

针对中小型施工企业的特点颁布相关的 BIM 标准和指导方针，在制定施工企业 BIM 标准时，可参考国内外的 BIM 标准，结合施工规范，从建筑、结构等方面制定相关标准。同时，中小型施工企业应密切关注国家颁布的政策和法规动态，及时反馈自身应用 BIM 技术的实际情况和经验，结合企业发展目标和国家政策意见，为国家法规和标准提供一些建议，实现施工企业 BIM 技术应用的推广。

4.3 业主驱动力方面

（1）制定激励政策

国家财政奖励和税收减免政策的实施将有利于中小型施工企业和业主的交流，业主看到对自身有巨大的利益好处，会更加重视 BIM 的应用推广。最后，努力提高企业的综合利益，让利益驱动业主的行为，增强业主 BIM 应用的驱动力，为中小型施工企业实施 BIM 技术创造条件。

（2）加大宣传力度

国家要大力宣传 BIM 技术的优势，让业主认识到他们是 BIM 应用的最大受益者，提升业主使用 BIM 技术的强烈愿望，从而驱动着施工企业 BIM 的应用和推广。业主积极学习先进的 BIM 理念和成功的 BIM 技术应用经验，加深对 BIM 的了解，进而会推动中小型施工企业在项目全生命周期的 BIM 技术使用。

5 结语

本文采用 DEMATEL 方法研究施工企业 BIM 应用推广障碍因素之间的相互关系，通过文献研究和问卷调查，从应用环境类、技术方法类和组织管理类三大方面识别出 10 个障碍因素，分析这些因素的影响程度，并提出适合施工企业 BIM 应用推广的一些相关建议。

参考文献

［1］ 本书编委会．中国建筑业 BIM 应用分析报告（2020）［M］．北京：中国建筑工业出版社，2020：3-17．

［2］ Chan D，Olawumi T O，Ho A. Perceived Benefits of and Barriers to Building Information Modelling（BIM）Implementation in Construction：The Case of Hong Kong［J］．Journal of Building Engineering，2019(25)：100764．

［3］ Bh A，Jl A，Fr B，et al. Contribution and Obstacle Analysis of Applying BIM in Promoting Green Buildings［J］．Journal of Cleaner Production，2020．

［4］ Shirowzhan S，Sepasgozar S，Edwards D J，et al. BIM Compatibility and its Differentiation with Interoperability Challenges as an Innovation Factor［J］．Automation in Construction，2020(112)：103086．

［5］ 何清华，张静．建筑施工企业 BIM 应用障碍研究［J］．施工技术，2012，41(22)：80-83．

［6］ 郑忆菁，马翔，苏宇州，等．建筑施工企业 BIM 应用障碍因素研究——基于文献综述的方法［J］．土木建筑工程信息技术，2019，11(5)：61-65．

［7］ 容朋．建筑施工企业 BIM 应用影响因素的研究［J］．智能城市，2019，5(24)：165-166．

［8］ 董娜，黄秋源，熊峰．基于 SD 的施工 BIM 影响因素分析及驱动策略仿真模拟［J］．重庆理工大学学报（自然科学），2021，35（2）：215-225，250．

［9］ 董娜，郭峻宁，姜涛．基于 DEMATEL 的造价 BIM 障碍分析及提升路径研究［J］．工程管理学报，2020，34(1)：37-41．

基于 TM-CBR 的建筑安全事故应急辅助决策模型研究

张 兵 赵 沛

（扬州大学建筑科学与工程学院，扬州 225000）

【摘 要】 当前建筑安全事故频发，威胁着工程施工从业人员的生命安全，并造成了重大经济损失，同时也对整个建筑业产生诸多不良影响。本研究提出将文本挖掘与 CBR 相结合，构建 TM-CBR 建筑安全事故模型，并以泰州的温泰市场"3·28"一般高处坠落事故为例，模拟事故发生，为建筑安全事故提供应急决策指导。

【关键词】 安全事故；文本挖掘；案例推理；案例库

Research on Emergency Decision Support Model of Building Safety Accidents Based on TM-CBR

Bing Zhang Pei Zhao

(College of Civil Science and Engineering, Yangzhou University, Yangzhou 225000)

【Abstract】 At present, construction safety accidents occur frequently, threatening the life safety of employees and causing economic losses. At the same time, it has a negative impact on the entire construction industry. This study proposes to combine text mining and CBR to build a TM-CBR building safety accident model, and takes the "3·28" general falling accident in Wentai market of Taizhou city as an example to simulate the occurrence of the accident and provide emergency decision guidance for building safety accidents.

【Keywords】 Safety Accidents; Text Mining; Case-based Reasoning; Case Base

1 引言

建筑业是国民经济支柱产业，但同时也是安全生产问题频发、高发的领域，类似事故甚至接连上演，如何调查和研究建筑安全事故发生的规律，并从中挖掘相似案例的事故信息，构建案例相似性指标体系及其相似值，一直是工程安全治理的学术焦点，为此本研究引入TM-CBR用于建筑安全生产问题研究，通过回顾过往相似事故，借助成型的历史事故的解决方案为突发事故作参考。

目前已有部分学者将案例推理技术应用于事故研究。张青松等人[1]提出以事故现场表面信息为案例属性用于危险品航空运输事故案例库构建；谷梦瑶等人[2]将融合表征与CBR相结合构建了特种设备事故预测体系；Wu等人[3]提出的地铁事故案例检索系统通过专家评估且精度很高；张兵等人[4]构建了超高层建筑施工安全事故模型，并对南京青奥会议中心事故进行实证分析，验证了模型的可行性。可以看出，通过构建案例库来储存历史案例，能在事故发生时检索类似历史案例，为当前问题的解决提供思路，然而，基于传统规则的推理技术在模型设计和分析框架中存在着一些不足，包括：①先前研究中的案例表示通常是主观确定的，所选择的案例特征并不系统和全面；②信息提取效率低下，在案例表示过程中，人工阅读整个案例，从数百个长文本报告中提取有价值信息的成本极高。这导致目前亟需寻找一种有效的方法，使得案例指标选取客观全面，信息提取效率提高。

与此同时，随着越来越多的文本数据应用，如何高效获取这些非结构化文本数据的重要信息成为关键。鉴于此，文本挖掘技术（Text Mining）被引入来分析和处理非结构化文本数据，这样能够从非结构化数据源中发现以前未知或潜在有用的模式、模型、趋势或规则。文本挖掘技术已成功应用于金融[5]、教育[6]和医学领域[7]。与此同时，一些文本挖掘技术可以应用于CBR系统，如信息检索、聚类和分类[8]，并且文本挖掘可以提取关键术语或概念，这使得用户更容易获取案例报告中的

特定信息[9]。但目前较少将文本挖掘应用于支持CBR系统，尤其是在建筑领域，同时事故调查报告也属于非结构化文本数据，因而将文本挖掘与CBR结合的TM-CBR能有效解决当前CBR面临的困难。

因此，本研究提出将文本挖掘与CBR方法相结合的TM-CBR，具体的文本挖掘用于事故调查报告自动转换为结构化数据，信息检索技术用于辅助案例检索。并且以泰州市住房和城乡建设局等官方途径提供的建筑安全事故为案例库，构建其TM-CBR事故应急处置模型，同时以泰州市温泰市场"3·28"一般高处坠落事故为例，模拟事故发生后通过检索历史案例，迅速反应。

2　TM-CBR模型构建

根据CBR和文本挖掘原理，本文提出了一个集成系统TM-CBR，以应对处置突发建筑安全事故。TM-CBR系统主要分为三部分：第一是构建案例库，通过住房和城乡建设部等官方途径搜集建筑安全事故报告，并使用文本挖掘对案例文档进行结构化表示，形成建筑安全事故案例库；第二是目标案例事故诊断，用文献综述和文本挖掘相结合的方法对案例进行特征提取，一定程度上降低了指标选取的主观性，对每个案例特征进行相似度计算得到局部相似度，再结合AHP法计算出两个案例的全局相似度；第三是案例修正保留，通过目标案例与历史案例进行全局相似度比较，如果相似度高，则将匹配的案例的解决方案用于目标问题，反之，将修正后的案例存入案例库。

3　案例框架

3.1　案例文档结构化表示

在一个典型的案例推理系统中，一个案例

主要由两个部分组成，即问题部分和解决方案部分。在本系统中问题部分是由事故说明以及事故相关属性构成，解决方案部分是事故现场的应对措施，为应急处置提供决策支持。对于问题部分，通过文本挖掘代替人工，自动对案例文档进行结构化处理，提高效率。对于解决方案部分，本系统选择用关键词来代替长文本，这样能在事故发生时迅速反应，节省时间。如果现场人员缺乏专业知识和临场应变能力，需要一目了然地应急处理方案，也可以通过直接检索历史案例，来获得具体信息。

3.2 案例表示

案例表示中属性特征选择尤为重要，其选择的合适程度直接关系案例库的利用价值。以往属性指标的选取多来源于国内外安全事故相关文献的研究。但这种文献综述提取指标的方式具有一定的主观性，会导致某些特定的案例丢失重要信息，而这通过引入文本特征可以解决。因而本文选择文献综述和文本挖掘相结合的方式来共同确定案例特征。

文献选择过去 5 年的相关发表且被引多次的论文[10~14]。针对目标案例和历史案例的事故描述部分，利用 Python 和停用词表对其特征值的描述性文本进行预处理，形成有效的特征词集合；对集合进行合并去重，得到事故描述部分的所有词集合；构建词频向量，基于集合分别计算目标案例和历史案例在集合里面的每个单词词频，由此得到目标案例和历史案例的词频向量，并对其进行归一化处理，减少句子长度差异的影响。在结合属性综述和文本挖掘后，案例文件以表 1 的形式呈现。

其中 C_n 表示存在案例库的第 n 个案例，C_0 表示目标案例，F_j 表示第 j 个识别特征，T_j 表示第 j 个文本特征，Q_{ij} 表示第 j 个特征在第 i 个历史案例中的识别特征值，W_{ij} 表示第 j 个特征在第 i 个历史案例中的文本特征值，Q_{0j} 表示目标案例第 j 个识别特征值，W_{0j} 表示目标案例第 j 个文本特征值，N 表示所有文本特征的个数，根据 TF-IDF 方法，W_{ij} 值按照下式进行计算：

$$W_{ij} = \begin{cases} 0, & TF_{ij} = 0 \\ [1+\log(TF_{ij})]\log(N/DF_{ij}), & TF_{ij} \geqslant 1 \end{cases}$$

如果一个案例不包含特定的文本特性，则对应的 W_{ij} 值为 0；TF_{ij} 表示第 j 项在文档 i 中的频率；DF_j 为文档集中包含术语 j 的文档的个数。

案例特征表　　表 1

案例编号	属性指标					文本特征			
	F_1	F_2	...	F_7	F_8	T_1	T_2	...	T_m
C_1	Q_{11}	Q_{12}	...	Q_{17}	Q_{18}	W_{11}	W_{12}	...	W_{1m}
C_2	Q_{21}	Q_{22}	...	Q_{27}	Q_{28}	W_{21}	W_{22}	...	W_{2m}
...	...	...	...	...	...	W_{31}	W_{32}	...	W_{3m}
C_n	Q_{n1}	Q_{n2}	...	Q_{n7}	Q_{n8}	W_{41}	W_{42}	...	W_{nm}
C_0	Q_{01}	Q_{02}	...	Q_{07}	Q_{08}	W_{01}	W_{02}	...	W_{0m}

3.3　案例检索

案例检索是基于实例推理循环中最重要的步骤，其目标是在案例库中找到最接近新问题的案例。为了有效地实现这一目标，采用相似度来衡量目标案例与存储案例之间的相似度，常用的相似性度量方法有最近邻法和局部全局法。而由于数据库不完整和案例库有限，本研究选择局部全局法。局部全局法的应用包括三个步骤：第一步是计算不同案例中每个特征的局部相似性；第二步是利用与每个特征局部相似度相关的权重；第三步是计算案例间的全局相似度。

3.3.1　局部相似性度量

局部相似度的计算在整个案例检索过程中举足轻重，直接影响系统的精度，不同数据类型的相似度计算也存在差异。本研究的数据类型包括数值型、文本型、TF-IDF 值。

（1）数值型

对于建筑工程安全事故案例中的数值型指标，如伤亡人数、损失金额等，其局部相似度计算公式为：

$$\mathrm{Sim}_1(Q_{ij}, Q_{0j}) = 1 - |Q_{ij} - Q_{0j}| / (M - m),$$
$$Q_{ij}, Q_{0j} \in [m, M]$$

其中，$\mathrm{Sim}_1(Q_{ij}, Q_{0j})$ 表示案例之间的局部相似度；Q_{ij}、Q_{0j} 分别表示历史案例、目标案例的属性值；m、M 为案例属性指标的最小值与最大值。

（2）文本型

对于建筑工程安全事故案例中不易量化的文本型指标，如事故类型、事故等级、项目规模等，其局部相似度计算公式为：

$$\mathrm{Sim}_2(Q_{ij}, Q_{0j}) = \begin{cases} 1, & Q_{ij} = Q_{0j} \\ 0, & Q_{ij} \neq Q_{0j} \end{cases}$$

其中，Q_{ij} 为历史案例；Q_{0j} 为目标案例。

（3）TF-IDF 值

对于文本特征，本研究采用余弦相似性来度量两个文档向量之间的相似性，其计算公式为：

$$\mathrm{Sim}_3(T_i, T_0) = \left(\sum_{j=1}^{m} W_{ij} W_{0j} \right) /$$
$$\sqrt{\sum_{j=1}^{m} (W_{ij})^2 \sum_{j=1}^{m} (W_{0j})^2}$$

其中，$\mathrm{Sim}_3(T_i, T_0)$ 表示历史案例 C_i 和目标案例 C_0 的文本相似度；W_{ij} 表示历史案例 C_i 中第 j 项的 TF-IDF 值；W_{ij} 为目标案例 C_0 中第 j 项的 TF-IDF 值。

3.3.2　全局相似度计算

在指标权重计算方法选择方面，层次分析法由于其依据专家的主观判断具有局限性，同时不同专家由于经验知识结构等不同对于同一指标评价也存在差异。然而，这个局限可以通过成对比较和一致性计算来降低人为主观影响。在成对比较中，加权测量基于对两个特征之间的相对重要性，相较专家简单地指定一个绝对的加权值更合理。此外，一致性的计算有助于调和不同专家判断的冲突，从而降低层次分析法的主观性。因而，本研究采用 AHP 法进行权重设定。

将指标变量间按重要性划分为九个等级，以此为基础对专家成员进行问卷调查，特征成对比较，采用层次分析法计算出 8 个特征的相对权重。表 2 为各指标的权重分配结果。

在权重确定的基础上，综合所有特征的局部相似性，可以得到历史案例和目标案例之间的全局相似性，具体公式为：

$$\mathrm{Sim}(C_i, C_0) = \sum_{j=1}^{7} w_j \mathrm{Sim}(Q_{ij}, Q_{0j}) + w_8 \mathrm{Sim}(T_i, T_0)$$

$\mathrm{Sim}(C_i, C_0)$ 表示历史案例 C_i 和目标案例 C_0 的全局相似度。$\mathrm{Sim}(Q_{ij}, Q_{0j})$ 表示历史案例 C_i 和目标案例 C_0 之间的相似度，相似度的计

算方法可以参照上面的公式，$\mathrm{Sim}(T_i, T_0)$ 表示文本相似度。

各指标属性值及其权重　表2

指标名称	指标值格式	指标属性值描述	权重系数
伤亡人数	数值型	个数	0.1187
损失金额	数值型	金额数	0.1157
事故类型	文本型	高处坠落，坍塌，物体打击，机械伤害，其他	0.089
事故等级	文本型	一般，较大，重大，特大	0.1625
事故诱因	文本型	自然因素，技术因素，人为因素，机械因素，管理因素，其他	0.1703
事故季度	文本型	春，夏，秋，冬	0.0961
项目规模	文本型	小，中，大	0.0918
文本特征	—	TF-IDF 值	0.1559

3.4　案例修正与保留

案例适应是将这些潜在解决方案从检索到的案例转换为适合当前问题情况的解决方案的过程。由于检索到不止一个案例，从检索到的案例中派生出的几个解决方案被视为潜在方案来解决新问题。但是并不存在完全相同的事故，这需要使用者进一步分析从案例库中检索到的潜在解决方案是否需要修正。如果目标问题与案例库中的案例相似度高，则按照提供的应急措施处理；反之，则对相似度最高的案例进行修正，将调整后的案例作为新案例保存到案例库。

4　TM-CBR 应用

4.1　事故调查报告结构化

本研究以泰州市为例，案例来源是泰州市应急管理局公开的 2013 年至今的事故调查报告，保证了案例可信度和时效性。对事故调查报告进行结构化处理，将每个报告中的全部信息输入 Python 中进行文本挖掘。随机选取 8 个案例（10%）作为目标案例，以此来说明该系统的适用性。剩下的案例作为案例库，表3列出了目标案例的属性值。

目标案例属性值　表3

目标案例	损失金额（万元）	事故类型	事故等级	事故诱因	事故季度	项目规模	关键词
C11	90	小	一般	机械	秋	小	吊篮、钢丝绳、检查
C26	117	小	一般	人为	夏	中	防护、安全教育、排查
C47	151.3	小	一般	其他	春	大	劳务、管理
C58	147.8	小	一般	人为	春	中	压路机、地基
C61	60	中	一般	管理	夏	大	管理、检查
C73	75	小	一般	人为	秋	中	脚手架、防护
C76	80	小	一般	机械	夏	中	泵管、作业、教育

4.2　案例库的构建

根据上述所提出的框架，将收集的建筑安全事故报告转化为属性值表（表4），形成案例库。项目规模、事故季度、事故类型、事故诱因、事故等级、伤亡人数、损失金额等都能直接从建筑安全事故报告中获得。计算目标案例与 8 个历史案例之间的各指标局部相似度，将局部相似度与特征权重相结合，建立全局相似度。应用公式可得 72 个历史案例和目标案例的全局相似度，结果如表 5 所示。

案例库构建　表 4

案例编号	伤亡人数	损失金额（万元）	事故类型	事故等级	事故诱因	事故季度	项目规模	文本特征			
1	5	65	爆炸	较大	自然	冬	中	0.427	0	0	… 0
2	3	182	坍塌	较大	管理	秋	中	0.414	0	0.862	… 0
3	2	161	物体打击	较大	自然	冬	大	0	0	0	… 0
…	…	…	…	…	…	…	…	…	…	…	…

目标案例和历史案例的全局相似度　表 5

目标案例	历史案例	最匹配案例
C11	C71（0.693），C62（0.665），C21（0.604）	C72
C26	C7（0.702），C54（0.674），C10（0.628）	C7，C54
C47	C23（0.684），C51（0.613），C74（0.558）	C23
C58	C3（0.741），C64（0.714），C35（0.621）	C3
C61	C26（0.657），C65（0.614），C37（0.576）	C26
C73	C17（0.674），C54（0.621），C33（0.613）	C17
C76	C14（0.754），C72（0.714），C42（0.686）	C14

4.3 案例改编

以目标案例 C26（温泰市场"3·28"一般高处坠落事故）为例，发现检索到的案例 C7（"7·7"一般高处坠落事故）和 C54"9·6"一般高处坠落事故）与目标案例有很多相似之处：施工现场都缺少安全网、脚手架等安全防护设施，施工人员自身也都缺少安全意识，未搭设安全带等防护用具，作业时身体重心不稳，致使从高处坠落事故发生。事发后，现场人员都采取紧急措施并拨打了 120、110 电话，但均抢救无效死亡。与目标案例相比，虽然事故季度不尽相同，相较于目标案例 1 人伤亡、财产损失 110.5 万元，C7 和 C54 两起建筑安全事故分别导致 1 人伤亡、财产损失 122 万元和 1 人伤亡、财产损失 115.2 万元。故通过比对分析目标案例与检索历史案例间的异同，发现本系统能为应急决策提供参考。对应的应急方案和事后措施可以通过检索对应历史案例查询获得。

5　结论

本文针对当前建筑安全事故频发问题，在过往 CBR 研究基础上，结合文本挖掘技术，提出了一种文本挖掘与 CBR 相结合的改进系统。该系统可有效解决案例特征主观性较强、信息提取效率低下、不能根据需求进行查询等问题。

研究结果表明，TM-CBR 技术在建筑安全事故的研究方面具有可行性，本系统能在事故发生后迅速反应，通过检索历史案例为目标案例提供应急措施，借鉴历史案例经验，避免因应急处理不当造成更大伤害，将事故伤害和损失降到最低。同时也可以通过检索类似案例，发现施工现场的隐患，从根源上解决事故。在下一步工作中，考虑到现有案例数量有限，而事故调查报告需要等待官方公示，未来将会继续丰富案例库，以提高本系统的适用性。

参考文献

[1] 张青松，张秋月，刘然 . 基于 CBR 的危险品航空运输事故应急决策研究[J]. 消防科学与技术，2021，40(2)：271-275.

[2] 谷梦瑶，李光海，戴之希 . 融合事故表征和CBR 的特种设备事故预测研究[J]. 计算机工程与应用，2022，58(1)：255-267.

[3] Haitao Wu，et al. An Ontological Metro Accident Case Retrieval Using CBR and NLP[J]. Applied Sciences，2020，10(15).

[4] 张兵，詹锐，关贤军，等 . 基于 CBR 的超高层建筑施工安全事故研究[J]. 土木工程与管理学报，2019，36(6)：92-98.

[5] 毛泽强 . 金融机构海量投诉数据分析与应用——基于 LDA-TPA 模型文本挖掘[J]. 金融发展评论，2021(9)：81-95.

[6] 刘清堂，贺黎鸣，吴林静，等 . 智能时代的教育文本挖掘模型与应用[J]. 现代远程教育研究，2020，32(5)：95-103.

[7] 杨颖，李子政，曹姝，等 . 双向聚类方法在医学文本挖掘中的实现过程及应用意义探讨[J]. 医学信息学杂志，2021，42(5)：40-44.

[8] Miner G. Practical Text Mining and Statistical Analysis for Non-structured Text Data Applications. Academic Press，2012.

[9] He W. Improving User Experience with Case-based Reasoning Systems Using Text Mining and Web 2.0. Expert Systems with Applications，2013，40(2)：500-507.

[10] 张洪，宫运华，傅贵 . 基于"2-4"模型的建筑施工高处坠落事故原因分类与统计分析[J]. 中国安全生产科学技术，2017，13(9)：169-174.

[11] 傅贵，索晓，贾清淞，等 . 10 种事故致因模型的对比研究[J]. 中国安全生产科学技术，2018，14(2)：58-63.

[12] 李鸿伟 . 基于危险源管理的建筑施工现场安全管理研究[D]. 北京：中国矿业大学，2011.

[13] 林雪倩 . 基于贝叶斯网络的我国建筑施工安全事故预警系统研究[D]. 哈尔滨：哈尔滨工业大学，2015.

[14] Miah S J，Islam H，Samsudin A Z H. Ontology Techniques for Representing the Problem of Discourse：Design of Solution Application Perspective. In Proceedings of the IEEE International Conference on Computer & Information Technology，Nadi，Fiji，2016.

典型案例

Typical Case

中国城市老旧社区加装电梯政策的经验及启示

曾建丽[1] 宋 齐[2] 王小芳[1] 曹 蕊[1] 王 淼[1] 杨文昊[1] 杨 璐[3]

（1. 天津城建大学经济与管理学院，天津 300384；

2. 天津商业大学公共管理学院，天津 300134；

3. 山东青岛农业大学公共管理学院，青岛 266109）

【摘 要】 老旧社区加装电梯对于促进城市更新、推进老旧社区综合改造以及应对人口老龄化具有重要意义。通过研究我国老旧社区加装电梯的相关政策法规，总结国内主要城市的老旧社区加装电梯政策推行情况，从加装电梯的条件、实施过程的优化和资金筹措的模式三个方面构建了比较分析研究框架，分析共性特点及各自特色，最后提出完善我国城市老旧社区加装电梯政策的经验及启示。

【关键字】 老旧社区；加装电梯；政策；比较分析；经验启示

Experience and Enlightenment of Elevator Installation Policy in Old Urban Community in China

Jianli Zeng[1] Qi Song[2] Xiaofang Wang[1] Rui Cao[1]

Miao Wang[1] Wenhao Yang[1] Lu Yang[3]

(1. School of Economics and Management, Tianjin Urban Construction University, Tianjin 300384;

2. School of Public Administration, Tianjin University of Commerce, Tianjin 300134;

3. School of Public Administration, Shandong Qingdao Agricultural University, Qingdao 266109)

【Abstract】 The installation of elevators in old communities is of great significance for promoting urban renewal, promoting the comprehensive transformation of old communities and coping with the aging population. By studying the relevant policies and regulations on the installation of elevators in old communities in China, this paper summarizes the implementation of the policy of installing elevators in old communities in major cities in China, constructs a comparative analysis and research framework from three aspects: the conditions for installing elevators, the optimization of the implementation process, and the mode of financing, analyzes the common characteristics and their respective characteristics, and finally puts forward the experience and enlightenment of improving the policy of installing elevators in old communities in China.

【Keywords】 Old Community; Installation of Elevators; Policy; Comparative Analysis; Experience Enlightenment

1 引言

我国早在多年之前就已经开始着手老旧小区电梯加装工作。2018 年之前，国家层面老旧社区加装电梯政策相对缺乏，但随着时间的推移，国家相继出台支持政策，老旧社区加装电梯政策细则不断完善。2018 年，李克强总理在两会上鼓励符合条件的老旧小区加装电梯，紧接着，2019 年政府工作报告中再次提出要大力进行改造提升城镇老旧小区，更新水电路气等配套设施，支持加装电梯。财政部、住房和城乡建设部修订公布的《中央财政城镇保障性安居工程专项资金管理办法》（财综〔2017〕2 号），为解决加装电梯费用问题提供了方案说明。近年来，国家连续出台了相应的政策文件，对责任主体、费用方面、工程技术标准作出一系列说明，大力支持这项惠民工程，争取加装电梯的推行效能。在关于加装电梯的研究中，学者较多关注加装电梯的对策建议，针对加装电梯难点的解决对策主要有通过立法与协商来缓解居民之间利益冲突、简化流程提高效率[1~3]。随着政策的推进，从人口老龄化角度，学者将研究目光转移到社区居民的参与度及其意愿，得出电梯加装工作的推进主要和加装费用、自身需要、家庭收入以及居民受教育程度有关的结论[4~6]。随着加装电梯过程中问题的出现，学者研究老旧社区加装电梯方面的难题将更为深入，主要有分摊费

用难以确定、容易扰民、实施主体边界模糊且权责不明、社区居民资金筹措难度大等[7~9]，这些问题的解决办法也将成为学者研究的重点。

通过梳理"加装电梯"现有文献，发现其主要关注于加装电梯的意愿、困境以及对策等方面的研究，现有相关文献的研究范围主要集中在区域尺度，而对于将部分城市纳入研究范围的文献很少，对加装电梯政策实施效果较好的城市的研究更少。而且现有文献主要聚焦于"加装电梯"研究，关于"加装电梯政策"研究较少，通过对比各个城市加装电梯政策的核心要素，可以为老旧社区加装电梯政策的完善和发展提供路径选择。而事实上全国很多城市相继出台加装电梯相关政策，但是加装电梯工作的开展仍然面临许多问题。在面对群体复杂、规模较大的问题时，政策的完善及制度的设计将成为重要的管理工具。基于此，本文梳理总结全国主要城市的老旧社区加装电梯政策，分析其共性和特点，最后提出政策启示，为推进老旧社区加装电梯提供一定的参考。

2 国内主要城市的老旧社区加装电梯政策推行总结

本文从加装电梯的条件、实施过程的优化和资金筹措的模式三个维度出发，建立比较分析框架，梳理国内主要城市老旧社区加装电梯政策的推行情况，如图 1 所示。

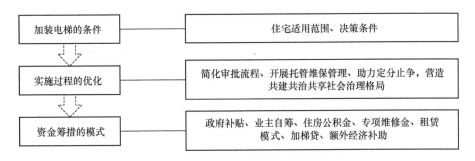

图1 老旧社区加装电梯政策比较分析框架

2.1 加装电梯的条件

加装电梯的条件即符合老旧社区加装电梯政策推行的要求。广州、福州、南京、北京、上海、杭州六个城市，将老旧社区加装电梯政策的实施条件分为两个方面：住宅适用范围和决策条件。

（1）住宅适用范围

通过梳理相关政策文件，可以看出各城市对老旧小区加装电梯条件规定存在细微差异，但是整体而言，共性较多，例如小区的建筑层数、产权归属、是否列入改造计划、是否符合现行的规划与设计要求等。广州、福州、南京、北京对层数进行了说明；北京对建成时间有一定范围要求；广州、南京、上海、杭州均对房屋产权作了说明；南京、北京、上海、杭州将"未列入房屋征收范围和计划"作为老旧社区加装电梯条件之一；福州、北京、上海对安全和规划标准有一定要求。

（2）决策条件

对于加装电梯决策条件的规定主要分为三类：①全体业主同意；②"双三分之二"同意（即加装电梯必须是占有房屋总面积三分之二以上且有三分之二以上的业主同意），同时应征得因加装电梯后受直接影响的本单元业主的同意[10]；③"双三分之二"加"双四分之三"同意。考虑到矛盾冲突发生的风险，在决策条件上较为谨慎，例如北京、上海在最早出台政

策中要求全体业主同意[11]。但随着政策的变迁，目前各个城市规定在政策要求上不是以"百分之百"业主同意为申请要求，而是"三分之二以上"业主同意且其他业主不持反对意见即可。南京、杭州和上海等城市调整了决策条件，明确规定加装电梯需要征得单元全体业主的意见，经本单元"双三分之二以上"业主参与表决，并经参与表决的"双四分之三以上"业主同意后签订加装电梯项目协议书，这样很大程度上降低了加装电梯的难度，有利于政策的有效执行，更加贴近实际情况。

综合以上情况可以看出：各城市出台的加装电梯政策的条件规定不一，政策表决条件逐渐放宽，由原来的"百分之百"业主同意到目前的"双三分之二"加"双四分之三"业主同意，全体业主同意虽然可以最大限度地避免因政策实施引发的矛盾冲突，但政策实际实施效率较低，加装电梯数量较少，阻碍了城市老旧社区的更新进程。

2.2 实施过程的优化

通过查找文献及了解各地的政策文件，将老旧社区加装电梯申请的一般流程分为四个阶段：商谈公示阶段、项目审批阶段、施工验收阶段、运营维护阶段，然后选取广州、福州、南京、上海和杭州五个城市作为分析对象，总结归纳各城市在加装电梯实施过程中采取的一系列措施。老旧社区加装电梯的一般流程如表1所示。

老旧社区加装电梯一般流程　　　　　　　　　　表1

阶段	流程	涉及主体
商谈公示阶段	居民在自己意愿的促使下，自发组织加装电梯楼栋内部意见征询，对明确实施主体、费用分摊、后期管理与维护形成初步协议，并进行公示	居民、乡镇人民政府、社区居委会、街道办事处等
项目审批阶段	居民根据政策法规主动向政府等有关部门申请立项，备齐相关资料进行施工图审查、各部门联合审查	居民、行政主管部门等
施工验收阶段	经联合审查通过后，居民可对电梯进行采购、委托设计，与相关企业签订委托合同，进行安全报备；随后，施工人员进行现场施工[12]；加装电梯自检合格且各部门竣工验收后，需要取得电梯使用登记证	居民、电梯企业（生产、加装、设计施工）、监察单位、行政主管部门等
运营维护阶段	当电梯投入使用后，居民与加梯企业签订维保合同，物业公司可与企业对接，负责电梯的日常维护与保养	居民、物业公司、电梯运营维护企业等

（1）简化审批流程：以广州、上海和南京为例

广州市荔湾区设立旧楼加装服务中心，它是一个联合了政府、电梯企业、设计施工单位和志愿者的老旧社区加装电梯工作一站式服务平台，为居民提供信息咨询与技术咨询。同时，广州市增城区率先推行成片连片加装电梯试点新模式，批量化审批提高了审批速度。上海市虹口区成立虹口区"家加乐"加装电梯事务所[13]，该事务所聚集了在加装电梯方面经验丰富的专家，为居民提供加装电梯的咨询、设计、手续办理和施工等一条龙服务，优化了加装电梯实施过程，方便居民办理加装电梯业务。为加快加装电梯进程，上海的加装电梯已经实行线上电子审批，并在网上受理1107件。南京将建设工程规划许可、施工许可手续所需的材料进行缩减，优化了审批手续。

（2）开展托管维保管理：以广州和福州为例

广州市越秀区开展"电梯托管管家"项目，由电梯企业提供专业人员负责电梯维保和检修，居民按月付费就能使用电梯，破解了老旧社区后期维护难的问题。福州鼓励电梯维保企业开展集电梯日常管理、维护保养和安全主体责任于一体的服务模式，同时推动保险机构建立电梯综合保险服务，再通过物联技术手段对电梯进行全面监管，达到日常的可视化管理，确保电梯安全。此外，居民可通过微信公众号平台对电梯维保企业进行评价，加强了公众的监督，提高了电梯的维保服务质量。完善的电梯维保管理方便了居民生活，有利于加装电梯政策的推行。

（3）助力定分止争，营造共建共治共享社会治理格局：以广州和杭州为例

加装电梯过程中，广州以公众参与为核心，倡导"众人的事情众人商量"的理念，坚持和发扬新时期"枫桥经验"，完善协商与协调机制，化解加装电梯纠纷。同时，通过网格化管理，党员干部带头，退休居民自愿参加，组建"加装电梯服务站"等自治组织，防止纠纷。近年来，广州通过办理旧楼加装电梯行政复议案，加强对电梯选址、通风采光、结构安全、消防通道等规划焦点问题的调查审查，在支持旧楼依法加装电梯的同时切实保障低层业主的合法权益。杭州出台《杭州市老旧小区住宅加装电梯管理办法》，鼓励居民沟通协商解决加装电梯过程中遇到的利益不平衡的问题，可以通过协调会、听证会等形式，由各社区、

街道主动搭建交流协商平台，消除意见分歧，达成共识。

2.3 资金筹措的模式

老旧社区加装电梯的费用主要由两部分构成：一是投入的建设资金，包括电梯本身、设计、更改管线、施工等，需要一次性投入；二是后期运营和维护的费用，需要长期支付。目前部分城市对于加装电梯资金筹措模式主要包括以下六种，详细措施见表2。

（1）政府补贴：政府按照一定的比例和限额给予业主的补助资金。

（2）业主自筹：业主协商后按一定的分摊比例出资，委托第三方实施加装和后期维护。

（3）住房公积金、专项维修金：居民可申请使用房屋所有权人名下的住房公积金、专项维修资金（即业主为本物业区域内公共部分设施的维修养护事项而缴纳一定标准的钱款）。

（4）租赁模式：电梯企业先行承担加装电梯的费用，将这笔费用在未来的一定年限里，以居民每年支付一定的租金的形式逐月或逐年进行分摊。

（5）加梯贷：上海多家银行推出了"加梯贷"等金融产品，一方面为居民提供定期偿还的分期贷款，同时也为企业减轻了资金周转的压力。

（6）额外经济补贴：政府采取创新措施鼓励群众加装电梯，对经济困难业主给予额外补助。

资金筹措模式 表 2

政府补贴	广州：最高补贴 15 万元
	福州：最高补贴 10 万元
	南京、杭州：最高补贴 20 万元
	北京海淀区：最高补贴 70 万元
	上海：最高补贴 28 万元
业主自筹	广州、福州、南京、北京、上海、杭州等多个城市
住房公积金、专项维修金	广州、杭州、南京、上海
租赁模式	杭州、福州、北京海淀区
加梯贷	上海普陀、徐汇、虹口
额外经济补贴	广州越秀区：低保、低收入困难家庭可获得额外最高 5 万元的补助
	杭州：
	① 管线费用补助：试点项目由管线单位承担，非试点项目市级财政给予 5 万元/台的补助，其余迁移费用由区级财政保障
	② 考核补助：对每完成一台电梯加装给予社区 8000 元的资金补助
	上海：可覆盖加梯的管线移位经费

3 对其他城市推行老旧社区加装电梯政策的经验借鉴

通过梳理我国部分城市老旧社区加装电梯政策的推行情况可以发现，各个城市结合自身特点，因地制宜实施加装电梯政策。广州、杭州加装电梯完成效果较好，规划完成率在60%以上。广州是目前加装电梯最多的城市，已经投入建成 1 万多台，数量位居全国之首。杭州市累计审批项目 1809 处，完工 1209 处以上，使更多的居民受益。北京加大了对老年宜居环境的建设，截至 2020 年 11 月底，全市老旧小区加装电梯累计 1601 部，与往年相比取得较大的进展。南京已有 2225 部电梯通过规划部门初审，完成加装电梯 1007 部，许多老旧社区的居民体会到加装电梯后的方便。各城市在政策的制定上已经进行了一定的创新，推行效果较好，在表决方式上，业主表决比例满足"双三分之二"加"双四分之三"同意即可，放宽了决策条件；在实施过程中，简化审批流程能够加快加装电梯审批速度，开展托管维保管理在一定程度上可以避免今后的电梯管理没有人负责；在资金筹措模式上，加大优惠和补贴政策的力度、创新的资金筹措模式和政府的激励措施可以推进政策的施行。相对于前几年来说，我国老旧社区加装电梯取得了较大进展。这些城市老旧社区加装电梯之所以取得良好的效果，原因在于老旧社区加装电梯政策从设计、优化、执行、监督、宣传等各个环节落到实处，加装电梯的条件设计合理，实施过程优化，资金筹措渠道多元，为其他省份制定加装电梯政策具有一定的参考和借鉴意义。为加快我国其他城市老旧社区加装电梯工作的开展与实施，各城市可以从如下几个方面推行加装电梯政策：

（1）调整加装条件，保障居民利益

目前，各城市出台的政策中加装电梯的条件规定不一，对于加装电梯的住宅适用范围来说，许多老旧社区往往由于年代久远、产权不清，无法满足安装电梯的要求，建议由相关部门进行牵头，通过社会的力量，让更多的居民能够享受到加装电梯的便利；对于加装电梯的决策条件，许多城市提出"双三分之二"加"双四分之三"居民同意原则，在南京、杭州和上海等城市出台的政策文本中有所体现。因此，各个城市要结合本市实际情况和特色，对加装电梯的条件适当调整，减小电梯加装前期方案设计的问题，保障全体居民的利益，从而促进加装电梯项目的前进和发展；简化繁琐的加装条件，利用大数据、人工智能等技术手段，构建加装电梯服务平台，为居民提供服务。

（2）简化审批流程，加强政策引导

结合部分城市经验，建议其他城市政府培育第三方专业的加装电梯服务机构，如设立加装电梯专项窗口和服务中心，开设行政审批一条龙服务，继续优化加装电梯审批流程，简化报送材料，联合多部门制定印发《既有住宅加装电梯指导手册》，帮助居民了解加装电梯细则；同时，加强政策引导，开展宣传活动。居民往往通过手机、报纸、电视等新闻媒体了解相关政策，缺乏专业性、针对性的讲解，可能会对政策的某一方面产生误解，造成不必要的矛盾。建议政府组织有关部门定期深入小区，开展有关加装电梯的政策宣传、业务培训、协调服务，进行形式多样的宣传引导和政策解读，消除居民的误解和疑虑。

（3）提供一站式服务，提高电梯工程效率

为提高电梯服务质量，保障电梯安全运行，建立完善的一站式服务，提供包括设计、审批、施工、维护等在内的一站式服务方案；与建筑设计、施工单位建立稳固的协作关系，对工程施工过程中的质量、进度等各项指标进行管控；在后期运营维护阶段可以引入"电梯托管管家"服务，为业主提供日常的安全管理服务；同时，合理运营收费、重视居民诉求。在电梯施工验收阶段，电梯企业需要发挥中心主体作用，充分考虑居民的诉求，与居民共同参与加梯方案设计，最大化地降低施工过程中的成本造价，通过协商确定不同的收费方案。主动向政府和居民反馈工程进度，能够按时按质完成工程项目，承担施工责任。

（4）加大补贴力度，创新集资模式

针对加装电梯费用过高的问题，扩大加装电梯资金来源渠道，一方面，加大优惠和补贴政策的力度，出台详细的费用补贴申请指南；另一方面，在具体制定住户间费用分摊比例时应综合考虑楼层、家庭结构、建筑面积等因素[14]，规定由高层居民给予低层居民一定数额的经济补偿，针对老弱病残等给予一定的补助，实行个性化的经济补助，以达到公平合理，为全体业主所接受；同时，拓展多种集资模式，研究住房公积金、专项维修资金和租赁式管理等使用规则，鼓励私人投资，允许社会力量参与养老、助残等公益事业，拓展市场经营的领域。

（5）加强部门管理，完善跟进机制

部分城市颁布的政策中规定了各区政府、行政主管部门、社区居委会等部门的工作要求，并且制定相应的分工，做到加装电梯实施政策权责到个人，对其他城市具有借鉴意义。建议其他城市成立专门的老旧社区加装电梯工作领导小组，并在其下设办公室[15]，通过"分层级、分部门"对组成人员及职责任务进行部署，以文件形式强化其作用和职责。领导小组针对具体项目实施中出现的各种矛盾，指引加装电梯项目，协调住户间的利益关系。另外，组织相关部门指导居民选择符合条件的电梯维保单位，建立健全电梯管理长效机制，并对其实施情况进行跟进。

4 结语

近年来，我国许多城市出台了加装电梯的指导意见或实施方案，旨在以更简洁的审批流程、更合理的补贴政策、更完善的联动组织措施来提高老旧小区加装电梯工作的推行效能。本文在借鉴国内部分城市成功经验以及先进政策的基础上，提出完善加装电梯政策的五个具体措施：调整加装条件，保障居民利益；简化审批流程，加强政策引导；提供一站式服务，提高电梯工程效率；加大补贴力度，创新集资模式；加强部门管理，完善跟进机制，以期为我国老旧住宅小区加装电梯工作顺利进行提供

合理化建议。只有在政府的大力支持、公众的积极参与及企业的良性运作下，相关职能部门制定更详细的相关配套政策，才能有序推进相关工作的实施[16]。老旧小区加装电梯是近年来居民呼声最高、备受关注的热点问题，怎样使老旧社区加装电梯这一民生工程落到实处，还应对相关细则做进一步的研究与总结。

参考文献

[1] 苏远翔，王心怡，苏润洲．住宅加装外接式轨道电梯方案[J]．建筑，2020(1)：74-75.

[2] 赵岩．对化解老旧小区加装电梯困境的建议[J]．中国电梯，2018，29(8)：35-36.

[3] 张建宏．浅析既有建筑物加装电梯解决方案[J]．中国电梯，2018，29(17)：11-14.

[4] 裴媛媛，张星星，杨亚楠，等．老旧住宅居民加装电梯意愿分析——以郑州市为例[J]．上海房地，2019(12)：42-54.

[5] 朱雅雯，周书涵，李岚，等．基于公众参与的南京市玄武区既有住宅增设电梯工作研究[J]．大众标准化，2019(16)：108-109.

[6] 董超，王锦洪，徐郑浩，等．既有住宅加装电梯居民参与意愿显著因素分析及思考[J]．居舍，2019(16)：159-160.

[7] 周凯诗，庄曼，徐佳淇．老龄化背景下老旧住宅加装电梯的困境与对策研究——以广州市为例[J]．南方农机，2020，51(1)：40-41，49.

[8] 周颖．相关城市既有住宅加装电梯制度比较及对宁波的启示[J]．宁波经济（三江论坛），2020(2)：45-48.

[9] 张雨辰．浅析既有住宅加装电梯困境及其对策——以武汉市武昌区为例[J]．南方农机，2019，50(5)：98-99.

[10] 向昉，黄伯平．社区公共事务治理的推手之谜——基于老旧社区加装电梯的考察[J]．领导科学论坛，2019(3)：52-61.

[11] 许莎莎．城市社区更新困境与对策研究[D]．泉州：华侨大学，2017.

[12] 刘度尧．既有住宅加装电梯的组织与实施[J]．中国电梯，2019，30(17)：37-39.

[13] 乔安安，殷洁．基于公众参与的住区治理与更新——以南京市玄武区锁金村电梯加装为例[C]//活力城乡美好人居——2019中国城市规划年会论文集（20住房与社区规划）.2019：792-802.

[14] 孙勇凯．老旧多层住宅加装电梯住户合作意愿影响因素研究[D]．西安：西安建筑科技大学，2019.

[15] 王薇，宋彦．城市治理中的"政府主导"与"政府引导"——以杭州市老旧住宅加装电梯为例[J]．城市发展研究，2021，28(5)：127-134.

[16] 于瑞湘．老旧住宅加装电梯的主要问题及对策分析[J]．大众标准化，2019(11)：73-74.

综合交通枢纽工程安全生产智能
管控平台及应用研究

彭怀军[1]　陈红彦[1]　林　森[1]　崔鸿骏[2]　刘　梅[2]

（1. 亿雅捷交通系统（北京）有限公司，北京　100086；

2. 北京建筑大学，北京　100044）

【摘　要】　为实现综合交通枢纽工程建造全过程、全方位、全天候的数字化和智能化管控，本文通过深度融合 BIM、三维 GIS、物联网等新兴信息技术，建立交互式应用和尝试智能化辅助决策应用的建设管理平台，并将其应用于北京城市副中心综合交通枢纽工程，进而直观展现工程整体状态和安全态势，规范施工人员行为，保障在多重困难下综合交通枢纽工程施工过程中人员、机械、建筑的安全，为工程实施各环节的决策提供科学、合理支撑。

【关键字】　枢纽工程；安全生产；BIM；GIS；管控平台

Research on Intelligent Management Platform of Work Safety in Comprehensive Transportation Hub Project

Huaijun Peng[1]　Hongyan Chen[1]　Sen Lin[1]　Hongjun Cui[2]　Mei Liu[2]

（1. BII Transit Systems(Beijing) Co. ,Limited，Beijing　100086；

2. Beijing University of Civil Engineering and Architecture，Beijing　100044）

【Abstract】　In order to achieve digital and intelligent control of the whole process，all-round and all-weather construction of the comprehensive traffic hub project，this paper establishes a construction management platform for interactive applications and attempts at intelligent auxiliary decision-making applications by deeply integrating emerging information technologies such as BIM，three-dimensional GIS and Internet of Things，and applies it to the comprehensive traffic hub project of Beijing City Sub-centre Station，which can visually show the overall status and safety posture of the project，regulate the behaviour of construction personnel, guarantee the safety of personnel, machinery and buildings during the construction of the comprehensive traffic hub project under multiple difficulties, and provide scientific and reasonable support for decision-making in all aspects of project implementation.

【Keywords】 Hub Project；Work Safety；BIM；GIS；Management Platform

1 引言

近年来，建筑产业互联网是新一代信息技术与建筑业深度融合形成的关键基础设施，以BIM为核心，将物联网、大数据、云计算、移动互联网等新一代信息技术与勘察、规划、设计、施工、运维、管理服务等建筑业全生命周期建造活动的各个环节相互融合，构建智慧建造体系，实现信息深度感知、自主采集与迭代、知识积累及辅助决策[1]，有助于提升项目数字化集成管理水平。北京城市副中心综合交通枢纽是《北京城市总体规划（2016 年—2035 年）》确定的北京服务全国的十大客运枢纽之一，基于"站城融合"理念，实现城际铁路、轨道交通、公交场站与城市功能有机融合，预计日均客流近 50 万人次。工程规模大、集成度高、施工难度大，参建单位多达 50 余家，同时涉及 11 条市政道路、34 条改移管线，对接市政设施管线节点复杂，亟需开发适用于复杂地下空间的安全生产智能管控系统和平台，实现对工程建造全过程、全方位、全天候的数字化与智能化管控。

现阶段，已有研究致力于开发面向安全生产的工程项目信息管理系统和平台。在设计建造阶段的数字化智能管控方面，尤志嘉等提出"信息-物理"智能建造系统，并从功能和技术两个维度构建了通用体系结构[2]。张丽媛等在双桥枢纽工程中运用 BIM、GIS 和倾斜摄影融合技术，实现了 BIM 模型、实景模型与空间数据匹配，模型可视化展示与交互，工程漫游[3]。在质量和进度管控方面，马智亮等提出了验收任务生成算法、移动定位集成算法等技术，开发了施工质量管理的原型系统[4]。Kim 等提出在施工现场使用移动设备并布置监控摄像头的方式进行远程监控、任务验收等[5]。Kwon 等开发了质量缺陷管理系统，通过自动比较 BIM 构建的二维视图和施工现场对应图片排查尺寸偏差、作业遗漏等问题[6]。因此，通过设计开发移动终端、云计算技术的信息化进度管理系统，可以促使项目各个岗位自动生成周工作计划，并使下达、执行、检查及绩效考核形成闭环，提高精细化管理效率和水平[7]。然而，针对大型综合交通枢纽工程地下空间环境复杂、工程周期长、管理部门众多、技术质量要求高、运维监管不全面等难题，现有信息管理系统和平台互不相同、自成体系，尚未建立统一的安全生产管理框架和多部门协同影响机制。

因此，本研究针对综合交通枢纽工程，围绕工程建设过程中的人员位置、人员行为、机械位置、建设管理、建设进度、环境监测、风险隐患、多标段协同、信息共享、统一管理，依托于感知终端设备、工程 BIM 模型、三维 GIS 技术、WebGL 技术、物联网定位技术，开发适用于复杂空间下的多装备融合技术，建立交互式应用和智能化辅助决策应用的建设管理平台，通过对工程建造全过程、全方位、全天候的数字化与智能化管控，为工程实施各环节的决策提供科学、合理的支撑。

2 复杂空间下多装备融合的技术适用性

2.1 多装备融合定位技术

枢纽工程基坑存在体量大、施工面广、地面及地下并行施工以及对于人员、机械、设备的精准定位要求高等特点，经多种方式的全面对比，最终确定采用GPS＋蓝牙＋手机移动端相互结合的定位技术模式，具体采用同时支持GPS、蓝牙定位的智能安全帽、定位安全帽、车载定位终端以及手机移动APP定位方式。研制了室内外（地上地下）无缝衔接定位算法、轨迹容错去重算法、手机移动APP定位轨迹漂移纠正算法。安全帽及车载定位设备在施工区域地面时利用GPS定位，但由于地下室内存在遮挡，因此当其GPS定位信号变弱或消失时，可以利用蓝牙定位，从而实现室内、室外定位自动切换和无缝衔接的目的，定位原理见图1。

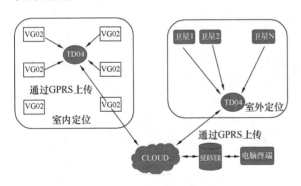

图1 室内外融合定位技术原理图

2.2 基于BIM＋GIS融合引擎的超大工程可视化技术

应用BIM模型进行施工进度和安全监管，

制定工程建设施工BIM制作标准规范，满足建设工程各施工单位统一应用BIM实现进度管控的需要。项目采用WebGL技术的GIS＋BIM融合引擎，完美实现GIS数据＋无人机倾斜摄影模型＋激光点云模型＋大体量BIM模型的无缝融合。高性价比满足各种规模、工程类型的GIS＋BIM应用需求。支持无限大BIM模型，采用自主研发的多级BIM模型生成技术、断面填充算法，自动构建大体量BIM模型的多级金字塔结构，并可进行BIM模型动态下载、动态管理、动态渲染，完美地解决了其他BIM引擎支持大体量BIM模型的性能限制。多级金字塔数据架构，可实现在有限的浏览器内存和硬件（如移动设备）渲染能力下大体量GIS＋BIM模型的秒级加载（3s以内）和流畅操作（智能动态渲染）。平台实现一键式加载BIM模型，支持Rvt、Dgn、Catia格式文件的一键式转换插入，生成完整构件结构树并保留完整构件属性，采用重构式纹理压缩，保证客户端显存占用减小，提升渲染性能和效果。

2.3 依托于GIS技术的施工现场整体感知技术

按照市、区相关部门对施工现场的管理要求和副中心枢纽工程现场管理需要，在枢纽工程施工现场建设全覆盖视频监控设备，使现场施工与三维GIS展现的关键信息相互印证，如图2所示。在塔式起重机或高杆上设置高点全景摄像头，并应用AR技术，实现高点全景摄像头与施工现场全覆盖摄像头的联动，展现施工现场的整体态势。在关键部位设置自动红外摄像头，对现场起火冒烟部位进行自动识别告警，及时通知相关人员处置。

图 2　施工现场监控图像与三维 GIS 对比

3　安全生产智能化管控平台的设计与开发

3.1　设计目标

基于运行环境和制度规范要求，安全生产智能化管控平台采用分层设计，通过视频监控、终端设备、出入口闸机等监测设备的相关数据进行感知并采集，通过研发的本地局域网

和外网专线，再通过相关数据接口将不同数据分类传输到相关存储设备、分析平台进行数据处理、数据存储、数据分析，再将相关数据回传至平台，在相关逻辑、技术支持、安全控制模式下，在相关风险识别、风险预警、BIM模型的基础上实现重大风险监管、应急处置和人员调控，最终在 PC 工作站、手机 APP、大屏中展现工程全部情况，该平台具体架构见图 3。

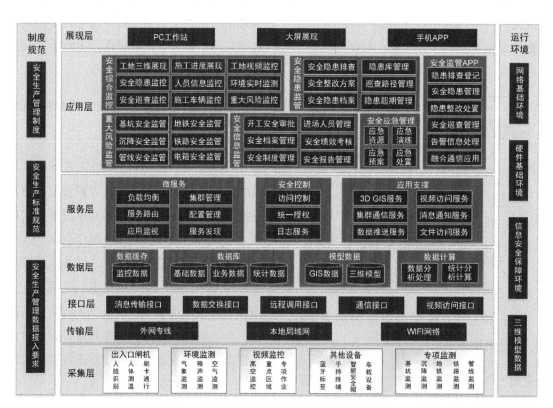

图 3　安全生产智能化管控平台理论架构图

3.2 主要功能及技术架构

基于安全生产智能化管控平台，依靠平台的各项先进技术与各种设备，对建筑形态、人员机械位置及状态、环境情况、施工过程、多标段协同施工进行动态监控，从而实现了施工现场全天候监控、风险自动预警。开发的安全生产智能化管控平台设有8个功能模块和1个辅助模块，平台主要界面见图4。

图 4　安全生产智能化管控平台界面

（1）工作台模块

该模块主要根据当前用户的项目标段情况，根据不同用户的岗位职责、具体工作、安全管理权限，在不同展现终端下实现施工安全动态和施工任务及完成状态的展示与推送，可以实现以当前施工进度的 BIM 模型为底图，可视化直观展现人员、车辆、机械的位置分布，显示图像监控、建筑物施工进度及目标情况等信息；以时间为维度，展示资源投入、建设进度等项目信息；根据风险等级以强制推送的形式发布当前项目告警信息，以饼图形式展现重大风险隐患事件情况与风险监测点开启情况。

（2）安全监管模块

该模块一方面通过构建基坑风险监测点位规划、数据自动上报、测点预警三维 GIS 直观展示、第三方与施工方监测数据对比的综合管控体系，重点实现对地表沉降、管线沉降、道路、坡顶、墙体水位位移及沉降、地下水位、支撑轴力等的监测和预警处置。另一方面，通过重大风险源清单库，梳理标准的重大风险分级管理流程，重大安全风险信息共享，实现风险线上会商处理。结合三维 GIS 等技术手段及定位设备，对枢纽工程风险源位置及状态进行动态更新和统计，同时实现重大安全风险巡视预警的上报、处置和消警的全过程管理。各参建单位可在准确位置提交巡视风险预警，并同时针对风险巡视预警进行响应和处置。

（3）安全隐患模块

明确各建设、施工、监理单位对于安全隐患排查治理的责任分工及隐患上报、整改、复查和归档的权限流程，实现隐患排查整改的全过程跟踪管理，确保隐患完成整改。基于安全隐患及安全风险的精准定位，结合隐患上传、整改、复查必须上传现场照片的管理要求，实现隐患登记、整改到复查、归档整个流程的全过程管理。各参建单位相关人员通过 APP 或小程序，现场提交隐患描述、照片、位置等详细信息，整改人员、复查人员通过 APP 或小程序在隐患位置现场提交隐患整改或复查结论，全部过程在平台上直观展示。

（4）视频监控模块

通过对施工现场布置全方位无死角覆盖的监控设备，在项目高层、塔式起重机或高杆布置高点全景摄像头并在项目关键部位布置红外摄像头，除可展示施工现场全貌之外，与 AR 技术、GIS 技术联动可以对项目建设情况相互印证，起到风险监督的作用，在施工风险或人员风险发生时凭借该模块可以对相关风险点位进行监控，第一时间得知具体情况并采取相应措施。

（5）应急管理模块

该模块实现应急预案电子化管理、智慧匹配、主动防控和应急快速响应，实现应急处置过程的可视化，并为调度指挥提供智慧化辅助决策。当应急预案启动后，通过对人员、机械设备、应急物资的实时精准定位和对应急人员与设备物资救援路径的实时自动分析，辅助资源调配。应急指挥人员可直接通过手机 APP、定位安全帽与现场人员进行语音、视频通话，并可同时打开现场视频监控，掌握现场情况。

（6）全标段与各标段切换模块

该模块实现了全标段与各个标段之间切换的功能，从而实现多标段协同管理。对于使用者来说可以轻松查看全标段与各标段施工进度与人员及机械位置和状态的情况；施工单位可以对本标段各种情况细致与清楚地掌握，也可

以对整体施工进度进行感知；对于总承包单位可以洞察项目总体情况，也可对各标段具体施工与人员情况进行洞察。

（7）环境信息监控模块

在工程关键点位规划建设环境监测站，每个站点实时上传 $PM_{2.5}$、PM_{10}、噪声、温度、湿度、风速、风向等环境气象信息，当各项数据超过初设阈值则向相关人员发布预警。通过绘制噪声、污染指数热力图，可以定位噪声或污染的发源位置，实现文明施工的精准管理。同时，当 $PM_{2.5}$ 及 PM_{10} 超过预警值时将会自动启动与之关联的喷淋设施，达到降尘除霾、不污染、不扰民等绿色施工的目的。

（8）系统管理模块

该模块主要包括该平台运行所需的各种数据库、计算算法、神经网络运行逻辑等基础功能，如室内外（地上地下）无缝衔接定位算法、轨迹容错去重算法、手机移动 APP 定位轨迹漂移纠正算法、GIS 数据库、BIM 模型数据库、监控数据库、风险清单数据库等。

3.3 平台应用效果

自 2020 年 8 月，在北京城市副中心综合交通枢纽工程中应用安全管控平台至今，平台各项功能经过持续应用和完善，功能应用情况已基本稳定。每日工程现场施工进度、投入资源、隐患分布、人员机械定位等各项信息均可准确地在平台展现，直观展示工程整体面貌和安全态势。

施工现场事故隐患排查整改效率显著提升。在守住安全生产底线的同时，枢纽工程重大安全风险及事故隐患在安全管控平台的应用下得到有效控制。枢纽工程平均每月通过平台排查、整改事故隐患 800 余项，每项隐患均在平台留有详细描述、位置、照片等信息，实现事故隐患可追溯。同时，由于安全管控平台隐

患整改、风险处置逾期自动报警，事故隐患及安全风险处理也更为及时。

各单位安全管理行为进一步规范。通过对关键人员及各类设备设施的定位管控，平台为安全管理行为的监督管控提供了抓手。例如，安全管理人员每日巡视路径是否覆盖大部分施工区域、每个配电箱每日是否被巡查、信号工等重要工种是否随时在岗、事故隐患填报是否真实可靠且得到及时有效的整改、是否自动精准定位噪声源头等，这些管理行为均在平台上得到记录和提醒。

安全管理过程中的重复劳动显著减少。安全管控平台通过 BIM、三维 GIS、物联网等技术，将施工现场各类信息、数据自动汇集整理，有效降低了相关人员整理资料的难度。例如，平台可以自动生成具体时间段内某一区域的事故隐患台账、自动统计分析工程进度超前或滞后情况，并生成工程日报、自动显示被破坏的监测点位置信息等，辅助减少安全管理工作中的工作量。

4 结论

（1）依托于感知终端设备，基于 BIM 模型、三维 GIS、物联网等先进技术，开发了适用于复杂空间下的多装备融合定位、可视化和感知技术。

（2）基于运行环境和制度规范要求，分层设计安全生产智能化管控平台理论架构，进而构建综合交通枢纽工程安全生产智能管控平台，设有 8 个功能模块和 1 个辅助模块，实现对施工人员、建筑物、机械、环境等各方面信息进行采集、感知、可视化呈现、处理、预警、安全监督、主动防控、应急快速响应、智能调度指挥的闭环处理。

（3）研究成果应用于北京城市副中心综合交通枢纽工程的建设和运维过程，实现了施工现场全天候监控、风险自动预警，提高风险处置效率，提升施工单位施工的规范程度和风险应急处理水平。

参考文献

[1] 陈珂，丁烈云. 我国智能建造关键领域技术发展的战略思考[J]. 中国工程科学，2021，23(4)：64-70.

[2] 尤志嘉，郑莲琼，冯凌俊. 智能建造系统基础理论与体系结构[J]. 土木工程与管理学报，2021，38(2)：105-111，118.

[3] 张丽媛，郝有新，蒋荣清，等. BIM＋GIS＋倾斜摄影融合技术在双桥枢纽工程中的应用[J]. 水运工程，2022(2)：172-178.

[4] 马智亮，蔡诗瑶，杨启亮，等. 基于 BIM 和移动定位的施工质量管理系统[J]. 土木建筑工程信息技术，2017，9(5)：29-33.

[5] Kim C，Park T，Lim H，et al. On-site Construction Management using Mobile Computing Technology [J]. Automation in Construction，2013，35 (2)：415-423.

[6] Kwon O S，Park C S，Lim C R. A Defect Management System for Reinforced Concrete Work Utilizing BIM，Image-matching and Augmented Reality [J]. Automation in Construction，2014，46 (10)：74-81.

[7] 樊启祥，林鹏，魏鹏程，等. 智能建造闭环控制理论[J]. 清华大学学报(自然科学版)，2021，61(7)：660-670.

基于信息系统的 MiC 应急建筑工程物流反馈控制研究

张海鹏[1]　张　明[1,2]　张宗军[3,4]　林　谦[3]

王　昊[5]　董长印[5]　吕科赟[5]

(1. 中国建筑国际集团有限公司，中国香港　999077；

2. 中国建筑工程（香港）有限公司，中国香港　999077；

3. 中海建筑有限公司，深圳　518057；

4. 中建海龙科技有限公司，深圳　518110；

5. 东南大学，南京　211189)

【摘　要】　启德和竹篙湾永久性社区隔离及治疗设施在设计建造过程中，面临 MiC 构件分类别、按需求、高可靠供应难以实现的难题。通过引进 C-SMART 智慧交通平台，集成物资管理、数据分析、车辆管理、船只管理、运输服务、堆场管理、其他运输等模块，以信息流为基础动态实现对 MiC 物流系统的控制，有效解决上述难题，并保障启德和竹篙湾永久性社区隔离、治疗设施按时投入使用及后期平稳高效运行，同时实现设施建设过程中物料资源、人力资源、空间资源的最优配置。

【关键词】　模块化集成建筑；智慧交通平台；物资管理模块；信息系统；资源配置

Research on Feedback Control of MiC Emergency Construction Engineering Logistics Supply Side Based on Information System

Haipeng Zhang[1]　　Ming Zhang[1,2]　　Zongjun Zhang[3,4]　　Qian Lin[3]

Hao Wang[5]　　Changyin Dong[5]　　Keyun Lv[5]

(1. China State Construction International Holdings Co. ,Limited,Hong Kong 999077,China；

2. China State Construction Engineering(Hong Kong)Co. ,Limited,Hong Kong 999077,China；

3. China Overseas Construction Co. ,Limited,Shenzhen 518057；

4. China State Construction Hailong Technology Co. ,Limited,Shenzhen 518110；

5. Southeast University,Nanjing 211189)

【Abstract】　During the design and construction process of the permanent community

isolation and treatment facilities in Kai Tak and Penny's Bay, it was diffi-
cult to achieve MiC component classification, demand, and highly reliable
supply. By introducing the C-SMART intelligent transportation platform,
integrating material management, data analysis, vehicle management, ves-
sel management, transportation services, yard management, other trans-
portation and other modules to dynamically control the MiC logistics sys-
tem based on information flow, effectively solve the problem. To solve the
above problems, and ensure that the permanent community isolation and
treatment facilities in Kai Tak and Penny's Bay are put into use on time
and operate smoothly and efficiently in the later period, and at the same
time achieve the optimal allocation of material resources, human resources,
and space resources in the process of facility construction.

【Keywords】 MiC; Intelligent Transportation Platform; Material Management Mod-
ule; Information System; Resource Configuration

1 项目概况

启德和竹篙湾永久性社区隔离及治疗设施建设存在工期短、涉及多个不同的建设环境、参建人数众多且流动性强、物资材料及运输安排复杂等多个难点要点。在此关键时刻，为了确保各工程能准时完工达标，提高项目管理效率，实现完美交付，研究团队充分利用信息科技手段，包括结合先进的通信技术、信息技术与数据技术，并以物联网、人工智能、云计算、BIM 等技术为基础，在"人机物法环"范畴上为社区隔离治疗设施项目提供各种 C-SMART 智慧工地方案，为项目建设过程中多个范畴进行实时动态监控与分析，实现建设全过程的数字化与智能化，令工程决策更加科学及时，项目管理水平和效率都有显著提升，实现工程由规划、建设至运营的全生命期价值创造[1,2]。

为了更有效提升工程施工管理效率及品质，基于网络的 C-SMART 综合平台集成各方面的数据，并通过 BIM 模型直观呈现，打造信息共享平台。平台更设有桌面版和手机版，为项目经理和相关者随时随地提供更透明、更准确的概览，实现对施工现场智能化、数码化、信息化的管理。

此外，在施工现场还设置了 C-SMART 指挥中心，实时提供施工现场的最新信息，方便管理人员实时监控工程人员分布、安全报警、车辆出入、材料、质量、进度，加强施工现场各单位之间的沟通，让工程决策及时、行动迅速，加强风险防范，提高施工现场的管理效率。

2 信息系统

2.1 MES

信息化的管理手段能够贯穿整个项目建设过程，保证项目目标的实现[3,4]。研究团队融合"建筑＋制造"，基于"精益管理"思维，自主研发多工厂协同生产管理系统（MES），从"数字提效"和"数字交付"两个维度在香港抗疫项目中深入应用。

MES 管理界面如图 1 所示，具有四个主要属性：

（1）全局调度：覆盖内地全环节的多工厂协同数据中心；

（2）MES 产品编号＋地盘吊装号的双编号身份体系：充分发挥同箱型在生产、运输、吊装各个环节调配的敏捷性；

（3）一码两用：香港建筑署认可的数字交付，扫码后可对多达 7 项关键工序的分包商进行质量追溯；

（4）数字提效：通过手机 APP 进行 4 个关键工序在线打卡，实时输出进度，敏捷调度，实现 MiC 箱体进度管理线上化。

图 1　MES 管理界面

2.2　C-SMART

项目中的信息交流方式对于项目的成功至关重要[5]。物流管理信息系统（LMIS）是一个记录和报告系统（无论是纸质的还是电子的），能够汇总、分析、验证和显示，可用于制定物流决策的数据（来自物流系统的各个级别）并管理供应链[6]。LMIS 数据元素包括现有库存、损失和调整、消耗、需求、问题、装运状态，以及有关系统中管理的商品成本的信息。

C-SMART 是一种特化的 LMIS，其特殊性可体现在诞生背景、特化功能和特定目标。C-SMART 的特殊背景在于其诞生是为了满足建筑工业化时代的应急建筑工程信息系统建设需求；特化功能在于其主要在各个物流节点管控箱体运输；而特定目标在于其是为了实现具有特殊意义防疫应急建筑工程的如期交付[3]。C-SMART 功能模块如图 2 所示，可分为：物资管理模块、数据分析模块、车辆管理模块、船只管理模块、运输服务模块、堆场管理模块、其他运输模块。

图 2　C-SMART 功能模块

C-SMART 管理界面如图 3 所示，C-SMART 在整个供应链中主要扮演两个角色：通过信息连接系统中的不同节点，并提供各个节点在供应链中对应的信息。

图 3　C-SMART 管理界面

3　供需矛盾

长期建立的现场施工实践正在被从制造部

门进口的工艺取代,其中部件制造是在工厂环境中进行的。由于这种转变,当前专注于将原材料运送到工地的建筑供应链不再适合新型建筑工艺和方式,并需要被更新、更快和更能适应需求的物流系统取代[7]。

3.1 运输节点和流线

本项目中各类 MiC 箱体的运输节点和流线为:工厂生产→内地码头→香港码头→堆场→项目施工区域。

3.2 供给侧供给

在本项目中,MiC 箱体由中建海龙科技有限公司负责生产。由于箱体生产制造工艺和生产流水线的原因,在同一时段内一条生产流水线仅能生产同一类型的箱体。此外,在项目启动初期阶段,MiC 箱体产能较少,在各生产流水线逐步启动后,MiC 箱体的产能才达到最大,后续会按照最大产能生产,直至项目所需的各种类型的 MiC 箱体均生产完毕为止。箱体供给侧由海龙生产厂商和内地码头共同组成,箱体供给时间和数量由海龙生产厂商和内地码头依次分级控制,此外箱体供给还可由内地堆场作为缓冲区域来延缓供给。

3.3 需求侧吊装

需求侧与项目施工进度相关,表现为在各种资源配置、施工工序和场内空间约束下的每日最大吊装各种箱体数量。由于建筑不同功能区域特化的原因,在吊装装配过程中,各区域所需的特定箱体类型需要与吊装箱体编号匹配,所以箱体间的可替代性受到极大约束,只有配置完全一致的箱体才能进行替换。

3.4 供需差异

由于供给侧供给逻辑和需求侧吊装逻辑的

差异性,而且箱体运输流程较为复杂,两端分别在内地和香港,所以供需匹配对于整个项目而言至关重要[8],这不仅是避免内地和香港仓储压力过大的有效手段,而且还是影响整个项目施工进程的决定因素[9,10]。

4 C-SMART 信息流

4.1 节点设计

香港在建设启德与竹篙湾社区隔离及治疗设施项目时,MiC 组件数量多,物料种类及供应商复杂,运输节点与流程繁多,工地堆场及管理分区广,导致各节点信息不互通,需要在运输信息整合和管理上耗费大量人力、物力,易出现人为操作失误导致信息不对称等问题[11]。针对运输管理机制及项目管理痛点和难点,通过定制化开发打造出全新一代智慧物流管理系统。该系统进度节点更精细、功能板块更丰富、适用场景更多元。实现与海龙 MES 系统的深度融合,并通过 API 打通航陆运输数据接口,形成多节点、多码头、多堆场、多工地分区、组合交通方式的物资管理系统。

MiC 构件作为工地物料最重要的管控对象,通过与调度部门等协同配合,形成精细化、系统化的运输管理机制。智慧工地依据该机制底层逻辑将运输管理分为内地与香港运输两大板块,各板块包含四个分节点,依次为钢结构检验、装修后检验、工厂发货、内地码头收货/发货、香港码头收货/发货、中转站收货/发货、工地收货、工地安装后检验,共计八个运输节点。

4.2 节点信息同步

为实现数据全链条打通及客户便捷使用需求,智慧工地定制化开发微信扫码小程序,同海龙 MES 系统共享一套二维码,实现工厂生产及内地运输的数据打通。同时,采用高效合理的多级人员架构,各节点专人专职,责任到人,为实现高效运输节点信息化管理打下基础。通过每个节点扫描二维码精准定位构件位置和运输状态等信息,方便管理人员在管理平台准确掌握 MiC 构件情况,做好调度安排。

除 MiC 构件外,混凝土、钢结构、装修材料等也将纳入智慧物流管理系统,使得工程实现了在建筑工业化方向的迈进,真正做到精准调度、智慧交通,本文主要体现 MiC 构件运输控制。

5 反馈控制

5.1 理想系统

在理想条件下,节点 4、5 为到达即服务型服务台,即节点 4、5 在当前运力充足的情况下把所有到达的 MiC 构件运往下一节点,节点 6 呈空闲状态。此时,供给侧与需求侧可以做到完全匹配,所有从内地生产厂商供给的 MiC 构件运送至香港项目施工场地都会进行立即吊装,而不需要其他外界条件的干涉来满足整个工程物流系统的稳定。

5.2 控制方法

由于供需逻辑差异,物流系统无法实现绝对理想供需关系,但可以通过控制各节点 MiC 构件运输来使系统趋于稳定状态。控制逻辑架构如图 4 所示,控制的核心在于要将所有节点服务于整体项目进度,在以结果为导向的控制策略下,需要以节点 7 为关键节点,其余节点要在约束下满足所需 MiC 构件入场的需求。通过 MiC 构件到达需求曲线可知,累计供给大于累计需求,但是在增加近期所需 MiC 构件类型限制后,实际供给小于期望需求,一个

可行的解决措施就是在内地和香港增加缓冲区承担分拣、仓储、定向的作用来消除上述两个矛盾。缓冲区在 C-SMART 系统中以节点 4、6 呈现,分别对应内地和香港堆场,除仓储等功能外可减小对供给侧反馈控制的施加强度,便于供给侧节点 3 的内在供给,实现满足期望的需求。

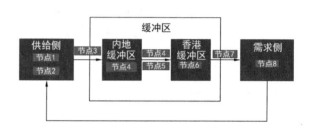

图 4 控制逻辑架构

5.3 控制器设计

项目全生命周期施工计划是项目管理不可或缺的方法,其可以对整个项目的各流程、各环节和各要素进行指导。

控制框图如图 5 所示,实际供给为箱体生产厂商海龙厂出厂箱体供给,海龙厂按照项目提供的施工计划中各阶段所需箱体数量和种类来进行生产流水线的部署,超前生产计划施工需求所需箱体,为施工进程提供必要的物资支撑。由于生产、运输和吊装多节点在实际操作过程中会产生与计划不相符的情况,因此可以根据实际工程进度对全生命周期施工计划进行动态更新,以更新后的施工计划为基础提出未来 5d 箱体需求,由海龙厂提供项目未来 5d 箱体。此时,期望需求与实际供给会存在误差。

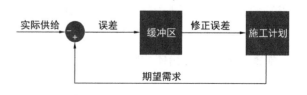

图 5 控制框图

缓冲区作为堆场，仓储一定数量的箱体可对误差进行修正，即提供未来 5d 箱体需求中海龙厂无法及时供给的箱体。在缓冲区的作用下，未来 5d 箱体需求能够得以满足，此时，修正误差为零。

多节点的协同控制分析在工程材料物流中受客观条件约束的供需差异影响，可以制定适宜的措施加以改善，从而有效保障施工进程。控制器以满足施工计划期望需求为目标，对实际供给进行反馈控制。由于实际供给的限制，无法使误差为零，通过缓冲区这一创新手段来对误差进行修正，在修正误差趋向于零的条件下，供需为近似匹配，满足施工计划期望需求。

6 结论

不同于传统建筑施工相同物料间的可替代性，带有特定编号的 MiC 构件需要吊装至建筑特定位置，因此，MiC 构件的实时按需供给变得非常重要。以 C-SMART 信息系统为基础的反馈控制消除了供需差异，在管理层面可对各种资源进行合理配置，避免了资源浪费，最为重要的是物料供给侧调节和缓冲区的设置能够满足施工短期内的物料需求，保障项目按期交付，在抗击疫情中发挥了重要作用。

参考文献

[1] 樊骅，韩建忠．模块化建筑在应急建设中的应用分析[J]．住宅产业，2020(1)：9.

[2] 张广亮．建筑工程管理中创新模式的应用及发展[J]．工程建设与设计，2021(10)：172-174.

[3] 刘凯，窦磊，曾重庆．基于全过程理论装配式建筑管理研究[C]//中国土木工程学会总工程师工作委员会 2021 年度学术年会暨首届总工论坛会议论文集．2021：225-228.

[4] 苑小玉．信息技术在建筑管理过程中的有效应用[C]//责任与使命——七省市第十一届建筑市场与招标投标联席会优秀论文集．2011：607-609.

[5] 吴海，竹乃杰，赵亚军．大型预制构件存储与运输方式研究[J]．施工技术，2019，48(16)：5.

[6] 林昌绵，徐显腾．基于物联网技术的工程物流管理系统开发及应用[J]．施工技术，2017(S2)：3.

[7] A P Y H，B P A，A M A. Optimal Logistics Planning for Modular Construction Using Two-stage Stochastic Programming[J]. Automation in Construction，2018(94)：47-61.

[8] Abdelmageed S, Zayed T. A Study of Literature in Modular Integrated Construction-Critical Review and Future Directions[J]. Journal of Cleaner Production，2020.

[9] 程磊．试论协同管理在建筑管理中的应用[C]//"中国建筑发展论坛——建筑与科技理论研讨会"论文集．2015：38.

[10] 邓志灿．建筑项目管理中存在的问题分析与优化措施分析[C]//2020 年 9 月建筑科技与管理学术交流会论文集．

[11] 张宏泉，王雨龙．模块化建筑吊装与运输研究[J]．城市住宅，2020，27(6)：3.

大国重器
——中国空中造楼机的技术赶超与发展

尹志军　耿传秀　回彦静

（河北工业大学经济管理学院，天津　300401）

【摘　要】　城市经济的高速发展和科技的不断革新，使得城市向高空发展成为必然和可能，超高层建筑的蓬勃发展，也使得我国研发和应用了一大批处于世界先进水平的超高层建筑施工技术。建造设备空中造楼机的历代交替，正是中国建造技术在此背景下不断前进的真实写照。本文以空中造楼机的应用为研究方向，梳理了空中造楼机的发展过程，分析了其在技术演变过程中的"内外"困难，并总结出"一领一赶"的技术赶超方式，从空中造楼机的结构和技术方面归纳经验，可为存在"卡脖子"技术的行业提供研发参考，促进我国科学技术自主创新能力的提升。

【关键词】　超高层建筑；空中造楼机；技术赶超；智能化

Power Jack—China's Aerial Building Machine Technology Catch-up and Development

Zhijun Yin　Chuanxiu Geng　Yanjing Hui

(School of Economics and Management，Hebei University of Technology，Tianjin 300401)

【Abstract】　The rapid development of urban economy and continuous innovation of technology，which makes the city development to the high altitude becomes inevitable and possible. The booming development of super high-rise building prompts Chinese researchers to develop and apply a large number of super high-rise building construction technology in the advanced level of the world. The succession of construction equipment aerial building machine is a true portrayal of the continuous progress of Chinese construction technology under this background. Based on the application of the aerial building machine，this paper sorts out the development process of aerial building machine，analyzes the difficulties of its evolution in the technology, and sums up a new way of technology catch-up. The experiences summarized from the structure and technology of the aerial building machine can provide reference for research and development of industries with " choke" technology, and promote the improvement of China's independent innovation ability in science and technology.

【Keywords】 Super High-rise Building; Aerial Building Machine; Technology Catch-up; Intelligent

1 引言

随着我国城市化的快速发展，现代化的超高层建筑已成为代表城市形象的地标建筑物。与普通建筑施工技术相比，超高层建筑要求的施工技术、安全性更高，传统模架难以满足要求。为此，我国在超高层建筑施工技术方面经历了多次升级，研发出了多功能且技术成熟的综合复杂机械——空中造楼机，其符合超高层建筑的施工要求，并且可以利用 5G 技术和互联网技术进行远距离操控，实现机械化、智能化施工。这对于彻底地转变传统的高楼大厦建设模式、推动建筑业成功转型具有极其重要的意义，是实现现代化和可持续发展的关键技术手段[1]。

中国自行开发的辅助施工技术和整合装备"空中造楼机"，是一种大规模的智能化组合机械装备平台，其采用机械作业和智能控制的方法，实现了我国高层建筑的智能化建造[2]。空中造楼机主要包含顶部的雨篷系统、附属系统以及钢平台系统、形成作业层的模板系统和吊挂架系统、下达操作指令且提供施工动力的支撑动力系统（图 1），其最显著的特征就是将所有工序集中起来，在空中逐层进行。

空中造楼机作为超高层建筑的重要施工工具，相比其他机械，其优越性体现在三个方面：速度、上下协同作业、全天候无间歇作业。首先是速度方面，传统钢爬架的模板需要

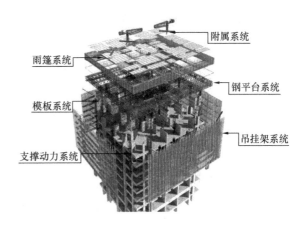

图 1 造楼机系统组成
（图片来源：中建三局三公司）

工人手动拆卸后搬运到上一层，而空中造楼机的外挂模板拆除后，可直接依托外挂钩实现上升目的，同时实现自动调度作业，更可凭借高度智能化电子集成平台，实现多项工序作业的集成化快速操作。其次是上下协同作业方面，空中造楼机实现了塔机、模架的一体化，形成了流水线式的施工方式，是一个可以跟随结构自主伸缩的空中智能移动建筑工程，大大提高了建设效率，而且质量还有保障，降低了工人作业的成本以及危险性。最后是全天候无间歇作业方面，空中造楼机将喷淋养护、喷雾降温集成于一体，并且装配了可开合罩棚，为工人们提供了全天候作业环境，解决了传统造楼项目中受外部因素影响过多的问题。

短短几十年间，空中造楼机完成了多次技术迭代，更新速度惊人，我国科研人员在提高产品工作效率、优化理论分析模型、减少机器

故障等方面持续突破,不断地优化造楼机的性能。空中造楼机之所以成为技术人员努力研发、不断创新的技术设备,究其原因是其规范了操作流程、加快了施工速度、保障了施工安全,无愧于"国之重器"的称号。学者们从空中造楼机的技术优势[3]、阀控系统建模与仿真[4]、建模分析技术[5]、钢结构平台系统的研究与开发[6]等不同视角开展了富有洞见的研究,但尚未就空中造楼机的发展对建筑及其他行业的影响方面开展探究。本文通过研究空中造楼机的诞生历程以及这一大国重器背后的研发经验,进一步探究空中造楼机技术创新背后的管理思维,对空中造楼机领域的理论研究进行一定的补充。

2 造楼机技术演变及启示

2.1 造楼机"四步走"

空中造楼机在发展过程中经历了四次升级。第一代顶模——低位顶升钢平台模架系统,其相对于常规的施工工艺,能明显地提高工程效率。虽然第一代模架的优势很多,但是它的标准化程度比较低,成本较高,存在着一定的安全隐患。为此,中建三局研制出了二代顶模,即低位模块化的顶升钢平台模架系统。随着结构高程、施工难度的提高,模架系统的缺陷日益凸显:底座的刚度和稳定性仍有较大提升空间,无法承受横向角度传来的压力,模架的竖向支持杆、塔式起重机、施工电梯的站位比较复杂,具有项目特殊性,协调起来有一定的难度。为了解决这些问题,中建三局突破了常规的结构形式,利用高承载力的微凸支点作为支撑结构,使每一个支座的承载量可达400t。在2012年的华中第一高楼武汉中心项目上,第三代顶模——采用凸出微小支点的智能化控制顶升模架首次应用。通过两年多的技

术研发和实验测试,中建三局基于第三代顶模,开发了"自带塔机微凸支点智能顶升模架系统",对塔机和模架进行结合,实现同步攀升,在超高层建筑领域第一次实现了平台与塔机的设备整合,标志着该领域一体化、自动化进程的再一次加速发展。此举也大幅增加了核心筒竖向可操作范围,在原来3.5层的基础上整整增加了1层[7]。

2.2 "内外"困难艰辛路

空中造楼机将全部的工艺过程,集中、逐层地在空中完成,实现了将工厂搬到施工现场的目标,采用智能控制手段,用机器代替人工,极大程度上解放人类双手,实现高层建筑整体现浇施工建造。空中造楼机完全是中国自主创新技术,如高铁、盾构机、神舟飞船一样,造楼机也是当之无愧的大国重器。然而,这伟大成就的背后离不开漫长艰辛的历程,克服重重困难,大步越过建筑行业的"华容道"。

2.2.1 技术封锁下艰难起步

我国的模板技术由于发展较晚,长期处于摸索发展应用的起步阶段,而西方国家制造业高度发达,施工设备先进,其超高层建筑、大型构筑体数量繁多,且结构多变、品质要求高,滑模、爬模等技术在此类建筑中已经形成了一种较为成熟、先进的技术。成熟的建筑模板技术可以满足多种复杂楼体结构的要求,开展安全、便捷的施工作业。此时,国外先进的模板公司能够按照不同的项目特征,运用现代化的生产技术和生产装备,实现高质量、高品质的生产,形成机械化、自动化生产线。

20世纪70年代,我国在模板系统方面的技术水平较差,向西方学习技术时又处处碰壁。为了推进我国模板技术的提升,实现稳定发展,只能不断地出国考察交流、进行自主研发。20世纪80年代至20世纪末,我国研究

人员多次出国考察,引进了门式脚手架等多种广泛适用的模板脚手架。21世纪初,中国模板协会又先后派出40余人去欧洲先进的公司参观,学习新技术、新产品以及生产管理模式,并且进行产品研发交流,洽谈相关的企业合作事宜。研究人员通过多次的出国交流学习,获取了大量有价值的模板、脚手架技术资料,加之中国企业不断地克服研发困难,实现自我创新,中国模板技术取得了长足进步。

2.2.2 薄弱基础中自主攀升

20世纪80年代,由于受到西方对我国技术发展的封锁,我国模板技术处在探索和推广的初级阶段,对知识产权的法律保障还不够健全,许多公司不愿在技术开发上进行投资;模板生产企业因为技术落后,产品不能满足实际要求,企业难以维持正常运行,绝大部分企业倒闭。20世纪90年代初,模板生产企业也因设备、人力投入不足,产品不能持续创新,无法拓展市场,导致发展缓慢、难成规模。这样的状况导致了中国企业对模板生产工艺不能进行及时地优化和改善,难以扭转技术含量低、工艺落后的状况。随着经济的持续发展以及研究人员的不断学习,我国在模板技术方面得到了快速发展,滑模技术、爬模技术等陆续出现,使得整个施工过程的工作效率越来越高、作业工序越来越规范、机械参与范围越来越广泛。

在我国建造技术追赶阶段,企业是在开发新产品上投入大量资源,还是更新现有产品技术,是值得企业权衡的重要问题。企业在进行产业布局时,需要从宏观角度全面地看待和思考自身的产业链位置以及扩展的空间。在面临创新的不确定风险、时间和资源制约两难的情况下,企业必须寻找出一种跨越这一技术发展鸿沟的模式。根据国情,我国走出了一条"一领一赶"的独特道路。

2.3 "一领一赶"越过"华容道"

2.3.1 国家引领方向

建筑业、制造业的转型升级,是全世界关注的热点话题。1994年,国家在建筑领域提出推广"建筑业十项新技术",鼓励企业建造示范工程,加快技术的应用普及。2005年,原建设部对"建筑业十项新技术"的内容进行了补充与修订,将"十项"扩展为"十类","新型模板以及脚手架应用技术"是其中的一大类,从此,模板技术的前进搭上了时代的快车。空中造楼机及建造技术理念的提出,以及第二代空中造楼机的面世,得到了住房和城乡建设部、科学技术部、北京市住房和城乡建设委员会等部门和各级领导的大力支持和广泛关注。2020年,住房和城乡建设部等部门印发的《关于推动智能建造与建筑工业化协同发展的指导意见》(建市〔2020〕60号)中指出,要加大对智能建造关键技术研究、智能系统和设备研制等的支持力度;对于符合高新技术标准的企业可以享受相关的优惠政策,企业在购买智能建筑技术设备时可以享受企业所得税、进口税收优惠等政策,这对于建筑业数字化、智能化发展提供了广阔的发展前景。2022年,住房和城乡建设部印发的《"十四五"建筑业发展规划》(建市〔2022〕11号)中也提出了2035年远景目标,即中国建造核心竞争力世界领先,迈入智能建造世界强国行列。

住房和城乡建设部的技术推广号召对建筑业的发展起到了极大的引导作用,随着我国市场环境不断规范,科技研发能力进一步提高,涌现了一大批具有较强技术实力、强大核心竞争力的企业。其在时代的浪潮中做大做强,依照国家的政策引导,抓住行业发展的脉搏,引进大批量的科研技术人员,在高层建筑技术领域深耕、持续研发、自主创新,创造一项项新成果、新技术。

2.3.2　企业突破前进

在超高层建筑施工过程中，行业克服重重困难，在空中造楼机的核心技术方面不断取得突破，包括标准层施工技术、伸臂桁架层施工技术、层高变化和墙体收分技术、垂直运输设备技术、安全控制技术等，这些突破使得空中造楼机取得了众多技术优势，成为超高层建筑的最优建造方式，保证了其在超高层混凝土核心筒的应用中兼具技术潜力与市场需求[8]。以自主建造空中造楼机的卓越集团为例，其在整体架构方面，构建并完成了包含顶部钢结构机械平台、钢铁轨道过渡连接机构、外模板水平作业平台、操作维修平台、楼面混凝土作业平台在内的整体架构；在关键技术方面，卓越集团整合了国内的现浇混凝土工艺和装配式建筑的特点，采用现浇装配式建造技术，把传统建筑业中的脚手架系统、防护系统、模板系统和浇筑系统都高度集成在一个大型装备中。现浇模板、钢筋配置、检测和定位都是工业自动化系统完成的，这使得空中造楼机有一整套现浇工艺控制系统和质量控制系统，施工效率高，质量能得到保证。中建三局与卓越集团签订了战略合作框架协议，双方在全国范围内全方位拓展战略合作伙伴关系，积极整合优质资源，探索多元化合作模式。国家起重运输机械质量监督检验中心也参与了空中造楼机研发的各个阶段以及技术方案的审查质检，还参与了空中造楼机足尺建造、实验性能检测、质量监控和安全检测工作。

3　结论

纵观发展历程，无论是国内还是国外，超高层建筑都是城市变化发展的核心。适用于超高层建筑建造工艺的空中造楼机，势必会不断发展升级，更好地满足超高层建筑施工的需

要。突破"卡脖子"技术是中国一项重要的中长期战略问题，更是检验一个行业基础理论牢固与否的重要标准，也是对该行业装备制造技术水平的考验。本文总结空中造楼机的研发经验，可为中国企业突破其他"卡脖子"技术、实现企业长远健康发展提供参考，结论如下：

从结构方面来看，在中国模板发展之初，模板协会不断组织行业资深专家奔赴国外交流学习，当时模板的进步以借鉴为主导。随着我国在模板方面不断探索，科研能力不断增强，龙头企业以前期交流学习到的技术为基础，不断进行研发突破，由传统的滑模、爬模到空中造楼机所使用的钢架结构，建筑施工向专业化、标准化转变。钢架结构不仅可以提高建造质量，也可以在根源上防止火灾的发生，保证施工安全。造楼机的吊挂架系统、支撑动力系统，对外部结构起到支撑和巩固的作用，为施工人员提供了优良的作业环境。

从技术方面来看，企业是技术创新的实践者，核心技术的攻关主要依靠自身行动。虽然国家已经制定了多项政策来鼓励自主创新，但是这些政策的实施，最终都要由企业落实。空中造楼机的面世经历了由低位顶升钢平台模架系统到自带塔机微凸支点智能顶升模架系统的稳步提升，达到了提速增效的效果。现浇装配式建造技术使得钢筋作业、混凝土作业以及钢结构作业能同时进行，大幅缩短了建设周期，以机械作业、智能控制的方式实现了超高层建筑、现浇钢筋混凝土的工业化制造。

综合空中造楼机的发展历程，可以看出企业是技术应用的落实者，服务体系的运行主要依靠企业完善。技术的服务本质是优化，通过技术优化提升专业技术能力和服务质量，能为企业带来更多的增值服务和体验，提高企业的满意度。

在空中造楼机的研发过程中，各企业坚持

自主创新,实现了我国超高层建筑行业的技术突破,并不断升级,为推动建筑行业向智能化方向发展作出贡献。空中造楼机行业是一个技术密集、高附加值的高端装备制造业,其服务内容和服务环节非常广泛。对于繁杂的工作可以考虑用机器人代替部分人工,使作业更加精益化,实现空中造楼机向智能化、可持续方向发展,满足人们对于高品质生活的追求。在今后的发展中,为了提高企业的服务水平、增加企业的行业竞争力、全面适应用户的需求,企业必须构建一个完整的服务系统,并坚持创新,用高质量的发展引领全行业的进步。

参考文献

[1] 董善白. 探索"空中造楼机"智能化绿色建造技术[J]. 建筑,2020(21):41-45.

[2] 董善白. 卓越智能化"空中造楼机"现场现浇绿色建造技术[J]. 中国高新科技,2019(17):4-7.

[3] 于岩. 空中造楼机的技术优势[J]. 起重运输机械,2017(11):39.

[4] 罗柏文,李峰. 空中造楼机阀控系统建模与仿真[J]. 工业控制计算机,2018,31(8):52-54.

[5] 曹宇. 空中造楼机的建模分析技术[D]. 南京:东南大学,2022.

[6] 陈伟光,汪鼎华,仲继寿,等. 落地式空中造楼机钢结构平台系统的研究与开发[J]. 建筑科学,2022,38(3):174-179.

[7] 朱军伟,欧阳明勇. 探秘超高层建造神器顶升平台系统[J]. 建筑,2018(20):64-66.

[8] 钟学宏. 超高层核心筒顶升模架的模块化设计及应用研究[D]. 镇江:江苏大学,2016.

教学研究

Teaching Research

工程管理硕士差别化培养模式研究

冯 斌

（内蒙古工业大学土木工程学院，呼和浩特 010051）

【摘 要】 工程管理硕士的"工程"包括了众多行业领域，学生入学时的专业背景差别很大，不同工作岗位的学生对研究生阶段的学习目标也有差别，所以工程管理硕士培养方案应该考虑学生专业背景及学习预期进行差别化确定。在对三所高校 476 名工程管理硕士的学科背景、就业行业和就业岗位分析的基础上，提出了工程管理硕士差别化培养的"＋工程""＋管理""工程＋""管理＋" 4 种模式，并针对每种模式提出了差异化教学方案。

【关键词】 培养模式；差异化；工程管理硕士（MEM）

Research on Differentiation Training Mode of Master of Engineering Management

Bin Feng

(School of Civil Engineering，Inner Mongolia University of Technology，Hohhot 010051)

【Abstract】 As far as Master of Engineering Management，the content of "Engineering" includes many industries and fields. The professional backgrounds of students when they enter the school are quite different. Students with different job positions also have different goals for postgraduate study. Therefore，the training plan of the Master of Engineering Management should take students'professional backgrounds and learning expectations into consideration. Based on the analysis of 476 engineering management masters in three universities with a diverse group of scientific backgrounds，industries and jobs，the thesis proposes the differentiation training mode of "＋engineering"，"＋management"，"engineering＋"and "management＋"，and designs different courses for each mode as well.

【Keywords】 Training Mode；Differentiation；Master of Engineering Management (MEM)

1　引言

工程管理硕士（Master of Engineering Management，MEM）是为适应我国经济社会发展对高层次工程管理人才的迫切需求，于2010年设置的专业硕士研究生学位[1]。设置伊始，工程管理硕士的"工程"就区别于工程管理本科专业的"工程"，是涵盖土木建筑、交通运输、制造、石油、化工、矿业、冶金、电子、通信、计算机、软件、生物、农业、林业、航天、国防等所有工程领域的一个专业学位，旨在培养重大工程项目中既精通工程技术，又具备管理，还可将经济、资源进行优化配置的领军人才[2,3]。所以目前各授权单位的MEM培养也都结合各自特点，制定了结合自身优势领域的培养方案，各校培养方案差别较大[4]。而且，报考工程管理硕士的学生在年龄、专业背景、就业行业及岗位方面有较大的差异性[5]，因此需要考虑差别化培养问题。

为了研究MEM学生培养差异化问题，选取了地处华东和华北的三所高校（其中两所为985高校，一所为普通地方高校）、四届476名MEM学生，以其数据为样板进行分析，研究学生差异性。

2　MEM学生差异化分析

工程管理硕士的招生对象一般为具有三年以上工程管理经验，具有国民教育序列理、工科本科毕业证书者（一般应具有理、工科学士学位）[6]。对三所MEM培养单位录取的四届476名学生数据进行分析，得出学生在学科背景、就业行业和就业岗位等方面的差异。

2.1　MEM学生专业背景情况

根据招生条件要求，MEM学生一般应具有理工科类本科专业背景。在调查的476名学生中，有理工科类专业背景的占88.45%，有11.55%的学生专业背景为非理工科类，说明大部分学生符合具有理工背景的要求（图1）。

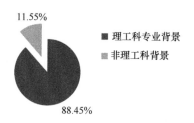

图1　MEM学生专业背景比例

（1）理工科类MEM学生专业背景情况分析

对具有理工科背景的MEM学生的本科专业进行分析，得到各理工科类专业学生占比情况，见图2。通过分析图可知，三所大学录取的MEM学生中，对录取的具有理工科类专业背景的学生专业进一步细分，专业背景为土建类的占比最多，达到40.97%；电力信息类占比20.8%，机械制造类占比7.98%。占比前三的这三类专业占学生总人数的70%，说明这三类学生对于报考MEM专业学位更加积极。

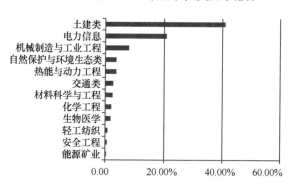

图2　MEM理工科类专业背景学生本科专业占比分析

（2）非理工科类MEM学生专业背景情况分析

对非理工科背景的MEM学生的本科专业进行分析，得到非理工科类专业学生占比情况，见图3。由图可知，非理工科类学生的专业背景主要为经管类、语言类和法学类，但其中经管类占所有录取学生总数的8.19%，超过了机械制造类的学生，占非理工科类的专业背景报考学生数的70.1%，是非理工科类专业学生报考的主力。语言类专业学生报考占比2.94%，超过了理工科专业中交通类、材料类、化工类专业背景学生比例，此类学生的培养问题也不能忽视。

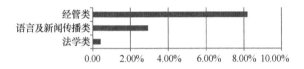

图3　MEM非理工科类专业背景
学生本科专业占比分析

2.2　MEM学生就业行业分析

由于MEM的招生对象一般要求具有三年以上工作经验（工业工程与管理、物流工程与管理两个领域在过渡期可以招收应届毕业生，本研究未涉及此部分学生），所以MEM学生基本都在某个行业已有一定的工作经历，而且MEM学生大多是根据工作或将来职业发展需要报考的工程管理硕士研究生。

对476名MEM学生的就职行业数据进行分析（图4），就职比例最高的三类行业为：

房地产与建筑业的占比27.52%，工业制造业的占比13.87%，市政、行政、事业单位的占比11.76%，占比前三的三类行业占总人数的53.15%；其余制造业占比35.08%；属于设计、监理及咨询服务业的占比10.08%，教育、研究机构的占比6.51%。其中占比第三的市政、行政、事业单位中，理工类专业背景且与工作岗位相匹配的占到52.73%，说明这些学生即使在行政事业类单位也主要从事工程技术岗位，就读工程管理硕士能在专业领域有所提升；在专业背景与工作岗位不相匹配的学生中，还有18.18%的学生专业背景与工作岗位不匹配但从事工程专业性工作，可以通过工程管理硕士学习补充不足的专业知识以适应工作岗位需求；另有29.09%的专业背景与工作岗位不匹配也难以通过工程管理硕士学习到岗位需要知识的学生，考虑报考学习的主要原因在于将来职业转岗或单纯学历提升。从事设计、监理及咨询服务业和在教育、研究机构的学生专业背景与工作岗位基本匹配。从事金融、商贸业的学生就职岗位也大多为信息管理、招标采购和基本建设管理等技术性工作。行业为"其他"的学生大多未选择工作行业，需要通过学习实现就业。

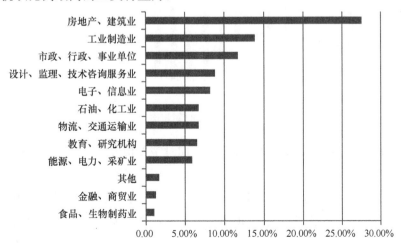

图4　MEM学生就职行业分析

2.3 MEM 学生年龄段分析

对 476 名学生入学时的已参加工作时间数据进行分析（图5），被录取学生人数基本随着参加工作时间的增长而逐年下降，但工作 6 年和 9 年时人数比上年有增多。学生工作年限最短为 3 年（本专业学位最短工作年限要求），最长为 20 年。其中，工作 3 年和 4 年的学生数为 224 人，占比最多，占学生总数的 47%；

工作 5～10 年的学生占比 43.28%；工作 11 年以上的学生占比 9.66%。

细分各工作时间学生从事岗位的情况（图6），随着工作年限的增加，从事技术岗位工作的学生占比逐渐减少，从事经营管理工作的学生占比逐渐增加。这说明学生随着工作经验及技能的提升，会越来越多地向经营管理岗位工作转变。

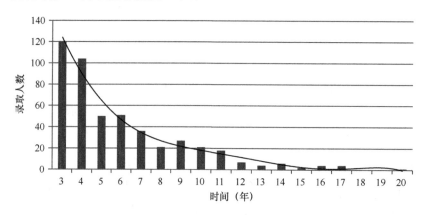

图 5 MEM 学生入学时已工作时间

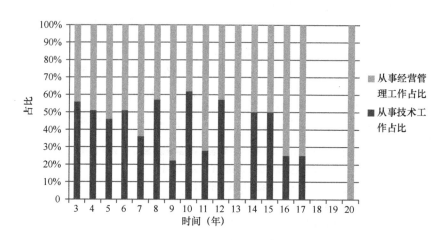

图 6 MEM 学生工作时间与岗位的关系

根据图形，结合学生工作发展状况，分析如下：

（1）在学生工作 3～4 年时，工作岗位相对稳定，家庭负担较轻，或感觉专业知识不足，也达到了工程管理硕士报考年限的最低要求，学生学历提升意愿较高，报考比较积极，

而且学习精力较旺盛，录取比例也较高。

（2）工作 5 年后，随着工作技能的提升，工作岗位职责压力和家庭负担加大，学习提高意愿逐渐降低；工作 12 年后工作相对稳定，惰性增大，提升积极性比较差，再次学习报考的人数很少，学习精力下降，能考取的人数也

较少。

（3）在工作 6 年和 9 年时，录取人数较上年增加，结合从事岗位的变化情况，第 7 年和第 9 年从事经营管理工作的学生占比有明显增加，分析主要原因为部分从事技术性工作的学生在第 6 年左右工作岗位转向中层经营管理岗位，在 9 年左右工作岗位转向高层经营管理岗位，原有知识结构不能满足新岗位需要，急需补充新的专业知识，学历提升意愿再次提升。

根据以上数据显示，MEM 学生在专业背景、就业行业和就业岗位方面，专业背景不同、就业行业多样、岗位知识技能需求有差异，对 MEM 学习阶段所能获得的知识和能力提升期望有较大的差异性，根据不同的期望需求，应采用不同的培养方案。

3 MEM 研究生差别化培养模式分析

3.1 MEM 学生背景——岗位匹配模型构建

由于 MEM 培养强调学生首先应精通工程技术，故将 MEM 学生按专业背景分为具有与工作相关的理工科类专业背景和与工作不相关的专业背景两类情况；根据 MEM 学生工作岗位的性质，将工作岗位分为技术岗和管理岗两类，就此建立 MEM 学生背景—岗位匹配模型，见图 7，形成 4 种匹配形式：

图 7 MEM 学生背景—岗位匹配模型

处于第 I 象限的学生，具有与工作相关的理工科类专业背景且从事本专业的技术工作，职业匹配度好。

处于第 II 象限的学生，具有与工作相关的理工科类专业背景且从事本专业的管理工作，职业匹配度较好。

处于第 III 象限的学生，不具备与工作相关的专业背景但从事专业的管理工作，职业匹配度一般。

处于第 IV 象限的学生为，不具备与工作相关的专业背景但从事专业技术工作，职业匹配度差。

3.2 MEM 研究生差别化培养模式分析

根据 MEM 学生背景—岗位匹配模型，提出 MEM 研究生差别化培养的"＋工程""＋管理""工程＋""管理＋" 4 种模式（图 8），根据不同背景学生的岗位需求，进行差别化培养。

图 8 MEM 研究生差别化培养模式

（1）处于第 I 象限的学生，具有与工作相关的理工科类专业背景且从事 3 年以上本专业的技术工作，具有专业基础知识且通过实际工作积累了一定的经验。该类学生学习动机主要为，希望通过 MEM 阶段学习，在专业能力上有进一步提升，同时拓展知识领域，为将来可能步入管理岗位打下基础。所以此类学生培养模式应为"工程＋"模式，即在自身工程专业背景基础上，更加深入地学习专业知识，侧重于自身专业能力及综合素养的提升。

（2）处于第 II 象限的学生，具有与工作相关的理工科类专业背景且从事本专业的管理工作，一般为从单纯技术岗位通过职务晋升进入管理岗位，专业知识经验丰富，但缺乏系统的管理知识。该类学生学习动机主要为，学习经管类知识，掌握经营管理基本方法和技能以满足管理岗位工作需要。所以此类学生培养模式应为"＋管理"模式，即在自身专业能力足够满足工作需要的基础上，在 MEM 学习阶段，增加经管类基础知识的系统学习，侧重于自身管理能力的提升。

（3）处于第Ⅲ象限的学生，不具备与工作相关的专业背景但从事专业的管理工作，大多是从其他部门调整到现在的管理岗位上，属于"外行指挥内行"，在专业技术方面有所缺失，但往往具有经管专业背景或有一定的管理经验，管理能力较强。该类学生学习动机主要为，希望通过 MEM 阶段学习，弥补专业知识不足的缺陷，便于更好地开展管理工作。所以此类学生培养模式应为"管理＋"模式，即在自身管理能力基础上，补充学习一定的专业基础知识，利于工作的开展。

（4）处于第Ⅳ象限的学生，不具备与工作相关的专业背景但从事专业技术工作，大多是刚刚进入新的工作岗位或期望通过 MEM 学习而转行，但所学专业与岗位技术工作不匹配。该类学生学习动机主要为，通过 MEM 阶段学习，系统学习工作岗位所需要的专业知识，以适应专业技术岗位工作需要，对专业技术知识的学习具有很强的紧迫感。所以此类学生培养模式应为"＋工程"模式，即系统学习专业知识，侧重于专业技术知识的积累。

4　MEM 研究生差别化课程方案设计

根据上述四种 MEM 研究生培养模式，可以有针对性地构建差别化课程方案。

4.1　MEM 研究生差别化课程方案模型构建

将 MEM 培养方案中的专业课程按照课程内容分为技术类课程和经管类课程；按照课程性质，分为"基础专业课"和"专业技能进阶课"，建立 MEM 研究生差别化课程方案模型，见图9。其中"基础专业课"为介绍专业基础知识、基本方法的课程。"专业技能进阶课"指在一个专业领域，侧重于提升专业技能和实际操作水平的课程。技术类课程和经管类课程都存在"基础专业课"和"专业技能进阶课"，如"工程造价管理"课程为"基础专业课"，而"工程投资估算编制"课程则可认为是"专业技能进阶课"；"生产制造管理"课程为"基础专业课"，而"现代工业工程"课程则可认为是"专业技能进阶课"。

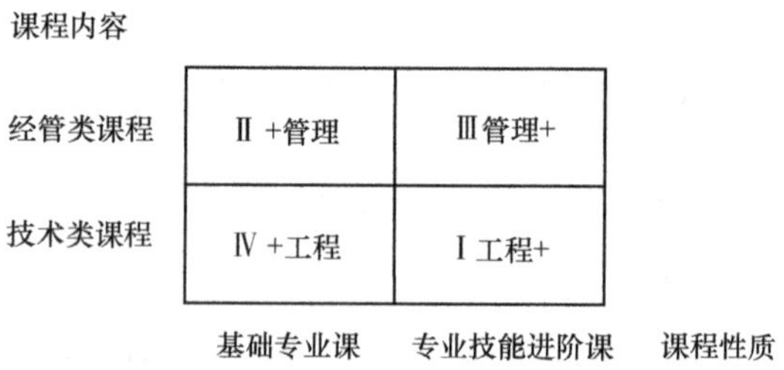

图 9　MEM 研究生差别化课程方案模型

根据 MEM 研究生差别化课程方案模型：

处于第Ⅰ象限的学生应更多地选择技术类专业技能进阶课程；

处于第Ⅱ象限的学生应更多地选择经管类基础专业课程；

处于第Ⅲ和第Ⅳ象限的学生应更多地选择技术类基础专业课程。

对于经管类专业技能进阶课程，分析认为应属于工商管理硕士（MBA）的学习范畴，故 MEM 课程体系中不设或少设。

4.2 MEM 研究生差别化培养方案设计

通过对 476 名 MEM 学生进行背景—岗位匹配数据统计，分处 4 个象限的学生占比见图 10。

岗位性质

管理岗	Ⅱ 42.02%	Ⅲ 10.08%
技术岗	Ⅰ 38.45%	Ⅳ 9.45%

与工作相关的理工   与工作不相关的   专业背景
科类专业背景   专业背景

图 10   MEM 学生背景—岗位匹配度

由图 9、10 分析可知，处于Ⅰ、Ⅱ象限的学生占比各自都在 40%，第Ⅲ和第Ⅳ象限的学生占比合计为 20%。所以在制定 MEM 人才培养方案过程中，在确定专业课课程开设及学分设置时，考虑各象限学生的差异化需求，可以设置 20% 左右的技术类基础专业课程，满足第Ⅲ和第Ⅳ象限的学生需求；设置 40% 左右的技术类基础技能进阶课程，满足第Ⅰ象限的学生需求；设置 40% 左右的经管类基础专业课程，满足第Ⅱ象限的学生需求。

5   结论

（1）MEM 学生在学科背景、就业行业和就业岗位方面差异化较大，需要进行差别化培养。

（2）构建 MEM 学生背景—岗位匹配模型，分析得出 MEM 研究生差别化培养的"＋工程""＋管理""工程＋""管理＋"4 种模式。

（3）根据 MEM 研究生差别化培养的 4 种模式，提出 MEM 研究生差别化课程方案模型。

（4）根据 MEM 学生的背景—岗位匹配数据，给出 MEM 研究生专业课培养方案设计建议。

本论文研究结果主要依据三所院校的 476 名学生数据所得，也未考虑工业工程与管理、物流工程与管理两个领域并入后学生行业背景数据的变化，因此得出的结论具有一定的局限性。

参考文献

[1] 王雪青，杨秋波，高若云. 工程管理硕士专业学位教育的国际经验及其启示[J]. 科技进步与对策，2011，28(13)：140-143.

[2] 张彦春，王孟钧，邹德剑，等. 工程管理硕士教育现状及对策研究[J]. 科技进步与对策，2014，31(11)：119-122.

[3] 吴光东，羌国锋. 基于复杂学习理论的 CDIO 工程管理专业硕士教育模式研究[J]. 高等建筑教育，2018，27(1)：28-31.

[4] 石晓熹. 我国工程管理硕士培养的现状与对策——以湖南上海 4 所高校为例[D]. 长沙：湖南师范大学，2014.

[5] 石晓波，陈佳燕，肖跃军，等. 职业素养导向下工程管理硕士研究生培养路径探讨[J]. 教育教学论坛，2019，41(10)：36-37.

[6] 梁显忠，于庆东，赵宏杰. 中国工程管理硕士专业学位研究生核心素养的构建[J]. 教育现代化，2019，105(12)：9-12.

数字化转型中 BIM 在工程管理专业的发展研究

王 飞　田华新

（河北工程大学，邯郸　056000 ）

【摘　要】　近年来，我国各产业数字化转型发展迅速，通过转型实现了高效高质的发展。但建筑业数字化相对落后，加快建筑业数字化转型，需要解决新型人才缺乏的问题，工程管理专业作为建筑业数字化转型的重要人才输出专业，需进一步发展。本文对数字化转型中 BIM 技术在工程管理专业的发展进行分析，提出在认知、教学内容、实训、教学队伍、教师资源、培养方向等方面的不足，并根据以上六方面提出相应的教学改革措施。

【关键词】　数字化；BIM；工程管理

BIM in Digital Transformation Professional Development Research in Engineering Management

Fei Wang　Huaxin Tian

（Hebei University of Engineering，Handan　056000）

【Abstract】　In recent years, the digital transformation of various industries in China has developed rapidly, and efficient and high-quality development has been achieved through transformation. However, the digitalization of the construction industry is relatively backward, to accelerate the digital transformation of the construction industry, it is necessary to solve the problem of lack of new talents, and the engineering management profession, as an important talent output major for the digital transformation of the construction industry, needs to be further developed. This paper analyzes the development of BIM technology in the engineering management profession in digital transformation, puts forward the shortcomings in cognition, teaching content, practical training, teaching team, teacher resources, training direction, and proposes corresponding teaching reform measures according to the above six aspects.

【Keywords】　Digitization; BIM; Engineering Management

1 引言

随着建筑行业和互联网技术的不断发展，建筑的计划、组织、施工、运维等全生命周期的运行都需要进行数字化转型。从传统建筑工程到现阶段的数字化和智能化建筑工程，建筑业正在发展提升。政府部门和施工方、建设方、监理方等各参与企业需进行数字化转型，转型的关键是技术的创新和人才的引进。工程管理专业是工程技术和管理科学相结合的综合专业，工程管理专业主要涉及建设工程管理、工程经济学、建设工程合同管理、工程造价管理、建筑工程制图、工程力学、土木工程建筑材料、土木工程施工、建筑安全与环境、工程结构、工程建设法规、房地产、建筑学等，其专业可以为建筑行业的数字化提供相关人才。本文就各高校工程管理专业在建筑业数字化转型背景下的发展进行研究，探索数字化转型中BIM技术的发展与工程管理专业的教学改革，提出在认知、教学内容、实训、教学队伍、教师资源、培养方向等方面的不足，并根据以上六方面提出相应的教学改革措施。

2 建筑业数字化和BIM技术在国内外的发展

2.1 国外建筑业数字化和BIM技术的发展

国外对建筑业数字化转型的研究相对较多。Papadonikolaki等研究表明建筑业产品和需求的临时性和可变性使技术创新速度放缓，而随着BIM、物联网等技术的不断发展，数字化转型正在从专业、项目、组织和行业等层面改变建筑业[1]。Ernstsen等提出了建筑业数字化转型的三种愿景，包括效率更高的建设方式、数据驱动的建设环境和价值驱动的计算设计[2]。

国外的BIM技术发展与工程管理专业教学紧密结合，五年时间美国的应用率从1/3增加到3/4[3]。BIM技术在工程管理专业的教学最早出现在美国，如威斯康星大学、奥本大学等。美国的教学方式大致为两种：一个是在专业课程中加入BIM知识；另一个是单独开设BIM课程[4]。Pikas等人提出BIM教育可视化的好处，发现通过实例学习能加深理解[5]。国外高校推进BIM技术，发展较早，虽然方式方法略有不同，但都在开展BIM相关课程。

2.2 国内建筑业数字化和BIM技术的发展

国内对建筑业数字化的研究较少，更多的是数字建造方面的研究。2022年政府工作报告中强调促进数字经济发展，给出了具体方向：加快产业数字化转型。

2002年起建筑信息模型进入工程建设行业，至今其已经在建筑的规划、勘探、设计、施工、运维全过程中应用，实现了工程建设项目全生命周期的信息化管理和数据共享[6]。工程管理专业作为一个应用性很强、专业涉及广的专业，不仅有管理学、经济学、法律学和土木工程技术的基本理论知识，还有现代管理科学的理论、方法和手段，学生的就业面十分广泛[7]。虽然国内高校引入BIM技术较晚，但在科研和课堂教学方面已经有所展现，校企的BIM试点工作也取得了一定的成效。从最初引进到广为使用，BIM不仅帮助进行建筑信息化管理，还加快城市发展，BIM3D、BIM4D、BIM5D的出现，解决了工期、管线碰撞、成本管理等一系列问题，也在近几年的老旧小区改造中起到了中流砥柱的作用，加快了改造进度。BIM技术引进于工程管理专业，培养了更加实用、新型的技术人才，但部分学校关于建筑信息模型的教学还处于浅显状态，学生对其一知半解，需要加大教学力度，改革部分课程授课方式,提倡实践教学。实践教学是工程管理专业教学中必不可少的部分,培养学生的管理能力、技术能力等。

3 数字化转型中 BIM 在工程管理专业的实践教学现状

数字化转型中 BIM 技术在工程管理专业的教学更为重要,BIM 教学与工程制图、工程造价、工程项目管理、CAD 制图等专业课之间联系颇多,并且实际教学中还存在教学内容不足、教学模式单一等问题,本文从教学理论、教学效果、教学模式、教学人员、教学工具、教学目标六方面指出数字化转型中 BIM 在工程管理专业的实践教学现状。

3.1 教学理论:学生对实际工程的理解有待提高

学生在大学四年中,实习实践的机会很少,对工程的认知只片面地存在于课本,在课本的学习中知识点之间存在时间差,不够系统全面。从规划设计、施工、运维等阶段认识模糊,如一些学校工程管理专业的理论教学,专业课、实践课等只占总学分的 1/3,而其他课程学分超过总学分的 2/5[8]。由于该专业的知识跨度大,造成理论知识偏多,大学四年对土木工程、项目管理等学习只存在对书本理论的认识,学校组织的实习活动也只是观摩形式。另外,实际与理论学习相对独立,大一、大二阶段以理论知识为主,后两年的软件实操、实际工程应用很难与之前的理论相连接。

3.2 教学成果:BIM 实践教学成果不明显

工程管理专业对于 BIM 教学还没有具体的标准、模式、内容等,没有可以参考的依据。教学内容涉及土木、工程结构等多个学科,但各个学科独立教学,没有学科间的穿插,甚至各学科间的教学时间跨两个学期,造成同学们容易遗忘,无法相联系,并且各学科中没有涉及具体的知识点如何运用到 BIM 实操中的内容。工程管理专业中专业课的实践活动是与工程项目各阶段建设有关的活动,通过必要的实践活动增加同学们的实践动手能力和创新能力,达到理论知识的落实。但大多数院校甚至应用型院校、技能院校仍有只关注理论教学、注重结课成绩的现象,对于学生的工程项目实践水平缺少关注,并且一些实践教学相对古板,仅有的实践教学也没有与社会发展需求相结合,实践教学内容没有得到更新,实践教学的方式是老师演示、学生观看,具体操作很少,使学生对课程的学习感到抽象和空洞,使学生就业后所接触的实际项目中的流程、图表等,只听过但不会实操。

3.3 教学人员:实践教师业务水平有待提高

随着 BIM 技术的发展,工程管理专业需要的应用型人才增加,不再局限于理论教学,还要与实践教学相结合,可目前大部分院校的实践教学水平不足,组织实践的教师不足且各专业实践的安排不合理,有的会直接放在课程结束的时候实践,与当时的讲授时间差距大。具有工程背景且理论教学和实践教学都具备的"'理论+实操'双师型"老师很少,而实践教师队伍建设直接影响着实践教学水平,直接决定着实践教学效果。因此,也难以适应工程管理专业应用型人才培养的需要。

3.4 教学模式:实训较少,校企合作少,教授模式单一

目前,工程管理专业的实训机会较少,大二会有集体的软件教学,了解 BIM 软件的基

本操作，但是对于实训仅有少部分人参与。老师组织对 BIM 感兴趣的学生进行 BIM 的系统学习，由软件或机构人员进行教学，校企合作方面涉及很少，没有真实的实际案例进行实训，并且学习的内容只有建模等基本操作，关于算量等内容涉及较少。教课模式的单一，很难提高学生的学习兴趣，不同教学模式的展开都有一定的难度。

3.5 教学工具：教学资源不足

BIM 课程的展开需要有专业的教学资源，如软件类：Revit、广联达算量软件、碰撞检查软件等；教材类：课本、教学项目案例等；设备类：高配的硬件设施；其中任何一项都是一笔不小的花费，完善各种资源设备需要时间积累。另外，学生训练场地不足，容易与课程教室的使用冲突；学校对 BIM 教学的宣传不足，没有提供相关的实际案例、系统知识和竞赛内容，许多东西都是学生自己组织参加的，缺乏团队性。

3.6 教学目标：培养方向不明确

大部分高校为顺应社会发展需要，已经在工程管理专业开展 BIM 技能培训，但教学内容单一，教学方式、目标也不明确。只是集体开展 BIM 教学，完成固定学分后，并没有考察市场具体需求，教学只限于 BIM 翻模和基本理论，没有根据学生兴趣，具体划分培养方向。

4 数字化转型中 BIM 在工程管理专业的实践教学改革

4.1 BIM 技术应用提高学生对实际工程的理解

工程管理专业是一个涉及面广、专业科目

多的学科，工程管理是一个系统、复杂、涉及多领域的工作。在学习实践过程中，作为工程管理专业的学生，对工程专业的全过程认知和理解是一项必备的实践能力。通过 BIM 技术进行校内实验实训课，加强理论和实际工程的理解，从项目建议书、可行性报告、设计核算等到最后的竣工验收进行实践教学，学生对建立信息模型的理解可以帮助其系统地理解工程的整个过程。

4.2 完善 BIM 课程体系，协调各专业课程之间的联系

工程管理专业学生 BIM 实践教学的基础是 BIM 课程体系，其对学生实践能力的培养，对促进全面人才培养都具有重要意义。因此，需要在专业课程教学中加入 BIM 技术应用的内容，可以体现 BIM 教学的作用和价值，也可以促进学生对 BIM 技术应用能力的提高，例如，BIM4D 中包括 CAD、建筑施工、工程项目管理、建筑结构等专业课程内容[9]。BIM 技术包括建筑项目的设计施工过程、模拟管道碰撞、工程造价等综合信息，使得各学科学习的知识能够得到应用。根据工程组织、设计、施工、验收等顺序，安排专业课的学习顺序并与 BIM 课程相结合，如大一、大二进行理论课程学习，大三进行校内实训、BIM 竞赛，大四进行具体实习。

4.3 培养优秀 BIM 教师，改革课堂教学方式

BIM 的教学实践离不开 BIM 教师，以实际工程项目为案例，以实践环节为驱动。教师要进行企业培训，推荐教师去相关政府部门、企业单位或工程施工现场挂职锻炼，通过实际的 BIM 软件实操，提高自身的实践经验。培养软件应用、信息开发等与 BIM 相关的能力，

要有一定的工程实践经验、熟悉技术的发展前景和方向，掌握 BIM 主流软件等。

改变单一的授课方式，采用雨课堂、翻转课堂等形式[10]，提升学生积极性的同时，也能使老师提前布置学习内容，学习 BIM 建模、算量等感兴趣的部分；共享视频课件让教学内容与 BIM 的融合更加容易理解。其次，教师应设课堂讨论、课后小组作业、课堂展示小组成果等多种方式进行授课，加深记忆，改变一板一眼的课堂状态；改变单一的毕业设计要求，将 BIM 技术加入毕业设计要求中，可从计划、设计、施工、运维、建筑结构、机电、电气等多方面、多角度地进行毕业论文或毕业设计，沉淀四年 BIM 学习的成果，为毕业后的实习工作提供更多的机会。不同的教学方式有着不同的优势和作用。

4.4 BIM 实训实验室，开展校企合作

开设 BIM 实训实验室，开展校企合作，组织学生实训。在案例实训、工程实践、实习过程中，掌握行业的主要技术，对 BIM 全面了解和掌握。在有了 BIM 实训平台后，学校可以引进校外专业的 BIM 培训人员，对学生进行专业化指导。

开展校企合作平台，利用企业师资和就业渠道优势，实现学生零距离就业，进一步深化人才培养模式的探索与实践，注重知识结构的衔接，把工业院校的办学理念和行业标准延伸到大学生入学的第一年。

4.5 完善教学资源

一方面政府与企业应该给予经济上的支持，帮助克服难题；另一方面对已取得研究成果的高校 BIM 教学模式进行借鉴，对课程体系进行完善，这样才能更好地促进国内 BIM 的发展。各个高校应采取必要的措施，比如增加创新学分、证书、奖学金等，在学生受奖励的同时，也应通过竞赛补贴、指导奖金、获奖指导证书等方式激发老师的竞赛指导意愿，提升教师的业务水平[11]；提供良好的环境和条件，不仅要有各种实验室供师生上课，还要有工程实训中心、创新训练基地等为学生备赛过程中的训练和讨论提供场所；创建学科竞赛网站、竞赛公众号等宣传机制，上传竞赛报名链接、历年竞赛真题、学科竞赛知识等内容，为学生备赛提供参考依据。

4.6 明确培养目标人才

明确 BIM 技术人才的社会需求，按方向培养技术人才。根据市场需求，BIM 培养大致分为四类：技术类、技术＋管理类、程序开发类、管理类。大部分学校的工程管理专业是以应用型为主，培养技术类和软件开发类人才是容易实现的。在前期的理论学习完成后，可以根据学生的学习兴趣，分类重点地培养各类人员。大一、大二的理论和基本操作完成后，根据学生的意愿和擅长部分，进行建模软件、工具软件、平台软件等分组系统学习，根据不同组安排不同的系统课程。

5 结语

建筑业进行数字化转型需要新型复合人才的出现，学校对工程管理专业学生的培养应顺应社会发展，加快速度、优化教学资源，进行建筑信息模型在工程管理专业的改革和实践。现阶段，BIM 人才短缺，高校应顺应社会需求和发展，建立 BIM 人才培养机制，完善课程体系、加强实训资源、培养师资力量、加强校企合作、建立新的教学模式等，将 BIM 更好地融入工程管理专业的课程教学实践中，为市场增添工程管理专业人才、BIM 技能人才，促进建筑业数字化快速高效发展。

参考文献

［1］ Papadonikolaki E，Krystallis I，Morgan B. Digital Transformation in Construction-Systematic Literature Review of Evolving Concepts［J］. 2020：1-14.

［2］ Ernstsen S N，Whyte J，Thuesen C，et al. How Innovation Champions Frame the Future：Three Visions for Digital Transformation of Construction［J］. Journal of Construction Engineering and Management，2021，147(1).

［3］ Construction M G H. The Business Value of BIM in North America：Multi-year Trend Analysis and User Ratings（2007—2012）［J］. Smart Market Report，2012：1-72.

［4］ 张卓如，王志强. 工程管理专业 BIM 实训教学改革的研究——以青岛理工大学为例［J］. 山东教育(高教)，2020(Z2)：100-103.

［5］ Pikas E，Sacks R，Hazzan O. Building Information Modeling Education for Construction Engineering and Management Ⅱ：Procedures and Implementation Case Study［J］. Journal of Construction Engineering and Management，2013，139(11)：05013002.

［6］ 冯大阔，肖绪文，焦安亮，等. 我国 BIM 推进现状与发展趋势探析［J］. 施工技术，2019，48(12)：4-7.

［7］ 张青山，王舟，徐伟. 工程管理专业职业化教育人才培养模式研究［C］//第十五届沈阳科学学术年会论文集(经管社科).2018：129-132.

［8］ 吴仁华，邱栋，蔡彬清，等. 新工科视域下应用型大学工程管理专业建设探索［J］. 高等工程教育研究，2021(1)：50-55.

［9］ 李永奎，刘静华，彭宗政.4D-BIM 工程进度管理教学改革探索［J］. 实验室研究与探索，2018，37(12)：213-216.

［10］ 肖光朋，项健，郭丹丹.BIM 技术下工程造价专业翻转课堂教学模式的构建与实践［J］. 四川建材，2020，46(1)：99-100，105.

［11］ 王宇静，曹海敏. 新形势下学科竞赛驱动的高等教育创新人才培养模式——以工程管理专业为例［J］. 教育理论与实践，2021，41(18)：13-15.

专业书架

Professional Books

行 业 报 告

《中国土木工程建设
发展报告 2020》

中国土木工程学会　组织编写

本报告是系统分析中国土木工程建设发展状况的系列著作，对于全面了解中国土木工程建设的发展状况、学习借鉴优秀企业土木工程建设项目管理和技术创新的先进经验、开展与土木工程建设相关的学术研究，具有重要的借鉴价值。可供广大高等院校、科研机构从事土木工程建设相关教学、科研工作的人员、政府部门和土木工程建设企业的相关人员阅读参考。

征订号：38716，定价：158.00 元，2022年 1 月出版

《部属建筑类高校发展与变迁》

部属建筑类高校发展与
变迁编写委员会　组织编写

中华人民共和国成立后，为加快培养建设行业所需专业人才，从 1954 年开始，国家建设行政主管部门开始承担高等学校管理职能。原建设部在不同时期陆续建立和管理了包括重庆建筑大学、哈尔滨建筑大学、沈阳建筑工程学院、西北建筑工程学院、南京建筑工程学院、武汉城市建设学院、苏州城市建设环境保护学院等七所建筑类高等学校，一直到 2000 年我国高校管理体制改革。据不完全统计，七所高校在原建设部管理期间累计培养 20 余万人才，为建设行业发展和国家基础设施建设提供了人才保障。七所院校的毕业生在不同的岗位发光发热，为我国基建事业作出了重要贡献，完成了许多高难度、复杂的大型工程，推动中国建造享誉世界。

本书的编写原则是尊重历史、以史为准，力求客观地记述历史事件和发展历程。以时间顺序为主轴，按各类学校归属原建设部管理并设立本科专业的时间先后排序，时间跨度从学校成立到高校管理体制改革脱钩（2000 年）。

征订号：38791，定价：168.00 元，2021年 12 月出版

《智慧城市与智能建造
论文集（2021)》

华中科技大学土木与水利工程学院
中国建筑学会工程管理研究分会　编

2021 智慧城市与智能建造高端论坛秉持建筑业智能发展理念，聚焦"城市智慧基础设施""建筑产业互联网与数字经济""建筑工业化与建造机器人""医养结合与健康住宅"四类前沿主题，邀请相关专家学者进行综合分析与探讨，并将优秀论文收录于本论文集中供广大学者研究参考。

希望能借助本论坛与这些优秀论文，与广大学者共同探索建筑业实现智能化转型升级的

思路、任务和前景，为推动产业变革提供一定的理论依据和实践基础，更好地促进我国持续往信息化、数字化、智能化建设强国转变。

征订号：38750，定价：79.00 元，2022年4月出版

《2020 年中国建筑工业化发展报告》

同济大学国家土建结构预制装配化

工程技术研究中心　主编

新型建筑工业化是一种整合设计、生产、施工等整个建筑产业链的可持续发展的新型生产方式，是建筑业的发展方向。本书是由同济大学国家土建结构预制装配化工程技术研究中心组织行业力量编写的一本关于中国建筑工业化的发展报告，对推进新型建筑工业化具有重要意义。本书系统总结梳理了 2020 年我国建筑工业化发展的新政策、新标准、新技术及新体系，分享了龙头企业及示范项目的发展经验，帮助广大读者了解目前我国建筑工业化发展的情况，分析促进和影响行业发展的各种因素，预测行业的未来发展趋势。

征订号：38095，定价：32.00 元，2021年11月出版

《中国建筑业信息化发展报告（2021）智能建造应用与发展》

《中国建筑业信息化发展报告（2021）
智能建造应用与发展》编委会　编

本书共 10 章内容，以智能建造为主线，

系统总结了智能建造概念体系、关键技术，通过对智能建造应用现状进行深入调研和分析，全领域呈现智能建造发展情况；全面展现了设计、生产、施工和运维等建造全过程的智能化应用，归纳总结了智能装备、建筑产业互联网等的应用，拓宽了智能建造广度；面向未来对智能建造进行趋势分析和前景展望。针对不同阶段的智能化实践，通过典型应用场景、系统、流程和案例，全景式展现智能建造实践成果，为推动智能建造提供了系统性的方法和实践指导。通读此书，可以帮助读者了解智能建造现状和未来发展趋势，认识到开展智能建造的重大意义和价值所在，为智能建造实践提供切实可行的参考和借鉴，进而推动建筑业高质量发展。

本书适合行业主管部门、行业技术、管理人员及高等院校相关专业师生阅读使用。

征订号：38600，定价：198.00 元，2021年11月出版

《数字建造发展报告（安全篇）》

品茗股份研究院　编

《数字建造发展报告（安全篇）》是以"数字建造是实现建筑行业数字化转型升级必由之路"为核心理念的系列研究报告之一，为工程技术和管理人员、行业数字化从业人员研究建筑企业高

质量发展实施路径提供参考。

本书共分为8章：数字建造、数字建造现状分析、数字建造发展趋势、安全是发展的基础、管理是安全的保障、数字建造在安全管理方面的典型应用、数字建造在安全管理方面的典型实践、安全建造技术发展趋势。《数字建造发展报告（安全篇）》希望通过"安全业务条线"的数字化探索和实践，为数字建造在其他业务条线探明方向、积累成功经验，实现"科技为建筑行业赋能"持续挺进。

征订号：38032，定价：52.00元，2021年10月出版

《江苏省建筑产业现代化发展报告（2020）》

江苏省住房和城乡建设厅
江苏省住房和城乡建设厅科技发展中心　编著

为稳步推进装配式建筑发展，不断提升建造水平和建筑品质，江苏省住房和城乡建设厅、江苏省住房和城乡建设厅科技发展中心共同编著了《江苏省建筑产业现代化发展报告（2020）》，分为发展篇、地方篇、示范篇，系统梳理总结了近年来江苏推进建筑产业现代化的工作情况和取得的成效，结构清晰、内容丰富、图文并茂、数据翔实，可供全省相关管理人员和技术人员学习借鉴。

征订号：38975，定价：99.00元，2022年4月出版

《中国绿色低碳建筑技术发展报告》

中国城市科学研究会　主编

本书从综合篇、要素篇、地域篇三个维度，对我国绿色低碳建筑的发展状况进行系统、深入地分析和总结，系统地诠释了绿色低碳建筑行业的难点问题，对全面了解我国绿色低碳建筑的发展状况，开拓绿色低碳建筑技术创新的领域，引领绿色低碳建筑技术创新的方向，具有很强的参考价值。

征订号：39588，定价：78.00元，2022年8月出版

《绿色建造发展报告——绿色建造引领城乡建设转型升级》

中国建筑业协会绿色建造与智能建筑分会
中国建筑股份有限公司　组织编写

绿色建造是生态文明建设和可持续发展思想在工程建设领域的体现，强调在工程建造过程中，着眼于工程的全寿命期，贯彻以人为本的思想，要求节约资源、保护环境、减少排放。本书主要从工程绿色立项、绿色设计、绿色施工三个阶段对绿色建造的发展现状进行介绍，并对绿色建造的发展趋势

给出建议，共有 5 章，分别是：绿色建造发展现状、绿色建造政策与标准、国外经验精选、发展趋势与建议、工程案例。本书内容翔实，图文并茂，数据取自实践，对我国建筑业推动绿色建造方式，促进城乡建设转型升级具有一定促进作用。

征订号：39778，定价：65.00 元，2022 年 7 月出版

《中国低碳生态城市发展报告 2021》

中国城市科学研究会　主编

《中国低碳生态城市发展报告 2021》以"'碳中和'承诺的兑现关键在城市"为主题。第一篇最新进展，主要综述了 2020～2021 年国内外低碳生态城市国际新动态、政策指引、学术支持、技术发展、实践探索与发展趋势。第二篇认识与思考，主要探讨以城市为主体的减碳策略，详细解读将城市建设成为宜居、韧性、智能城市的发展趋势。第三篇方法与技术，提出试点监测技术方案的设计思路。第四篇实践与探索，总结了具体行动与成效，提出了 8 点围绕建设气候适应型城市的政策建议。第五篇中国城市生态宜居发展指数（优地指数）报告（2021），选取能源、工业、建筑和交通等城市关键排放部门指标进行特征分析，研究优地指数各类城市的碳排放现状特征及发展潜力。

本书是从事低碳生态城市规划、设计及管理人员的必备参考书。

征订号：904454，定价：55.00 元，2022 年 5 月出版

《江苏省绿色建筑发展报告（2020)》

江苏省住房和城乡建设厅
江苏省住房和城乡建设厅科技发展中心　编著

本书从发展成效、政策推动、科技支撑、示范引领、地方实践等方面系统总结了近年来江苏绿色建筑高质量发展的经验和成效，结构清晰、内容丰富、数据翔实，具有较强的专业性、权威性和实用性，既有文献资料价值，又有现实指导意义，是管理和技术人员不可或缺的参考指南。

征订号：38767，定价：108.00 元，2022 年 2 月出版

《雄安新区绿色发展报告（2019—2021)——生长城市的绿色版图》

雄安绿研智库有限公司　主编

站在"十四五"开局的新起点，雄安新区已转入大规模建设阶段。本书回顾梳理了 2019 年 7 月～2021 年 7 月这一时期雄安新区的绿色发展脉络，总结了新区在大规模建设初期的绿色发展经验。全书共分为趋势进展、顶层设计、环境友好、低碳循环、

绿色人文和调查展望六篇共十三章，以及一个附录。

本书适合城市规划建设相关从业者、城市发展研究者、新区建设者等参考学习。

征订号：904453，定价：83.00元，2022年4月出版

《中国建设教育发展报告（2020—2021）》

中国建设教育协会　组织编写

刘　杰　王要武　主编

为了紧密结合住房城乡建设事业改革发展的重要进展和对人才队伍建设提出的要求，客观、全面地反映中国建设教育的发展状况，中国建设教育协会从2015年开始，计划每年编制一本反映上一年度中国建设教育发展状况的分析研究报告。本书即为中国建设教育发展年度报告的2020～2021年度版。

本报告是系统分析中国建设教育发展状况的系列著作，对于全面了解中国建设教育的发展状况、学习借鉴促进建设教育发展的先进经验、开展建设教育学术研究具有重要的借鉴价值。可供广大高等院校、中等职业技术学校从事建设教育的教学、科研和管理人员、政府部门和建筑业企业从事建设继续教育和岗位培训管理工作的人员阅读参考。

征订号：39609，定价：75.00元，2022年7月出版

中国建筑产业数字化转型发展研究报告

黄奇帆　朱　岩　王铁宏　王广斌　编著

研究报告通篇体现了创新意识和实践精神，可以说，它是中国建筑产业数字化转型发展创新的宣言书，又是实践的说明书，每一位作者都是建筑产业数字化转型发展的创新传播者、实践行动派。相信，研究报告一定令广大读者特别是对建筑产业数字化转型发展仍有诸多困惑的同志顿感拨云见日，找到可资借鉴、可予对标的重要信息。中国建筑产业数字化转型发展未来已来，让我们踔厉奋发、笃行不怠，一起向未来。

征订号：39031，定价：99.00元，2022年4月出版

建造技术与模式创新

《集中隔离医学观察点快速建造指南》

陕西建工控股集团有限公司　主编

本指南以设计、施工、运维等全过程建造为主线，采用图文并茂的形式，系统归纳了集中隔离医学观察点快速建造经验及创新做法，具有较强的指导性、针

对性和可操作性。

征订号：39625，定价：74.00 元，2022年 8 月出版

《建设项目工程技术人员实用手册》

余地华　叶　建　倪朋刚　王　伟　主编

本书编制目的旨在提升建设项目工程技术人员业务技能，达到快速熟悉工程技术管理工作职责及岗位能力要求，让处在工程建设的工程技术人员快速掌握工作要领，熟悉工作方法，提升工作技能。同时期望本书的一些案例，能从经验总结的角度，减少工程技术人员在工作中的失误，快速积累经验，提升本领。本书也从项目管理角度，对项目技术人员提出了更高要求，帮助其提升综合管理技能。

主要内容包括：工程准备、常用施工技术、工程总承包管理、科技研发与新技术应用、当前建筑业前瞻性新技术五个方面，可供项目施工人员、技术人员、工程监理人员等参考使用。

征订号：39838，定价：85.00 元，2022年 9 月出版

《全国第十四届运动会体育场馆及配套设施项目建设科技创新》

陕西省土木建筑学会　主编

"全民全运，同心同行"的主题下，第十

四届全运会在全运历史上留下了独特的印记，三秦大地也成为中国体育奋进的新坐标。受新冠肺炎疫情影响，第十四届全运会体育场馆及配套设施项目建设面临了诸多挑战和难题。

为推广第十四届全运会体育场馆及配套设施项目建设科技创新技术，总结宣传建筑企业重要成就，陕西省土木建筑学会组织项目建设单位和专家，就项目勘察、规划、设计、改造、施工、运维等全过程技术成果进行整理汇编。

征订号：39877，定价：69.00 元，2022年 9 月出版

《全过程工程咨询实践与探索》

彭　冯　陈天伟　柯　洪　陈锦华　编著

本书以一种全新的架构形式系统阐述建设项目全过程工程咨询的基础理论、相关政策和实际案例，旨在帮助工程咨询企业应对全过程工程咨询发展中的诸多问题。

内容共分为三篇，即全过程工程咨询关键路径篇、政策分析篇和案例解读篇。

首先，本书前两篇从基础理论和相关政策展开，分析不同专业全过程工程咨询企业现状，界定全过程工程咨询的内涵并识别路径，继而归纳出发展全过程工程咨询的三个关键路

径。识别出的三大核心路径既是本书想要强调的亮点所在，也是贯穿全书的主线。其次，从中国实际出发探讨政策环境影响，从政策工具、政策内容两个方面对我国 2017～2020 年的全过程工程咨询政策展开分析和评价，提出工程咨询企业推行全过程工程咨询的合理化建议，助力其对接政策的风向标。书中第三篇注重与前两篇的理论衔接呼应，从实务方面详细介绍了 4 个精选的全过程工程咨询案例，采取专家随点随评的方式进行解读，拆解项目难点，总结服务亮点，便于读者在实操中更好地理解与运用理论知识。

希望通过本书的出版，为广大工程咨询企业开展全过程工程咨询业务提供全面的指引和实操指南。

征订号：37954，定价：79.00 元，2021 年 9 月出版

《全过程工程咨询项目集群管理理论与实践》

柴恩海 黄 莉 刘 颖 等 著

本书向读者展现全过程工程咨询项目集群相关理论与应用实践，为工程咨询服务行业发展丰富了理论研究和实践经验，也给同行提供了一定的参考。

全书共分为四部分：第一部分是基本概念与发展概述，包含全过程工程咨询概述与项目集群管理概述，涉及第 1 章与第 2 章；第二部分是基础理论，包含项目治理理论、利益相关者理论、集成管理理论等，主要为第 3 章；第

三部分是全过程工程咨询项目集群管理案例，包含五洲·千城全过程工程咨询集群项目管理实践案例介绍以及深职院全过程工程咨询项目集群管理案例，包括第 4 章与第 5 章；第四部分是全过程工程咨询项目集群管理经验与未来展望，覆盖第 6 章与第 7 章。

征订号：38102，定价：68.00 元，2021 年 10 月出版

《设计总包管理》

阮哲明 蒋 玮 陈 爽 著

本书以《项目管理知识体系指南》（PMBOK）中的理论知识为指导，结合作者在建设项目管理 20 多年的实践经验总结，以工程建设领域的项目经理和项目建设的业主为读者对象，旨在对当前建设工程设计管理特点与要素理解的基础上建立一套全面的设计管理思维体系。

本书以实践和理论相结合的方法来更好地表达作者的观点，其中特别设置了 3 个环节，以使读者在阅读本书时不是带着枯燥的心情去硬啃知识而是带有思考地获得知识。这 3 个环节分别为：案例导读、实践中的项目经理、新技术和新思路。此外，在每章的最后一小节设置了与该模块相关的最新技术和理论的介绍。通过这种方式，可以方便读者多视角理解项目管理过程。

征订号：38760，定价：49.00 元，2022 年 3 月出版

《工程总承包管理必读》

李 森 陈 翔 等 著

加强工程项目建设从业人员对工程项目管理的理解和认识，掌握工程建设项目管理的理论和方法，提高工程建设从业人员的能力和水平，对提升工程企业竞争力具有十分重要的意义，也是工程企业在国内外市场竞争中实现可持续发展、高质量发展的重要支撑。《工程总承包管理必读》一书立足于项目管理的经验总结与实践，对工程建设从业人员提升项目管理能力和技能水平具有较高的参考意义和实用价值。全书共 5 篇，第 1 篇工程项目管理、第 2 篇工程总承包项目管理程序、第 3 篇国际工程 HSE 管理、第 4 篇国际工程社会安全管理、第 5 篇工程总承包全过程管理实践。每篇相对独立但又彼此关联，项目管理的理念精髓贯通全书。通过对本书的学习可以使工程项目建设从业人员更好地了解工程建设项目管理的知识和方法，了解工程建设项目管理的基本内容和工作程序，获得理论与实践相结合的项目管理方法，并在实际工程项目管理过程中得以应用，提高工程项目管理水平。

征订号：39114，定价：58.00 元，2022 年 8 月出版

《超大规模工程 EPC 项目集群管理》

主编：沈兰康 张党国

副主编：时 炜 云 鹏 张洪洲

解崇晖 白晓宁

随着国家推行工程总承包政策力度的加大，EPC 工程总承包项目集群管理的新模式和新方法被许多复杂的工程项目所使用，取得了显著的效果。本书以中国西部科技创新港工程为样本，深度剖析超大规模工程 EPC 项目集群管理，为超大规模工程实施提供智力支撑。

征订号：38550，定价：128.00 元，2022 年 2 月出版

《建设工程全过程风险管控实务》

易 斌 著

本书提出化解建设工程风险的根本之策在于保障建设工程实施的商业性与合规性。商业性是使经济活动得以继续的前提，是市场经济规律在建设工程领域的显现；合规性是在中国特色社会主义市场经济中合法合规经营的底线。为了实现建设工程商业性与合规性的统一，本书运用工程管理学、运筹学、控制学、数学、法学、经济学、哲学、国学、心理学、社会学等学

科，通过对两百多个问题的解答，以期帮助读者解建设工程风险管控之惑。

征订号：39639，定价：79.00 元，2022年9月出版

《国际工程管理经典案例解析 50 讲》

王道好　卢亚琴　蓝庆川　方　涛

李浩然　编著

随着中国工程建设领域的腾飞，项目管理也成了各大国际公司及管理人员至关重要的管理重点，如何在繁忙的工作中，利用碎片化的时间学习专业性、可实操性的项目管理知识，也成为从业者关注的重点、难点。针对这一难点，拥有 20 多年项目管理一线经验的王道好老师，与业内多位有长期国际工程工作经验的专家共同编写完成《国际工程管理经典案例解析 50 讲》一书，该书主要包括市场营销篇、项目投标篇、在建项目管理篇等，通过案例介绍，分析国际工程项目管理的重难点。

征订号：39707，定价：69.00 元，2022年9月出版

《精准管控效率达成的理论与方法 ——探索管理的升级技术》

卢锡雷　著

本书阐述了原创的"精准管控效率达成的理论与方法"，旨在为实现建筑业高质量发展和绿色建筑等战略，提供可行路径和工具

支持。

全书分为管理演进与拓展、精准管控理论原理、精准管控实现工具、精准管控实践实效四部分。在组织使命引领的新工程观指导下，融入了流程管理、精益思想和新兴科技的"建筑智能建造系统模型"，将"精确计算、精细策划、精益建造、精准管控、精到评价"施加于闭环的工程全过程运营管理，结合企业、项目应用场景，提供了大量工具化实用图表，切实帮助建筑工程达成智能高效的管控。借助工程成本、质量、安全管控应用实例，介绍了精准管控各阶段的清晰逻辑和详细操作方法，还列举了大型质安观摩活动和大型会议组织两个实例。

本书可供管理学界探讨、建筑业界借鉴、工程教育界参考，通过精准管控达成效率升级之目的。

征订号：39535，定价：88.00 元，2022年7月出版

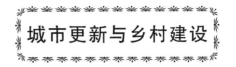

城市更新与乡村建设

《中国城市治理》

翟宝辉　沈体雁　王　健　杨雪锋

陈松川　原　珂

在这次疫情防控过程中，习近平总书记多次就"城市治理"问题作出指示，强调"城市治理是国家治理体系和治理能力现代化的重要

内容""城市是生命体、有机体，要敬畏城市、善待城市，树立'全周期管理'意识，努力探索超大城市现代化治理新路子"等。这充分说明以习近平同志为核心的党中央对包含特大城市在内的我国市域社会治理问题的高度重视，同时也从疫情大考的角度提出了我国城市治理现代化的新命题新要求新任务。为了推动城市管理手段、管理模式、管理理念创新，提高城市管理者的城市治理理论水平和实践能力，我社经过两年时间策划编写了面向城市管理者的《中国城市治理》一书。

本书以中国城市治理为主题，以推动中国城市治理体系和治理能力现代化为主线，突出中国特色，多角度、全方位地阐述中国城市治理模式和经验，图文并茂，穿插地方相关案例，注重理论性的同时突出实用性，可作为城市治理者和相关研究人员的重要参考读物。

征订号：904450，定价：98元，2022年9月出版

《致力于绿色发展的城乡建设》丛书

全国市长研修学院系列培训教材编委会 编写

推动"致力于绿色发展的城乡建设"，关键在人。为帮助各级党委政府和城乡建设相关部门的工作人员深入学习领会习近平生态文明思想，更好地理解推动"致力于绿色发展的城乡建设"

的初心和使命，组织专家编写了这套以"致力于绿色发展的城乡建设"为主题的教材。这套教材聚焦城乡建设的13个主要领域，分专题阐述了不同领域推动绿色发展的理念、方法和路径，以专业的视角、严谨的态度和科学的方法，从理论和实践两个维度阐述推动"致力于绿色发展的城乡建设"应当怎么看、怎么想、怎么干，力争系统地将绿色发展理念贯穿到城乡建设的各方面和全过程，既是一套干部学习培训教材，更是推动"致力于绿色发展的城乡建设"的顶层设计。

征订号：34244、34247、34238、34243、34245、34240、38645、34242、34246、34241、34239，总定价：877元，2019—2022年4月出版

《中国"站城融合发展"研究丛书》

程泰宁 丛书主编 郑 健 李晓江 丛书副主编
王 静 丛书执行主编

中国"站城融合发展"的重要意义在于它对城市发展和高铁建设所产生的"1＋1＞2"的相互促进作用。对于城市发展而言，高铁站点的准确定位与规划布局将有助于提升城市综合经济实力、节约土地资源、促进城市更新转型；对于铁路建设来讲，合理的选址与规划布局可以充分发挥铁路运力，促进高铁事业快速有效发展；从城市群发展的角度来看，高速铁路压缩了城市群内的时空距离，将极大地助力"区域经济一体化"的实现。因此，在国土空间规划体系转型重构和"区域一体化"迈向高

质量发展的关键时期，"站城融合发展"的提出具有极为重要的意义。

针对"站城融合发展"相关问题，中国工程院于 2020 年立项开展了重点咨询研究项目《中国"站城融合发展"战略研究》（2020-XZ-13）。研究队伍由中国工程院土木、水利与建筑工程学部（项目联系学部）和工程管理学部的 8 名院士领衔，吸收了来自地方和铁路方的建筑、规划、土木、交通、工程管理等学科和领域的众多专家，以及中青年优秀学者参加。研究成果编纂成丛书，分别从综合规划、交通设计、城市设计和建筑设计等不同角度阐述中国的站城融合发展战略。希望本丛书的出版，能为我国新时期城市与铁路建设的融合发展提供思考与借鉴。

本套丛书可供城市策划、城市（交通）规划、城市设计、建筑设计、城市管理及相关专业人士作为参考，也可作为建筑、规划高等院校师生的学习参考资料。

征订号：38824、38772、38785、39115，总定价：476.00 元，2022 年 6 月出版

《城镇老旧小区改造技术指南》

王贵美　章文杰　主编　陈旭伟　主审

本书聚焦老旧小区改造的重点、难点、焦点问题，进行深入地研究和探讨。力求本书既有理论高度，又贴近实际应用。就如何实现老旧小区改造现代化、精细化、法治化、科技化，提升服务群众的能力等问题提出了建设性的观点及实施建议。

征订号：38781，定价：78.00 元，2022 年 7 月出版

《城镇老旧小区改造综合技术指南》

张佳丽　主编　刘杨　刘玉军　副主编

为解决老旧小区改造无据可依、无章可循的技术难题，本书从顶层设计的角度，根据相关要求，按照基础类、完善类和提升类改造项目的分类方法提出具体设计指引，给出工程管理技术要求，列出验收标准以及负面清单，介绍创新与探索的新技术，期望为从事老旧小区改造事业的工作者们提供技术上的指引和借鉴。

征订号：38543，定价：228.00 元，2022 年 1 月出版

《未来社区建设与运营实践探索》

裘黎明　主编

本书简要介绍未来社区的概念起源、国内外现状和基本特征，对未来社区的建设战略环境、顶层设计、主要建设路径、主要创建类型进行概括与梳理，并着重分析了未来社区的建设投资，探讨了乡村未来社区的顶层设计与实践探索，并分享了相关案例和实践经验。

本书旨在探索浙江省未来社区的各种建设

路径，并对已形成的未来社区建设与运营实践经验进行研究总结，结合浙江省推进共同富裕建设，思考和探索乡村未来社区创建，助推城乡融合和乡村振兴。

征订号：38788，定价：69.00 元，2022年 3 月出版

《城市更新工程综合建造技术及总承包管理》

余地华　叶　建　姜经纬　主编

本书总结了城市更新工程综合建造技术及总承包管理要点，全面介绍了城市更新工程实施的启动阶段管理、关键建造技术、总承包管理、竣工验收事项等内容。主要包括七大部分：概述、城市街道更新、既有建筑改造、既有建筑功能提升、废弃矿山环境修复、总承包管理、典型案例。从城市的街道、建筑立面等"外在"与建筑物本身的功能提升等"内在"的融合，结合中建三局集团工程总承包公司在城市更新工程实施的成功案例，理论联系实际进行重点阐述。

征订号：38501，定价：85.00 元，2021年 11 月出版

智能建造与工业化协同发展

《工程建设企业管理数字化实论》

鲁贵卿　著

本书就工程建设企业的管理数字化问题，结合建设行业的现实情况进行阐述，作者力图根据自己 40 余年企业管理实践的经验体会，依据企业管理实际而论，立足信息数字技术实际应用而论，力求解决实际工作难题而论，追求实际应用效果而论，因此称之为"实论"。由于企业管理数字化、项目建造数字化和产业互联数字化是工程建设企业数字化的三个方面，他们既相互独立，又相互联系，甚至是相互包含。本书是站在企业管理者的角度去谈论数字化问题，从信息数字技术的实际应用角度去阐述企业管理和管理数字化。因此，本书面对的读者群体主要是工程建设企业的各级管理者、IT 企业的行业有关人员、建设行业管理者、大专院校相关专业的学生与研究人员以及社会上对数字化有兴趣的人士。

征订号：39809，定价：75.00 元，2022年 8 月出版

《数据中心建设技术与管理》

万大勇　蒋　武　周杰刚　主编

本书围绕数据中心"基于特别重要基础设施特性的工程建设""基于特别巨大能源负荷

特性的工程建设""基于特殊专业要求的设备系统""基于特殊功能的使用单元"及"园区智能化要求高、技术新""节能环保要求高、技术新"的"四特两高"工程建设重难点,从数据中心关键系统(电气系统、给水排水系统、空调系统、消防与安全系统、综合布线系统)、特殊专项技术(精密空调、UPS不间断电源、电磁屏蔽、应急供冷、洁净空间)、特殊专项设备(蓄冷设备、电池室、大负荷柴油发电机群、大管径管道及大型设备施工、密集空间管道模块化施工)、数据机房、智能化技术及智慧园区、节能环保技术、施工组织与施工管理等方面阐述了数据中心工程建设技术与管理的要点。

征订号:39861,定价:75.00元,2022年8月出版

《城市信息模型(CIM)基础平台应用研究与探索》

《城市信息模型(CIM)基础平台应用研究与探索》编委会 主编

本书共分为三篇:第一篇从智慧城市发展与CIM基础平台介绍出发,首先介绍智慧城市发展与CIM技术关系、发展趋势、困境与机遇,接着介绍CIM基础平台在国内外推广的应用分析,最后介绍广州市CIM平台的推广应用分析;第二篇详细介绍了广州市CIM平台的构建与应用,从广州市CIM平台构建定位和构建理论开始,详细介绍了广州CIM平台的总体架构设计、应用体系设计、数据架构设计、基础设施架构设计、安全保障方案设计及标准规范体系设计等,明确了广州市CIM平台构建的技术路线,详细介绍广州市CIM平台构建的关键技术、应用模式及运营保障体系;第三篇提供了广州市CIM应用案例分析,包括:基于CIM基础平台的"穗智管"应用、基于CIM基础平台的智慧工地应用、基于CIM基础平台的施工图BIM审查、基于CIM基础平台的桥梁健康监测应用。

征订号:38558,定价:58.00元,2022年3月出版

《城市信息模型(CIM)技术研究与应用》

《城市信息模型(CIM)技术研究与应用》编委会 主编

本书从CIM的发展现状、相关技术、平台建设、应用实践与发展趋势四个方面对CIM技术进行全面介绍。发展现状中,首先对CIM的概念进行界定,并介绍了CIM这一概念兴起的社会背景与需求。随后,从技术研究、工程应用与标准建设三个方面,对国内外的CIM基本技术与平台建设情况进行综述。相关技术中,总结了CIM核心技术,包括城市管理各参与方的协同机制,城市数据的融合、管理与可视化,以及基于海量城市信

息的智能化技术。平台建设中，总结了 CIM 平台建设的思路，包括标准体系研究、数据库建设、平台总体架构等。应用实践中，介绍了 CIM 现行标准体系、CIM 基础平台架构以及基于 CIM 的典型应用案例。最后对 CIM 的未来进行思考与展望，总结了当前的不足，并展望了发展趋势。智慧城市是未来城市发展的必经之路，CIM 平台有望集成多项智慧技术，为智慧城市的发展提供支持。

征订号：38858，定价：48.00 元，2022 年 4 月出版

《工业化装配式住宅》

张　宏　刘长春　王海宁　罗佳宁　丛　勐
姚　刚　刘　聪　张睿哲　戴海雁
张军军　著

本书重在阐述装配式住宅从设计、生产、施工到管理等全过程的理论和实践情况，突出其与传统住宅相比所具有的优势。例如，其各类构件在工厂生产，质量有保障；住宅构件和住宅产品的大批量生产可以节约生产成本，从而降低住宅产品的造价和碳排放；住宅建造方式以装配式为主，机械化程度高、操作简单，从而降低劳动力成本，减少环境污染；具有轻便、可移动、建设地点灵活的优点。本书阐述的方法和理论参照近几年国内外最新的相关研究成果，内容具有权威性和先进性，适用新形势、新技术的应用需要。

本书可作为建筑学、土木工程学、工程管理学、建筑材料科学的科研、教学参考用书，也可作为建筑设计、施工和构件生产企业科研团队的参考用书以及建筑产业工人培训用书。该书具有较强的前瞻性、创新性和应用性，是一本能够有效补充新型低碳装配式住宅智能化建造与设计方面的理论体系、知识构架和内容的参考书。

征订号：34814，定价：68.00 元，2021 年 12 月出版

《智能建造新技术新产品创新服务典型案例集（第一批）（上、中、下册）》

智能建造新技术新产品创新服务典型案例集（第一批）编写委员会　组织编写

为宣传案例经验、展示实施效益、凝聚行业共识，按照住房和城乡建设部工作安排，住房和城乡建设部科技与产业化发展中心组织编写了本书，从技术产品特点、创新点、应用场景、实施过程和应用成效等方面详细介绍了案例内容，主要分为 5 个章节。一是自主创新数字化设计软件，包括相关软件在装配式建筑设计、装修设计、协同设计、方案优化等方面的应用；二是部品部件智能生产线，涵盖预制构件、装修板材、厨卫、门窗、设备管线等领域；三是智慧施工管理系统，包含物料进场管理、远程视频监控、建筑工人实名制管理、预制构件质量管理等功能应用；四是建筑产业互联网平台，包括建材集中采购、工程设备租赁、建筑劳务用工等领域的行业级平台，提升企业产业链协同能力和效益的企业

级平台，以及实现工程项目全生命期信息化管理的项目级平台；五是建筑机器人等智能建造设备，涉及机器人在部品部件生产、工程测量、墙板装配、防水卷材摊铺、地下探测等方面的应用。

本书收录的 124 个典型案例涵盖了智能建造新技术新产品在设计、生产、施工等工程建造全过程的应用，主要体现了三个特点：一是注重问题导向，将解决工程建设面临的实际问题作为研发应用的出发点，推动了工程项目提质增效；二是注重产业融合，展现了建筑业与制造业、信息产业的跨界融合成果，实现了跨领域合作共赢；三是注重技术和管理协同创新，在推广应用新技术新产品的同时，还重视探索配套管理模式和监管方式的创新。

征订号：38944，定价：680.00 元，2022年 7 月出版

《智慧园区建设导则》

中国建筑业协会绿色建造与智能建筑分会
中建三局智能技术有限公司　主编

本书内容包括：智慧园区综述、智慧园区规划、智慧园区平台及运营、智慧建筑及园区配套设施、园区的数字孪生、园区的绿色低碳、展望、案例。

本书对智慧园区建设给出指导，适合智能行业从业人员使用。

征订号：39029，定价：43.00 元，2022年 4 月出版

"双碳"目标与绿色建筑

《"双碳"目标下的中国建造》

毛志兵　主编

李云贵　郭海山　李从笑　薛　峰　副主编

本书结合建筑业减碳要求，以绿色化为目标，以智慧化为技术手段，以工业化为生产方式，提出以新型建造统领"三大建造"方向的发展思路，支撑行业高质量发展。全书共 7 章，第 1 章介绍了中国建造的现状及未来，分析当前建筑行业生产方式变革的方向。第 2 章介绍"双碳"目标与中国建造的关系，新型建造方式是实现"双碳"目标的必然要求。第 3 章介绍新型建造方式的新理念、新内涵以及发展目标。第 4 章介绍支撑绿色建造、智慧建造及工业化建造协同发展的设计新模式。第 5 章介绍绿色建造的概念内涵、关键技术以及实施策略。第 6 章介绍智慧建造的概念内涵、支撑技术以及发展路径。第 7 章介绍工业化建造理念内涵、技术支撑及发展路径。

本书内容全面，具有较强的启发性和指导性，可供建设行业从业人员参考使用。

征订号：38727，定价：89.00 元，2022年 2 月出版

《地域气候适应型绿色公共建筑设计研究丛书》

丛书主编 崔 恺

本套丛书基于深入贯彻绿色生态、集约高效的发展战略，立足气候响应机制的绿色公共建筑设计新方法，重点围绕地域气候适应型的绿色公共建筑设计面临的现实问题展开，按照"基础理论—设计方法—技术体系—工具支撑—示范应用—平台统筹"的递进逻辑，系统性地对绿色公共建筑设计的机理、方法、技术和工具进行了梳理和研究，并形成了适应不同气候区的、服务于建筑设计全过程的各类指引性技术导则。

本套丛书的出版期望能有效引领建筑设计行业工作方式的变革，促进学科发展与国家战略层面绿色、集约化发展目标的有机融合。丛书原理、方法明晰，内容实用，可帮助建筑师做出正确的选择和判断。

征订号：37961、37962、37987、38021、38001、37930、38010、38009，总定价：768元，2021 年 11 月出版

《绿色建筑运营期数字化管理创新实践》

韩继红 主 编

张 颖 胡梦坤 副主编

在开篇"项目综述"之后，通过"BIM

运营数字字典及设备设施模型开发""BIM场景下的能源和环境调控技术""功能导向的绿色建筑 BIM 运营平台集成"三个篇章，循序渐进地阐释了绿色建筑运营期 BIM 应用关键技术内核、平台工具和典型工程解决方案。每章又先将相关科技成果进行概括综述，随后展现若干典型示范案例，尽可能具象、翔实地展示科技成果在支撑绿色建筑运营期提质增效的应用方式和实施效果，以求更好地为读者提供学以致用、普及推广的解决方案范本，为不同类型绿色建筑在运营期提升管理效能提供实操策略导向和实践应用指南。

征订号：38586，定价：55.00 元，2022年 3 月出版

《低碳生态城市建设中的绿色建筑与绿色校园发展》

刘伊生 著

我国力争在 2030年前实现"碳达峰"，2060 年前实现"碳中和"，这是党中央经过深思熟虑作出的重大战略决策，事关中华民族永续发展和人类命运共同体构建。低碳生态城市建设、绿色建筑规模化发展及高校绿色校园建设三个方面，对于实现"碳达峰"和"碳中和"战略目标具有十分重要的意义。

本书共分三篇 11 章，第一篇低碳生态城

市建设包括3章，分别阐述低碳生态城市发展历程及研究综述、低碳生态城市建设实施路径、低碳生态城市发展评价；第二篇绿色建筑规模化发展包括5章，分别阐述绿色建筑发展历程及研究综述、绿色建筑规模化发展机理、绿色建筑规模化发展支撑技术、绿色建筑规模化发展主体行为及经济激励机制、绿色建筑规模化发展投资效益评价；第三篇高校绿色校园建设包括3章，分别阐述我国绿色校园和节约型校园建设现状、高校绿色校园建设内容、高校绿色校园建设实施路径及措施。

征订号：38621，定价：50.00元，2022年2月出版